U0868530

Software Engineering

逻辑场
软件工程学

刘海东 著

暨南大学出版社
JINAN UNIVERSITY PRESS

中国·广州

图书在版编目（CIP）数据

逻辑场软件工程学/刘海东著．—广州：暨南大学出版社，2015.12
ISBN 978－7－5668－1637－5

Ⅰ．①逻…　Ⅱ．①刘…　Ⅲ．①软件工程　Ⅳ．①TP311.5

中国版本图书馆 CIP 数据核字（2015）第 238565 号

出版发行　暨南大学出版社

地　址：中国广州暨南大学
电　话：总编室（8620）85221601
　　　　营销部（8620）85225284　85228291　85228292（邮购）
传　真：（8620）85221583（办公室）85223774（营销部）
邮　编：510630
网　址：http://www.jnupress.com　http://press.jnu.edu.cn

排　版：广州市科普电脑印务部
印　刷：佛山市浩文彩色印刷有限公司

开　本：850mm×1168mm　1/32
印　张：12
字　数：321 千
版　次：2015 年 12 月第 1 版
印　次：2015 年 12 月第 1 次

定　价：30.00 元

序

时间过得真快，几年前，海东怯生生地把他的第一本著作送给我时的情景我还记得，现在他的第五本著作又完成了。这五本著作分别是：《三维社会工程学》《社会软结构学》《逻辑场经济学》（这三本由暨南大学出版社出版）、《逻辑结构与逻辑工程学》（由中山大学出版社出版）、《逻辑场软件工程学》。

海东的研究思路是这样的：发明三维逻辑工程（《三维社会工程学》）、发明逻辑结构学（《社会软结构学》）、逻辑结构与逻辑工程学应用于经济学研究（《逻辑场经济学》）、发展逻辑结构与逻辑工程学（《逻辑结构与逻辑工程学》）、发明机器人软件工程学（《逻辑场软件工程学》）。

海东提出的“机器人软件工程学”“机器人软件生命期”“知识类的四段标注”得到了我和很多专家的肯定，人工智能结合软件工程做综合研究的道路是正确的。拥有新观点的著作胜于没有新观点而结构完美的著作，因为科学研究是混沌的，需要新观点，而不是像写文学作品或教科书那样。

海东很有意思，让他搞教学和科研，任务再多、再重，他也没有怨言，到选优的时候，他却躲得远远的。当然，我们对教师热衷教学和科研是积极支持的，海东能走上研究系统论的道路就是因为我单位系统研究的氛围对他的影响——我单位是国家重点的系统工程和控制论研究基地。

海东的这本著作很好、很成功，我代表他的师长和单位积极支持他，这本著作实际上也是我单位重点课题研究的一部分。科学著作要有创新的亮点，没有写成学术八股文那样是好事。海东的研究道路是正确的，祝海东取得更大、更好的成绩。

谷震离
广东技术师范学院
信息系主任、教授
2015 年 7 月 13 日

前　言

本书仍然是笔者研究逻辑结构与逻辑工程及其应用的成果，可以给系统论专业和计算机专业的大学生和研究生阅读，长远来看，逻辑结构与逻辑工程及其应用可以成为一个专业。

本书内容分为八个部分：第一部分概述建立本书观点所需要的基础学说；第二部分概述复杂综合学说的理论；第三部分介绍逻辑结构学；第四部分介绍逻辑工程学；第五部分介绍逻辑场软件工程与项目管理；第六部分介绍逻辑场软件工程分析；第七部分介绍逻辑场软件工程设计；第八部分介绍逻辑场软件工程实现。

研究的基本思路是：①对系统科学逻辑化、仿场化，建立逻辑场系统论；②仿宇宙的明暗物质构成，建立逻辑场、暗逻辑场、明逻辑场、均衡逻辑场等理论；③通过实际逻辑场是明暗逻辑场相互作用的结果的原理，寻找实际逻辑场优化的方法，即通过改善规则（明逻辑场）适应规律（暗逻辑场）达到改善现实的目的；④改善明逻辑场需要发展逻辑工程工具，这就需要研究逻辑工程学；⑤把逻辑场研究成果应用于软件工程研究；⑥结合人工智能和软件工程提出机器人软件工程；⑦提出机器人软件生命期的概念；⑧提出知识类四段标注的概念。

笔者对自己的课题做了认真的查新研究，目前还未发现类似的这种逻辑结构与逻辑工程学的研究，笔者的研究与传统的逻辑学是毫不相干的，因为笔者的研究基础是笔者自己的社会工程研究和社会软结构研究。国外的社会工程学研究和笔者的研究又是完全不同的。对于机器人软件工程而言：虽然软件工程学是显学，但结合人工智能和传统软件工程提出机器人软件工程学的，除笔者外，目前还未发现其他人有类似的研究。

笔者的研究工作服从社会主义学术原则，以系统科学理论、系统工程理论、人工智能理论和软件工程理论为基础。笔者的研究坚持原创和首创，坚决反对剽窃行为，对自己的专著负完全责任。

刘海东

2015 年 7 月 9 日于广州

目　录

第 1 章　基础理论概述

1.1　软件和软件工程的定义

这里关于软件工程学理论的介绍参考了鄂大伟先生主编的《软件工程》和王立福先生主编的《软件工程》。

1.1.1　软件的定义

1. 软件的定义

人们一般这样定义软件：①可以完成预定功能和性能的可执行的指令（计算机程序）；②使程序能够适当地操作信息的数据结构；③描述程序的操作和使用的文档。

本书提出，软件是创造逻辑场均衡的逻辑结构，均衡的两端一边是契约，一边是控制，控制包括能量控制和引力控制。另外，本书还提出，软件是有系统特点和生命特点的逻辑结构。

从广义来说，软件是依据某一特定的观念、原则所形成的某类操作行为和文件。计算机软件则是指计算机内各操作程序、操作程序所使用的数据以及有关文档资料的集合。

本书提出，软件是人为创造的有系统特点和生命特点的逻辑结构，它可以创造人的目的（契约）与计算机和网络条件（能量）的均衡，它还可以创造人的目的（契约）与软件制造者（控制）的均衡。

然而，软件的真正含义却不是任一种形式的定义所能体现的。从软件的内容来看，软件更像是一种嵌入式的数字化知识，其形式是一个通过交互对话和抽象理解而不断演化的过程。软件的应用领域十分广泛，呈现的形式也是多种多样的，在某种程度上很难对软件的类型给出一个通用的界定。

以上是当前人们对软件的认识，本书认为，软件的真正含义可以概括为有系统特点和生命特点的逻辑结构，其作用是制造逻辑场均衡。

2. 软件的本质

（1）软件是一种逻辑实体，不是具体的物理实体。

在传统工程学中，工程师的工作对象是自然界的物质或运用已知规律的物理现象。计算机软件是一种逻辑产品，与物质产品有很大区别，软件具有抽象性。电磁物理载体对软件的承载是一种形式性承载，而非物质材料的内容性承载。可以把软件记录在纸张、内存、磁盘和光盘等各种存储介质上，却无法看到软件本身的形态，必须通过观察、分析、思考和判断才能了解它的功能、性能等特性。这说明，软件产品是脑力劳动的结晶，总是以程序和文档的形式出现，通过计算机的运行才能体现它的功能和作用。软件显现（软件经由运行显现出的结果被称为软件显现）与软件是两种不同的存在。

软件是一种逻辑实体，这种认识是正确的，但若仅仅停留在这个认识上，软件工程就只能停留在面向过程的结构化编程和面向对象编程的地步。研究软件的普遍性结构可以发展软件工程方法，但这一点长期被人忽视。本书就从研究软件的逻辑结构入手，提出新型软件工程方法。

（2）软件的不可见性决定了它的抽象性。

抽象是从众多的事物中抽取出共同的、本质的特征，而舍弃其非本质的特征。抽象是一种在有效归纳层次上对问题进行描述的过程，帮助人们专注于问题的关键方面，而不至于陷于细节。

本书也研究抽象这个方面，研究逻辑结构建立过程中的人工智能抽象。

软件是客观世界空间和计算机空间之间的一种逻辑实体，不具有物理的形体特征，人们一直试图用不同的图形技术来描述软件结构，但即便是现在流行的面向对象技术，仍然无法对它进行准确的、完整的描述。

本书提出新的观点，认为软件是人的目的（契约）与计算机及网络（能量）、软件制造者（控制）双重均衡的逻辑实体，这种逻辑实体是可以用逻辑结构学准确、完整地描述的。

由于软件的不可见性，定义“需要做什么”成为软件开发的根本问题。过去，几乎所有的方法、工具和过程（软件工程三要素）都致力于解决“怎么做”这个次要问题，虽然在这一方面取得了很大的进展，但在“做什么”的问题上，近几十年来的情况似乎并没有得到太大的改善。

本书认为，软件“做什么”是由逻辑场均衡要求决定的，研究逻辑结构与逻辑工程学可以大大改善软件工程的需求研究工作。

（3）软件的生产是一种认知过程。

程序就是“直接可执行的想法”，这种提法在当时是一个全新的概念。软件设计（编写程序）就是用自动的方法将准备表达和操作的实体从真实世界中提炼和抽象出来，其行为必须与程序所取代的真实世界中的实体相同。按照这种观点，程序设计就是构建一种符号，这种符号的位置可以在人与人之间、人与系统之间，也可以在系统和系统之间。这样才有助于社会的所有实体（人、组织和信息系统）之间交换信息，但同时也受到各种限制，特别是受到来自外部环境方面的限制，所以它必须同步演变，以求得软件的生命周期的延续。在这个过程中，软件离不开对客观世界问题的认识，软件参与着认识，帮助和深化着认识，也在反映着认识。

这段论述很重要，但若停留于此就是传统的软件工程，引入均衡思想，认为软件是基于认知契约、能量、控制的均衡逻辑结构，软件工程就由传统软件工程发展到逻辑场软件工程了。

传统的软件实体观点把人们对软件的理解导向简单化、表面化。实际上，软件具有其深刻的哲学蕴涵。从认识论角度看，软件是认识的中介，是对人的部分意识程式、动态复现式的数字化的外化。软件的意识外化有客观性、符号承载性、数字化、可计算性、动态复现性和类主体性等特征。

本书把“中介”这个概念发展成了“均衡条件”这个概念。

软件开发本身就是一种认知活动。在软件开发过程中，开发者是认识的主体，软件服务的业务领域和软件需求是认识的客体。认识主体需要经过对客体从感性到理性的多次反复的认识过程，并运用创造性思维，把用户需求转化为软件模型，最后产生出能够解决特定问题的软件系统。另外，计算机是帮助人们认识的中介和工具，也是对人的认识的承载、反映和复现。

把“认知活动”发展成“创造均衡条件的活动”就是逻辑场软件工程的核心工作。

软件的内容实际上全部是人的认识内容，是对人的认知的一种描述、承载和复现。从这个角度来认识软件，人们便产生了基于反映的软件认识观，这种软件认识观是对软件本质的、全面的反映。因此，计算机是通过软件来承载和反映人的认知的。

由认知到逻辑活动和逻辑工作，用逻辑工作创造逻辑场均衡，用软件作为均衡条件，这就是本书建立在鄂大伟先生的研究基础上的逻辑场软件工程学。

（4）软件的构造性与演化性。

软件是对客观世界中问题空间和解空间的具体描述，是客观事物的一种反映，是知识的提炼和“固化”。客观世界是不断变化的，因此，构造性和演化性是软件的本质特征。如何使软件模型具有更强的表达能力，更符合人类的思维模式，即如何提升计算环境的抽象层次，从一定意义上来讲，这需要紧紧围绕软件的本质特征——构造性和演化性进行论述。

本书认为，软件的构造性就是构造逻辑场均衡，软件的演化性就是随均衡要求的变化而演化。

各种编程语言广泛使用了变量、标识符、表达式等概念作为语言的基本构造，并使用了三种基本控制结构（顺序、分支、循环）来表达软件模型的计算逻辑，使得软件开发人员可以在一个更高的抽象层次上进行程序设计。随后出现了一系列开发范型和结构化程序设计技术，实现了模块化的数据抽象和过程抽象，提高了人们表达客观世界的抽象层次，并使开发的软件具有了一定的构造性。

本书认为，逻辑场软件工程学的软件开发方法能产生新的构造性，根据逻辑系统的变化而构造有系统特点的软件。

由于软件是人类思维和智能的一种延伸，因此当软件被真正应用之后，人们往往希望超越原有的应用域进行软件功能的提升或扩展。另外，由于软件必须依附于硬件平台，因此需要随着硬件设备的更新和接口的变化而变化，随着时间的推移，当改善软件功能的成本变得难以接受时，软件就会被“废弃”。这种随着应用需求、硬件、用户和社会等各种因素的变化而不断地被修改和扩展的特性表现了软件的演化性。

逻辑场软件工程学也认为软件有演化性，这种演化是跟着逻辑场均衡要求的变化走的。

（5）软件的非实体性。

软件是一种特殊的智力产品，是纯粹思维活动的产物，与其他物质产品相比，其最重要的特点是使用过程中不存在功能和性能损耗。物质事物的可毁灭性和软件的性质也有本质的区别。就一般实体物质而言，废弃后本身并没有消失，只是存在形式发生了改变（如锈蚀的钢铁）。但软件一旦被“废弃”或删除，就不是物质形式的变化，而是消失得无影无踪，不残存任何痕迹。

逻辑场软件工程学同意软件的非实体性，但认为软件即使被“废弃”也存在着逻辑痕迹。

（6）软件的本质是数字存在。

突破软件实体性定义的局限，转向认识论，我们会对软件形成全新的认识。作为一种特定的客观存在，软件具有其本体论意义。软件不仅具有物质的客观实在性，还具有一般物质事物所不曾具有的特殊存在性，软件的广延性和可删除性与一般物质事物具有本质的区别。软件不能独立存在，需要载体承载。软件的载体有大脑意识载体、语言符号载体和电磁物理载体三种形式，软件在其电磁物理载体上表现为驻存型、执行型和传输型三种存在形态。软件只有经过数字化才能取得自己的存在地位，软件的本质是数字存在。

逻辑场软件工程学认为，软件的本质不是数字存在而是逻辑结构存在。

3. 软件危机的原因

随着第一台计算机的诞生，计算机程序出现了，最早的程序是输入一条要求机器执行的指令。随着计算机应用的广泛和深入，计算机的程序越来越庞大和复杂，而编程却仅限于个人手工技艺的运用。于是，问题出现了，有的程序不能按时完成，有的程序成本超乎想象，有的程序因为复杂而不好修改、维护，因为程序开发风险不易预期和控制，很多公司血本无归，问题远不止这些，当时把编程遇到的诸多严重问题统称为“软件危机”。

软件危机的主要原因是：①软件产品是人造系统，具有复杂性、不可预见性和易变性，难以处理；②个人或小组开发小型软件时具有的非常有效的编程技术和过程，但在开发大型、复杂系统时难以发挥同样的作用。

软件危机的概念是在 1968 年北约学术会议中提出来的，为了解决软件危机，北约的专家学者首次提出了“软件工程”的概念，用软件工程解决软件危机。

几十年过去了，人们为解决软件危机付出了很多努力，从结构化编程到面向对象编程，软件工程学也不断发展着。但是，软件危机并没有得到根本解决，原因归结于软件的复杂性，网络年代，软件的复杂性只增不减。本书提出的逻辑场软件工程学也是一次攻克软件危机的努力。

1.1.2 软件工程的定义

1. 科学、工程、技术

“科学”是指探知事物的本质、特征、内在规律以及与其他事物的联系，是关于自然、社会和思维的发展与变化规律的知识体系。“工程”是指将自然科学原理应用到工农业等生产部门中而形成的各门学科的总称。“技术”则是运用科学规律实现某一目的的手段和方法，泛指根据生产实践经验和科学原理而发展形成的各种工艺操作方法、技能和技巧。“科学”认识世界，“技术”改造世界，科学与技术的密切结合成为变革世界的巨大动力。

2. 软件工程的定义

1993 年，IEEE 给出了软件工程的综合定义：①将系统的、规范的、可量化的方法应用于软件的开发、运行和维护，即将工程化方法应用于软件；②对①中所述方法的研究。Boehm 于 1983 年在一篇论文中提出了软件工程的七条基本原理：①用分阶段的生命周期计划严格管理；②坚持进行阶段评审；③实行严格的产品控制；④采用现代程序设计技术；⑤结果应能清楚地审查；⑥开发小组的人员应该少而精；⑦承认不断改进软件工程实践的必要性。

3. 软件工程的要素

软件工程包括方法、工具和过程三个要素。方法包括管理方法和技术方法，工具为方法提供支持，过程是方法与工具相结合的工作步骤。软件工程的根基在于质量关注点。

4. 软件开发方法

软件开发方法主要有：面向过程的结构化开发方法、面向对象的开发方法。本书提出的逻辑场软件开发方法是一种新的软件开发方法。

5. 软件工程的相关学科

与传统软件工程关联的其他学科有：计算机科学、数学、工程科学、管理科学等。

与本书逻辑场软件工程关联的学科至少要加上系统科学、逻辑结构学、逻辑工程学等。

6. 云计算和大数据

这里关于云计算和大数据的介绍参考姚宏宇先生和田溯宁先生合著的《云计算：大数据时代的系统工程》、涂子沛先生著的《大数据》。

云计算应该包括两方面的内容：服务和平台。云计算既是商业模式，也是技术；既指在互联网上以服务形式提供的应用，也指在数据中心里提供这些服务的硬件和软件，而这些在数据中心里的硬件和软件则被称为“云”。

大数据是一股新的技术浪潮，具体是指随着信息存储量的增多，人类在实践中逐渐认识到，通过数据的开放、整合和分析，能发现新的知识、创造新的价值，从而为社会带来“大科技”“大利润”“大智能”和“大发展”等新的机遇。事实上，数据挖掘已经不是大数据领域的前沿，取而代之的是机器学习。

1.1.3 软件过程

1. 软件过程的定义

IEEE 将过程定义为为实现给定目标而执行的一系列操作步骤。

一般而言，过程具有这样一些特征：每个过程均包含一系列的阶段；过程是一个生命周期；每个过程均有一系列已定义好的输入作为其操作的对应；过程具有迭代特征。

在软件工程的三要素中，软件过程将人员、方法、工具和管理有机结合，形成一个能有效控制软件开发质量的运行机制。

2. 软件过程模型

为解决实际应用中的问题，人们总结出了很多软件开发策略和方法，称为软件过程模型。

软件过程模型是软件开发的指导思想和全局性框架，它的提出和发展反映了人们对软件过程的某种认识观，体现了人们对软件过程认识的提高和飞跃。软件过程模型是从一个特定角度提出的软件过程的简化描述，是一种开发策略，这种策略针对软件工程的各个阶段提供了一套范型，使工程的进展达到预期的目的。其中每个过程模型都代表了一种将本质上无序的活动有序化的步骤，每个模型都具有能够指导实际软件项目的控制及协调的特性。

随着需求的不断增加，软件项目规模也越来越大，人们逐渐意识到要建立一种抽象模型来对软件开发过程进行描述。模型的本质就在于简单化。软件过程模型就是对被描述的实际过程的抽象，它包括构成软件过程的各种活动、软件产品以及软件工程参与人员的不同角色。对一个软件的开发来说，无论其大小，都需要选择一个合适的软件过程模型，这种选择基于项目和应用的性质、采用的方法、需要的控制，以及要交付的产品的特点。模型选择错误，将导致开发迷失方向。

自 20 世纪 60 年代以来，软件工程思想逐渐形成与发展，出现了很多软件过程模型，例如瀑布模型、增量模型和螺旋模型等，我们把它们称为传统软件过程模型。这些模型的出现很好地解决了当时软件开发过程中的各类问题，使软件开发的小作坊式的随意开发变得日益规范起来。人们在不断地改进传统软件过程模型的同时，也不断地开发新的模型和方法。

3. 软件过程的改善

软件机构形成一套完整而成熟的软件过程不是一蹴而就的，它需要一个从无序到有序，从特殊到一般，从定性到定量，最后再从静态到动态的历程，或者说软件机构在形成成熟的软件过程之前必须经历一系列的成熟阶段。研究软件过程本质上是为了突出关键过程以改善软件的质量。人们已经形成共识，要提高软件质量必须改进软件过程。因此有必要建立一个软件过程成熟度模型来对过程做出一个客观、公正的评价，以促进软件开发组织改进软件过程。

1.2 面向过程的结构化软件开发方法

1.2.1 面向过程的结构化研究

1. 需求研究

开发软件的初期都需要理解编程要解决的问题，即用户的真实要求，这就是需求研究。

需求研究有三个特点：①用户和技术人员交流困难；②用户需求常常发生动态变化；③系统变更的代价呈非线性增长。

因此，大型软件开发之初需要进行可行性研究，根据对用户需要、现实环境的调查了解，从技术、经济和社会因素三个方面考虑是否决定开发。

好的需求研究可以降低一个项目的耗费和技术风险，需求研究要建立软件开发初期的逻辑模型，解决目标系统“做什么”的问题。

需求研究的过程分为四个步骤：①问题识别；②分析与综合；③编制需求研究阶段的文档；④需求研究评审。

需求获取技术有两个方面：①建立获取需求方法的框架；②支持和监控需求获取过程的机制。

2. 结构化研究方法

结构化研究方法有：数据流图、状态图、E-R 图等。

1.2.2 面向过程的结构化设计

1. 基本概念和原理

需求回答“做什么”的问题，设计则回答“怎么做”的问题。对于大型软件开发，软件设计分总体设计和详细设计两个阶段。总体设计确定软件系统的基本框架，详细设计确定软件系统的内部实现细节。对于任何软件设计方法，抽象与求精、信息隐蔽、模块化设计、模块独立性等原理均为设计基础，为“程序正确性”

提供了必要的框架。

2. 结构化软件设计

结构化软件设计面向数据流，设计基础是数据流图，结构化设计定义了不同的映射，通过这些映射可将数据流图变换成软件体系结构。数据流图分为变换型和事物型两类，设计也分为变换设计、事物设计以及两者相结合的综合设计。

3. 过程设计

过程设计的重点是给出程序纲要，之后技术人员才根据纲要写出代码。过程设计除了要让程序满足既定功能和性能，还要满足代码简洁明了、易懂的要求，过程设计的好坏决定代码的质量。专家证明只用顺序、选择、循环三种基本控制结构就可以实现任何“单入口—单出口”的程序。

1972 年 IBM 公司的 Mills 提出程序应该都是“单入口—单出口”的。Edsger Wybe Dijkstra 建议取消 goto 语句。结构设计方法诞生了。

结构设计策略减少了出错率，提高了执行效率，大大减少了维护费用。结构设计是一种软件技术，是一种原则和方法，可设计出结构清晰、容易理解、容易改正、容易验证的程序。

结构设计的工具有：程序流程图、盒式图、PAD、PDL、判定表、判定树等。

M. A. Jackson 提出了一种软件开发方法，也叫面向数据结构的软件设计方法，从目标系统的输入输出数据结构入手，导出程序框架结构，通过补充细节就可以得到完整的软件体系结构，对于输入输出数据结构明确的中小型系统比较有效，还可与其他方法结合用于模块的详细设计。

1.2.3　面向过程的结构化实现

1. 编码

编码是在详细设计的基础上进行的，把详细设计得到的处理过程的描述变成某种计算机语言的程序，即源程序代码。

2. 测试

测试指在软件运行前，对需求、设计和编码的最终复审，发现软件故障，保证软件质量，提高软件可靠性。

3. 调试

调试指诊断和改正程序中的错误，是发现程序错误之后的排错过程。

1.2.4 技术度量

工程需要量化，软件工程项目的定量描述涉及测量、测度、度量、指标、估算等。

1.3 面向对象的软件开发方法

1.3.1 面向对象概述

1. 基本思想

（1）现实世界中的事物都是对象，对象间存在一定的关联。

（2）用对象的属性描述事物的静态特征；用对象的操作描述事物的行为特征。

（3）对象的属性和特征结合为一体，成为一个独立的、不可分的实体，实体对外屏蔽其内部细节。

（4）通过抽象对事物进行分类，类是对具有相同属性和相同操作的对象的抽象描述，每个对象都是类的一个实例。

（5）复杂的对象是由简单的对象构成的。

（6）运用抽象原则，可以得到较一般的类和较特殊的类，特殊类继承一般类的属性和操作。

（7）对象间通过消息进行通信，实现对象间的动态联系。

2. 优点

（1）改变了软件开发的思维方式。

（2）开发出来的软件稳定性高。

（3）软件内部类的可重用性好。

（4）系统内部容易扩展与维护。

3. 基本概念

基本概念包括：对象，类，属性和方法，抽象、封装和信息隐藏，继承，多态，关联，协作，聚合，持久性。此处不再一一展开论述。

4. 统一建模语言：UML

UML 是一种定义良好、易于表达、功能强大且普遍适用的建模语言。它融入了软件工程领域的新思想、新方法和新技术。它的作用域不仅支持面向对象的分析和设计，还支持从需求分析开始的软件开发的全过程。

1.3.2　面向对象研究

OOA（面向对象分析）主要的活动有：①与客户进行沟通，了解用户需求，建立需求模型；②标识问题域中的对象，分析对象承担的职责；③分析对象与对象之间的关系；④定义对象之间的交互；⑤这些活动需要反复迭代，直至模型完成。

1. 收集需求

面向对象软件开发使用用例的方法来描述系统需求，它并不是一开始就考虑系统有哪些对象，而是从系统将被如何使用的角度开始捕捉需求，用户需求就是用户对所要开发的系统提出的各种要求和期望，其中包括系统的功能、性能等技术性要求，还包括成本、交付时间和资源使用限制等非技术性要求，之后进行功能需求建模，即用例建模。

2. 基于类的建模

用例模型是需求分析的成果，并没有使用面向对象思想，用例强调的是系统的活动视图，基于类的建模在用例模型的基础上，开发基于类的领域分析模型，发现构成系统的元素——类和对象、属性、操作及协作等。

3. 类模型

类模型是面向对象分析与设计的支柱，类模型展示系统的类以及它们的相互关系（包括继承、聚合与关联），还有类的方法和属性，类模型是在 CRC 模型的基础上扩展得到的，给出了更多细节，范围更宽，是后期编码的主要依据。

进行类模型建模的最简单方法就是直接把 CRC 模型转换成 UML 类图。CRC 模型给出了系统最初的类、它们的职责以及这些类之间的相互关系（以协作者列表形式展现），CRC 模型提供了对系统的一种描述，但它没有提供实际构建过程中需要用到的细节。

对于 CRC 模型中的每张卡片，都在类图中创建一个具体类，当然参与者的卡片除外。CRC 卡上的协作者隐含着类间关联、聚合或依赖等关系。两个具体类间有协作，就应该建模使其关联。卡片中的职责通常建模成属性或方法。

还可以使用交互模型对用例场景的逻辑进行梳理和验证，可以发现用例实现过程缺少的类，或补充类的属性或职责，修正类与类之间的关系。

4. 动态交互建模

CRC 模型确立了完成业务需求的潜在参与对象，以及对象间的静态协作关系。但对这些对象如何协作实现具体的业务任务并没有描述。顺序图、协作图和活动图对参与者使用系统的场景进行逻辑建模。使用场景可能是用例基本流的一部分，也可能是备选流。它们以可视化的方式对系统的某一场景的逻辑流程进行动态建模，使分析员能记录并验证逻辑执行过程。

每种图都有其优点，而分析员也各有偏好，因此没有绝对“正确”的选择。然而场景交互强调的是顺序，因此顺序图有更强的表示能力。采用顺序图可以更方便地表示协作对象发送消息的顺序，仅需要由上至下阅读即可。而对于协作图，则必须查阅消息的顺序编号才能理解协作的顺序。但由于顺序图采用栅栏格式描述交互，在右侧添加新创建的对象，在底部添加消息，容易占用纸上空间。协作图的空间使用效率则较高，允许在任何位置放置对象，消息直接标注在连接线上。

5. 基于控制行为建模

状态图用于系统中类的动态行为建模。大多数情况下，它包括对反应型对象的行为建模。一个反应型对象的行为是通过对来自它的语境外部的事件做出反应来刻画的。反应型对象具有清晰的生命期，它的当前行为受它过去行为的影响。活动图可以说是状态图的一种特殊情况，状态图中大多数状态是活动状态，大部分转换都是因源状态中的活动完成触发状态改变。活动图强调从活动到活动的控制流，状态图强调对象的潜在状态和这些状态之间的转换。

每个类都有状态，但不是每个类都应该有一个状态图，只需要为依赖状态展示不同行为的类开发状态图。状态图用于描述一个对象所处的可能状态以及状态之间的转换，并给出状态变化序列的起点和终点。状态是对象处于某一表征的稳定情形，改变往往是由于响应事件或时间流逝引起的。状态图建模，用于说明 3 个问题：①对象可能处于的稳定状态；②触发从状态到状态的转换的事件；③当每个状态改变时发生的动作。

1.3.3　面向对象设计

OOD（面向对象设计）的主要活动如下：

（1）划分子系统，描述每个子系统的职责及子系统间的联系。

（2）设计系统体系结构，为系统设计合适的控制机制。

（3）详细描述类的每个操作的过程表示和类属性的数据结构，完成对象设计。

（4）开发对象间的交互，完成对象间的消息传递设计。

（5）为系统开发持久模型，建立持久化机制。

这些设计步骤是迭代的，也就是说，这些步骤是增量执行的，直至最终模型的产生。

1. 划分研究模型

对于一个大而复杂的系统，要分解成若干个较小的子系统，再对每个子系统进行分析求解，最后把这些子系统集成整个系统。这种思路与在需求分析时用包将用例模型组织起来是一个道理。在划分分子系统时，可以参照用例模型分包方式进行。

系统划分出来的子系统在功能上是高内聚的，子系统只是个概念实体，可以看成大的类，子系统结构可以简化类之间的交互模式，从而降低耦合，使子系统结构易于系统扩展。

在设计子系统时，应该遵循以下设计标准：

（1）子系统应该具有定义良好的接口，通过接口和系统的其余部分通信。

（2）除了少数的“通信类”，某子系统中的类应该只和该子系统中的其他类协作。

（3）子系统的数量不应太多。

（4）子系统内部可以再次划分以降低复杂性。

通常通过寻找紧耦合的类，划分子系统。为了划分子系统，往往会产生新的需求。

2. 系统逻辑架构

在分解复杂的软件系统时，设计者用得最多的技术之一就是分层。将系统按照层次分解可以带来如下好处：

（1）每一个层次都是独立的有机整体，无须过多了解其他层次。

（2）可以很容易地用新的实现来替换原有层次的实现，只要前后提供的服务相同即可。

（3）可以降低层与层之间的依赖。

（4）分层有利于标准化。

（5）一旦构建好了某一层次，可以用它为很多上层服务提供支持，利于各层逻辑的复用。

（6）如果按层分配任务，开发人员可以只关注整个结构中的某一层，有助于团队开发。

好的分层体系让系统易于扩展和维护。但分层架构也隐藏着如下缺点：①层次不能封装所有，有时会带来级联修改；②过多的层次会影响性能。

分层架构中最困难的问题是决定建立哪些层次以及每一层的职责是什么。把握分层的原则是为了将大型逻辑结构的不同逻辑部分分解耦合，对系统应适当分层，而不要滥用分层。

3．类模型设计

面向对象分析中已经得到了系统的类图，但类模型关注的是问题域，而设计阶段的类设计，其关注焦点在于系统具体实现解决方案的领域。设计的目的是基于实现的技术变更类模型。类模型的设计反映了设计者做出的技术决策。

4．类的设计原则

在面向对象设计中，如何通过很小的设计改变以适应设计需求的变化并且减少设计修改造成的副作用，这是设计者极为关注的问题。设计者在做出技术决策时，往往需要遵循一些设计原则，如开闭原则、Liskov 替换原则、依赖倒置原则、接口分离原则等。

5．设计模式

设计模式是一套被反复使用、为多数人知晓的、经过分类编目的代码设计经验的总结。使用设计模式是为了可重用代码，让代码更容易被他人理解，保证代码的可靠性。模式是好的研究范例，设计模式就是好的设计范例。设计模式有助于对框架结构的理解，成熟的框架通常使用了多种设计模式。框架通常定义了应用体系的整体结构类和对象的关系等设计参数，以便具体应用者能把精力集中于应用本身的特定细节。框架主要记录软件应用中共同的设计决策，框架强调设计复用，因此框架设计中必然要使用设计模式。

可复用面向对象软件系统现在一般划分为三大类：应用程序、工具箱和框架。Java 的 API 属于工具箱，框架是构成一类特定软件可复用设计的一组相互协作的类，EJB 是 Java 应用于企业计算的框架。

6. 对象持久性建模

应用程序运行时，总是有些数据必须被持久性存储，不管是程序运行还是休眠。持久数据存储就是即使在系统崩溃的情况下仍能存在的数据存储。持久数据存在于应用程序的活动内存之外，通常在数据库或文件系统中。虽然持久数据在系统运行时被读入内存以供使用或修改，但它最终还是要写回到外部数据存储中以长期存储。持久性建模关注如何将对象永久存储，以及对象在永久存储过程中的管理。持久对象是指需要持久性存储的对象。

7. 部署建模

部署图描述了处理结点及运行在这些结点之上的构件运行时刻的静态配置。换句话说，部署图显示了系统需要使用的硬件和在这些硬件上运行的软件，以及把这些硬件联系起来的中间件。

1.3.4 面向对象测试

测试的目标是在有限的时间内发现最大数量的错误。虽然面向对象测试的整体目标和传统软件测试的目标是一致的，但是测试的策略和方法却有较大不同，其测试的视角扩大到了分析和设计模型的评审，测试的焦点也从过程模块转移到了类。

随着面向对象分析和面向对象设计的技术的成熟，尽管面向对象软件开发技术的基本思想保证了软件有更高的质量，却使系统的结构变得更加复杂。为了保证系统的高可靠性，需要更多而不是更少的测试。

面向对象程序设计语言所独有的多态、继承、封装等新特点，产生了传统语言设计所不存在的错误可能性，或者使传统软件测试中的重点不再显得突出，也会使原来测试经验认为及经过实践证明的传统软件测试的次要问题成为面向对象测试的主要问题。

面向对象软件的体系结构不再是传统的功能模块结构，而是一系列分层的子系统，它们封装了协作的类。子系统和类协作实现系统的功能。因此原有集成测试所要求的逐步将开发的模块搭建在一起进行测试的方法已不可能，有必要在各个不同的层次测试封装的系统或类，从而发现可能存在的类相互协作或子系统跨体系结构通信时的错误。而且，面向对象软件抛弃了传统的开发模式，对每个开发阶段都有不同于以往的要求和结果，已经不可能用功能细化的观点来检测面向对象分析和设计的结果。

因此，传统的测试模型对面向对象软件已经不适用。针对面向对象软件的开发特点，应该采用全生命周期面向对象测试的方式。

面向对象软件的构造从分析模型和设计模型的创建开始，软件从非形式化的系统需求表示开始，逐步增量迭代，演化为详细的类、类连接和关联、系统结构设计和职责分配等概念模型，最终按照模型实施而成。建模基于定义阶段的需求收集，设计源于分析模型的推导，编码基于设计模型。因此，在每个阶段，模型都应该被测试，以避免错误传播到下一次迭代。

1. 全生命周期面向对象测试

Ambler 提出的全生命周期面向对象测试（FLOOT）方法是测试技术的集合，用于验证和检验采用面向对象方法开发的软件。从需求阶段开始，一直到软件正式使用之前，FLOOT 提倡的是针对开发过程的全方位测试，尽量在软件开发早期就进行测试，而且需要经常性的测试。

许多软件缺陷是在软件开发生命周期早期引入的，其中大部分是在需求和分析活动中引入的。越早检测到错误，修改的成本就会越低。模型测试十分重要。常使用的技术有执行用例场景测试、原型走查、用户需求评审、模型评审等。执行用例场景测试有助于验证用户需求。原型走查能很快地验证原型是否达到了用户的要求。而用户需求评审确保需求能够准确地反映用户的要求。模型评审主要组织领域专业人员或技术人员，评估开发出的所有分析或设计模型，以求较早地揭示开发过程中的缺陷。这些测试可以与需求、分析和设计平行进行，以期尽可能早地发现问题。

面向对象语言的特点注定了源代码测试需要新的测试技术。主要测试方法有类测试和继承回归测试等。至于系统测试和用户测试，面向对象程序测试与传统的结构化程序测试所采用的方法差别并不大。

2. 面向对象测试策略

与传统单元测试相比，面向对象的单元测试中的单元的概念发生了变化。它封装了属性和操作的类或对象作为最小的可测试单位，而不是原来的数据与操作分离的个体模块。类包含了一组不同的操作，并且某特殊的操作也可能作为一组不同类的一部分存在，因此，单元测试的意义发生了较大变化。

由于面向对象系统没有层次的控制结构，传统的自顶向下和自底向上的集成策略就没有了意义。此外，由于类直接或间接交互构成系统，系统集成不可能像传统的增量集成那样，将操作逐个集成到类中。

在确认测试时，无须关心系统内部的层次以及类之间的连接细节。与传统确认测试一样，面向对象软件的确认测试关注用户可见的动作和用户可识别的系统输出。测试员可以利用分析模型的一部分，如用例图提供的场景，确认系统行为。

3. 基于场景的模型测试

分析与设计模型只是概念上的模型，不能像程序一样执行，所以不能进行传统意义上的测试。大多采用技术评审的方式检查分析与设计模型的正确性和一致性。通常采用用例场景的方式测试分析和设计模型。

4. 类测试

面向对象程序由类组成，每个类包括方法（操作）、属性以及与其他类的联系。类的测试是检查类的代码是否完全满足类说明所描述的要求。如果类的实现正确，那么类的每一个实例的行为也应该是正确的。对于类的测试既是单元测试也是传统的集成测试，因为它以类和它的实例作为单元隔离测试，但有时需要验证类的方法和属性是否可以配合工作。

5. 类间测试

当面向对象的系统开始集成时，需要设计类间协作的测试用例，测试用例的设计变得更复杂。与单个类的测试用例设计一样，类协作测试用例也可以通过随机和划分方法来设计，此外，还有基于场景的测试和行为测试。

1.3.5　技术度量

测度和度量是任何工程学科的关键构成成分，面向对象软件工程也不例外，面向对象度量是 OO（面向对象）技术不可分割的一部分，在 OO 软件开发中具有重要的作用：利用度量能定量理解系统的体系结构和详细设计，利用度量的反馈信息能构造质量更好的系统；提供 OO 项目开发成本估算和进度预计的良好基础；有助于确定各种软件开发策略的作用和效果。但是对 OO 系统的度量却比使用其他 OO 方法的进展要慢得多。随着 OO 系统变得更普遍深入，软件工程师具有量化的机制来评估体系结构设计和构件级设计的质量变得更为重要，这些测度使软件工程师能在过程的早期评估软件，进行修改以减少复杂性和改善终端产品的长期生存能力。

根据面向对象度量的特点，在满足一般度量理论的基础上，构造面向对象程序所适用的度量还应该遵循以下几个准则：①度量需要反映某一个面向对象的特征（继承、封装、多态），②对于面向对象程序每一个方面的特征，要从单个类和整个面向对象系统两个角度进行度量；③单一的度量可能无法全面描述某一个面的特征，必须用一组度量从多方面来反映。

1.4　软件工程的项目管理

1.4.1　项目管理

美国项目管理学会（PMI）对项目管理的定义是："项目管理

就是把各种知识、技能、手段和技术应用于项目活动之中，以达到项目的要求。项目管理是通过应用和综合诸如启动、规划、实施、监控和收尾等项目管理过程来进行的。”

1.4.2 项目估算

软件项目估算指估算软件开发过程中所花费的工作量及相应的代价。软件项目估算主要包括：规模估算、工作量估算、成本估算、进度估算。

1.4.3 质量管理

对软件产品的质量进行评价、管理和控制是非常困难的。因为人们对软件生产的认识还不够充分，而且软件开发过程相当复杂，缺乏直观性。在产品质量控制中，质量管理活动是关键，这就使软件产品质量保证与控制活动非常必要。

1.4.4 风险管理

项目风险源于任何项目中都存在的不确定性。风险管理是软件项目管理的重要内容。软件风险管理就是通过主动而系统地对项目风险进行全过程的识别、分析和监控，最大限度地降低风险对软件开发的影响。软件风险管理的过程包括风险识别、风险分析、风险规划和风险监控等基本活动。风险管理的主要目标是预防风险。成功的项目管理一般都对项目风险进行了良好的管理，因此任何一个系统开发项目都应将风险管理作为软件项目管理的重要内容。

1.5 系统工程

这里关于系统工程理论的介绍参考了张晓冬先生主编的《系统工程》。

1.5.1　系统与系统工程

1. 系统概述

“系统”是系统理论、系统工程和整个系统科学的基本研究对象。

系统是由两个以上存在有机联系、相互作用的要素所组成的，是具有特定功能、结构和环境的整体。有四个要点：系统及其要素，系统和环境、系统的结构、系统的目的和功能。

系统的属性有：整体性、相关性、环境适应性、目的性和层次性。

2. 系统工程概述

系统工程是从总体出发，合理开发、运行和革新一个大规模复杂系统所需的思想、理论、方法论、方法和技术的总称，属于一门综合性的工程技术。它把自然科学和社会科学中的某些思想、理论、方法、策略和手段等根据总体协调的需要有机地联系起来，把人们的生产、科研或经济活动有效地组织起来，应用定量分析和定性分析相结合的方法和电子计算机等工具，对系统的构成要素、组织结构、信息交换和反馈控制等功能进行分析、设计、制造和服务，从而达到最优设计、最优控制和最优管理的目标，以便最充分地发挥人力、物力的潜力。并且通过各种组织管理技术，使局部和整体之间协调配合，以实现系统的综合最优化。

系统工程的特点有：系统性、交叉性、综合性、实践性和专业性。

1.5.2　系统工程的理论基础

系统科学作为一门交叉学科，具有宽广的理论基础，理论主体是由一般系统论、控制论、信息论、新三论（耗散结构论、协同论、突变论）、运筹学、复杂适应系统理论等理论体系构成的。

1.5.3 系统工程方法论

系统工程研究的对象通常是复杂系统。所谓复杂系统是指系统的结构复杂、层次较多、单元要素种类很多且相互关系复杂。一般情况下，系统既包含“硬件”单元，也包含“软件”要素，尤其是人的行为，使系统更具复杂性和不确定性。另外，复杂系统必然是多目标、多方案的，因此，要有独特的思考问题和处理问题的方法。系统工程方法论就是分析和解决系统开发、运作及管理实践中的问题所应遵循的工作程序、逻辑步骤和基本方法。它是系统工程思考问题和处理问题的一般方法和总体框架。

经典的系统工程方法论有：霍尔方法论、切克兰德方法论、综合集成方法论等。

1.5.4 系统模型及建模方法

系统模型是对实际系统的模仿和抽象，它反映了系统的结构、各部分之间的相互作用，描述了实际系统的物理本质与主要特征。根据系统工程方法论，对大型复杂系统的分析研究必须借助有效的系统模型才能进行。模型可脱离具体内容对系统进行描述、逻辑演绎和计算，可促进对科学规律、理论、原理的发现。此外，利用模型还可以用较少的时间和费用对实际系统进行研究和实验，可以重复演示和研究，因此更易于洞察系统的行为。

系统建模也称模型化，就是采用一定的方法来描述实际系统的构成和行为，并对系统的各种因素进行适当处理，从而为系统分析研究提供有效模型的过程。

用模型化的方法研究系统的具体目的在于：

（1）更好地理解和表达系统，以支持对系统的分析、综合及优化。

（2）支持新系统的设计或支持现有系统的重构。

（3）支持对系统运行的监测和控制。

系统建模要准确地描述现实世界，必须反映实际。由于模型的抽象特征，因而系统建模又应高于实际。要兼顾到它的现实性和易处理性。考虑到现实性，所建模型必须包括现实系统中的主要因素；考虑到易处理性，建模时要采取一些理想化的办法，即去掉一些次要的外在影响，并对一些过程做出合理的简化。一个好的模型，应是现实性和易处理性两者的兼顾协调与和谐统一体。

系统建模的基本原则：考虑系统的结构性，考虑信息的相关性，考虑信息的准确性，考虑系统的结集性。

系统建模的思考方法：理论分析法、数值分析法、情景分析法、老手法。

系统建模的一般步骤：

（1）明确建模的目的和要求，以使所建模型满足实际需要，不至于产生过大的偏差。

（2）对系统进行一般的语言描述，形成初步的系统概念模型。

（3）分清系统中的主要因素及其相互关系。

（4）采用适当的建模方法确定模型结构。

（5）估计模型中的参数，进一步用数量来表示系统中的因果关系。

（6）实验研究。

（7）模型修正。

常用的系统结构模型化技术有：关联树法、解释结构模型化技术、系统动力学结构模型化技术等。

1.5.5　系统研究方法

系统分析是进行系统研究、帮助进行有效决策的一种方法。在若干选定的目标和准则下，分析构成系统的各要素的功能及其相互之间的关系。利用数量化方法分析制定可行方案，并推断可能产生的效果，以期寻求对系统整体效益最优的策略。因此，系统分析对于整体问题的目标设定、方法选择、有限资源的最佳调配和行动策略的决定来说，是有效的工具。

系统分析的特点：以系统整体最优为目标；强调系统各要素

之间的联系；寻求解决问题的方案是其主要目的；运用定量方法解决系统问题；凭借价值判断做出决策。

系统分析有六个基本要素：目标、问题、方案、模型、评价和决策者。

系统分析的步骤：

（1）划定问题范围。

（2）确定目标。

（3）收集资料、提出方案。

（4）建立分析模型。

（5）分析替代方案的效果。

（6）综合分析与评价。

1.5.6　系统评价

评价是指按照明确目标测定对象的属性，并把它变成主观效用（满足主体要求的程度）的行为，即明确价值的过程。系统评价就是评定系统的价值。系统评价是指根据预定的系统目的，在系统调查和可行性研究的基础上，对系统开发提供的各种可行方案，从技术、经济、社会等方面，予以综合考察，全面权衡利弊得失，从而为系统决策选择最优方案提供科学的依据。在对系统进行评价时，要从明确评价目标开始，通过评价目标来确定评价对象，并对其功能、特性和效果等属性进行科学的测定，对系统方案所能满足人们主观需要的程度和所消耗占用的资源情况进行评定，最后根据评价标准和主观判断确定系统的综合评价值，选择出适当而且可能实现的优化方案。

1.6　人工智能

这里关于人工智能理论的介绍参考了王万森先生编著的《人工智能》。

1.6.1　基本概念

1.6.1.1　智能的概念

1. 认识智能的不同观点

人类在认识智能的过程中提出了许多不同的观点，其中最具代表性的观点有三种：①智能来源于思维活动（思维理论）；②智能取决于可运用的知识（知识阈值理论）；③智能可由逐步进化来实现（进化理论）。

2. 智能的层次结构

根据脑科学的研究，人类智能总体上可分为高、中、低三个层次，不同层次的智能活动由不同的神经系统来完成。其中，高层智能以大脑皮层为主，大脑皮层又称为抑制中枢，主要完成记忆、思维等活动；中层智能以丘脑为主，又称为感觉中枢，主要完成感知活动；低层智能以小脑、脊髓为主，主要完成动作反应活动。

把认识智能的不同观点和智能的层次结构联系起来看，理论思维和知识阈值理论对应于高层智能，进化理论对应于中层智能和低层智能。

3. 智能所包含的能力

认知科学的研究认为，智能是一种综合能力，它的主要能力包括：①感知能力；②记忆与思维能力；③学习和自适应能力；④决策和行为能力。

1.6.1.2　人工智能的概念

在人工智能诞生的五十多年里，人们从不同方面解释了人工智能的概念，较具代表性的是从类人、理性、思维、行为四个方面给出的定义方法。

1. 类人行为方法

类人行为方法也称为图灵测试方法，它是一种基于人类自身的智能去定义一个机器或系统是否具有智能的方法。

2. 类人思维方法

类人思维方法也称为认知模型方法，它是一种基于人类思维工作原理的可检测理论定义智能的方法。

3. 理性思维方法

理性思维方法也称为思维法则方法，它是一种基于逻辑推理定义智能的方法。

4. 理性行为方法

理性行为方法也称为理性智能体方法，它是一种基于智能体定义智能的方法。

综上所述，可以从“能力”和“学科”两个方面给出人工智能的解释：从能力的角度看，人工智能是指用人工的方法在机器（计算机）上实现的智能；从学科的角度看，人工智能是一门研究如何构造智能机器或智能系统，使它能够模拟、延伸和扩展人类智能的学科。

1.6.1.3 人工智能的研究目标

人工智能有三个主要研究目标：

（1）对智能行为进行有效的理论分析。

（2）解释人类智能。

（3）构造智能的人工制品。

1.6.2 基本内容

对于人工智能的基本内容，主要从智能机理和对智能的模拟这两个方面进行讨论。

1.6.2.1 与脑科学和认知科学的交叉研究

脑科学和认知科学是人工智能的重要理论基础，对人工智能的研究具有重要的指导和启迪作用，因此人工智能应该重视与脑科学和认知科学的交叉研究。

1. 脑科学

脑科学亦称神经科学，是一门研究脑与心智现象及规律的科学，其主要目标就是揭示脑功能的本质，认识脑与智能的规律，保护脑和开发脑。

在脑科学中，脑的含义可从狭义和广义两个方面来理解：从狭义方面看，脑是指中枢神经系统，有时特指大脑；从广义方面看，脑可泛指整个神经系统。

人脑被认为是自然界中最复杂、最高级的智能系统。这种复杂性主要表现在人脑是由巨量神经元经相互之间突触的广泛并行互联所形成的一个巨复杂的系统。现代脑科学的基本问题主要包括：揭示神经元之间的联结形式，奠定行为的脑机制的结构基础；阐明神经活动的基本过程，说明从分子、细胞到行为等不同层次上神经信号的产生、传递、调制等基本过程；鉴别神经元的特殊细胞生物学特性；认识实现各种功能的神经回路基础；解释脑的高级功能机制等。

脑研究的任何进展，都将对人工智能的研究起到积极的推动作用，因此脑科学是人工智能的一个重要基础，人工智能应该加强与脑科学的交叉研究，以及人类智能与机器智能的集成研究。

2. 认知科学

认知科学（或称思维科学），是一门研究人类智能如何由物质产生和人脑怎样进行思维信息处理的科学，其主要目的是要说明和解释人类在完成认知活动时是如何进行信息加工的。

美国心理学家霍斯顿等人曾把对认知的看法归纳为以下五种主要类型：

（1）认知是信息的处理过程。

（2）认知是心理上的符号运算。

（3）认知是问题求解。

（4）认知是思维。

（5）认知是一组相关的活动，如知觉、记忆、思维、判断、推理、问题求解、学习、想象、概念形成及语言使用等。

人类的认知是一种非常复杂的行为，人们对其研究进而形成了认知科学。认知科学也称思维科学，是一门研究人类感知和思维信息处理过程的学科，它包括从感觉的输入到复杂问题的求解，从人类个体智能到人类社会智能的活动，以及人类智能和机器智能的性质。其主要的研究目的就是要说明和解释人类在完成认知活动时是如何进行信息加工的。

认知科学也是人工智能的重要理论基础，对人工智能的发展起着根本性的作用。认知科学涉及的问题非常广泛，除了像霍斯顿提出的知觉、语言、学习、记忆、思维、问题求解、创造、注意、想象等相关联的活动外，还会受到环境、社会、文化背景等方面的影响。从认知观点来看，人工智能不能仅限于逻辑思维的研究，还必须深入开展对形象思维和灵感思维的研究。只有这样，才能使人工智能具有更坚实的理论基础，才能为智能计算机系统的研制提供更新的思想，创造更新的途径。

1.6.2.2 智能模拟的方法和技术研究

要用机器模拟人类智能，就必须开展对机器感知、思维、学习、行为的研究，以及对智能系统和智能机器建造技术的研究。

所谓机器感知，就是要让计算机具有类似于人的感知能力，如视觉、听觉、触觉等。

所谓机器思维，就是让计算机能够对感知到的外界信息和自己产生的内部信息进行思维性加工。

所谓机器学习，就是让计算机能够像人那样自动地获取新知识，并在实践中不断地完善自我和增强能力。机器学习是机器具有智能的重要标志，也是人工智能研究的核心问题之一。

所谓机器行为，就是让计算机能够具有像人那样的行动和表达能力，如走、跑、拿、说、唱、写、画等。如果把机器感知看成智能系统的输入部分，那么，机器行为可看成智能系统的输出部分。例如，智能控制、智能制造、智能调度、智能机器人等。

建立智能系统或构造智能机器既是人工智能面向实际应用的关键，也是人工智能近期目标和远期目标的一种必然要求，因此，我们需要开展对智能系统和智能机器建造技术的研究。它包括系统模型、构造技术、构造工具及语言环境等方面的研究。

1.6.3　历史回顾

人工智能诞生 50 多年来，可以按照人工智能在不同时期的主要特征，将其产生与发展过程分为五个阶段。

1.6.3.1　孕育期

自远古以来，人类就有着用机器代替人进行脑力劳动的幻想。从亚里士多德创立演绎法，到莱布尼茨奠定数理逻辑的基础；再从图灵 1936 年创立图灵机模型，到世界第一台电子计算机诞生，都为人工智能的诞生奠定了重要的思想理论和物质技术基础。

1943 年，世界第一个人工神经网络模型开创了以仿生学观点和结构化方法模拟人类智能的途径；1948 年，控制论创立，为以行为模拟观点研究人工智能奠定了理论和技术基础；1950 年，图灵提出“机器思维”的观点。至此，人工智能的雏形已初步形成，人工智能的诞生条件也已基本具备。

1.6.3.2　形成期

人工智能诞生于一次历史性的聚会。1956 年夏季，十位年轻的科学家在美国达特茅斯大学举行了一个为期两个月的夏季学术研讨会。这十位来自美国数学、神经学、心理学、信息科学和计算机科学方面的杰出科学家，在一起共同学习和探讨了用机器模拟人类智能的有关问题，并由麦卡锡提议正式采用了“人工智能”这一术语。从而，一个以研究如何用机器来模拟人类智能的新兴学科——人工智能诞生了。

在人工智能诞生以后的十多年中，科学家们很快就在定理证明、问题求解、博弈等领域取得了重大突破。通常，人们把 1956 年至 1970 年这段时间称为人工智能的形成期。

1.6.3.3　知识应用期

人们把 1971 年到 20 世纪 80 年代末这段时间称为人工智能的

知识应用期。人工智能在经过形成时期的快速发展之后，很快就遇到了很多麻烦。值得庆幸的是，在这种极其困难的环境下，仍有一大批人工智能学者不畏艰辛、潜心研究。他们在认真总结前一阶段研究工作的经验教训的同时，从以知识为中心开展人工智能研究的观点中找到了新的出路。

科学的真谛总是先由少数人创造出来的。早在20世纪60年代中期，当大多数人工智能学者正热衷于对博弈、定理证明、问题求解等进行研究时，专家系统这一个重要研究领域也开始悄悄地孕育。正是由于专家系统这棵幼小萌芽的存在，才使得人工智能能够在后来出现的困难和挫折中很快找到前进的方向，又迅速地再度兴起。

在这一时期，与专家系统同时发展的重要领域还有计算机视觉、机器人、自然语言理解和机器翻译等。同时，一直处于低谷的人工神经网络也开始慢慢复苏。

1.6.3.4 从学派分立走向综合期

这一时期，人工智能研究形成了以专家系统为标志的符号主义学派，以神经网络为标志的联结主义学派和以感知动作模式为标志的行为主义学派三派分立的局面。

在这种背景下，三大学派激烈争论、独自发展，各自走出了一段研究道路和成长历史。但是，随着研究和应用的深入，人们又逐渐发现，这三大学派只不过是各自所基于的理论不同，采用的模拟方法不同，所模拟的能力不同，其实各有短长，应该相互结合、取长补短、综合集成。因此，人们通常把20世纪80年代末到21世纪初的这段时间称为从学派分立走向综合的时期。

1.6.3.5 智能科学技术学科的兴起期

21世纪初以来，一个以人工智能为核心，以自然智能、人工智能、集成智能和协同智能为一体的新的智能科学技术学科正在逐步兴起，并引起了人们的极大关注。所谓集成智能是指自然智能与人工智能通过协调配合所集成的智能；所谓协同智能是指个体智能相互协调所涌现的群体智能。智能科学技术学科研究的主要特征包括以下几个方面：

（1）由对人工智能的单一研究走向以自然智能、人工智能、集成智能为一体的协同智能研究。

（2）由人工智能学科的独立研究走向重视与脑科学、认知科学等学科的交叉研究。

（3）由多个不同学派的分立研究走向多学派的综合研究。

（4）由对个体、集中智能的研究走向对群体、分布智能的研究。

1.6.4　不同学派

1.6.4.1　符号主义学派

符号主义学派，又称逻辑主义学派、心理学派或计算机学派，是基于物理符号系统假设和有限合理性原理的人工智能学派。该学派认为人工智能起源于数理逻辑。

符号主义学派采用的是功能模拟方法，其代表性成果是 1957 年纽厄尔和西蒙等人研制的称为逻辑理论机的数学定理证明程序 LT。LT 的成功说明了可以用计算机来研究人的思维过程，模拟人的智能活动。符号主义学派诞生的标志是 1956 年夏季的那次历史性聚会，是符号主义者最先正式采用了人工智能这个术语。五十多年来，符号主义学派走过了一条“启发式算法→专家系统→知识工程”的发展道路，并一直在人工智能中处于主导地位，即使在其他学派出现之后，它也仍然是人工智能的主流派。

在理论上，符号主义学派认为：认知的基元是符号；认知的过程就是符号的运算过程；智能行为的充分必要条件是物理符号系统，人脑、电脑都是物理符号系统；智能的基础是知识，其核心是知识表示和知识推理；知识可用符号表示，也可用符号进行推理，因而可以建立基于知识的人类智能和机器智能的统一的理论体系。

在研究方法上，符号主义学派认为人工智能的研究应该采用功能模拟的方法，即通过研究人类认知系统的功能和机理，再用计算机进行模拟，从而实现人工智能。它主张用逻辑方法来建立人工智能的统一理论体系，但遇到了“常识”问题的障碍，以及不确知事物的知识表示和问题求解等难题，因此，受到了其他学派的批评与否定。

1.6.4.2 联结主义学派

联结主义学派，又称仿生学派或生理学派，是基于神经网络及网络间的联结机制与学习算法的人工智能学派。联结主义学派认为人工智能起源于仿生学，特别是对人脑模型的研究。

在理论上，联结主义学派认为：思维的基元是神经元，而不是符号；思维过程是神经元的联结活动过程，而不是符号运算过程；反对符号主义学派关于物理符号系统的假设，认为人脑不同于电脑；提出联结主义学派的人脑工作模式，以取代符号主义学派的电脑工作模式。

在研究方法上，联结主义学派主张人工智能研究应采用结构模拟的方法，即着重于模拟人的生物神经网络结构，并认为神经网络的功能、结构与智能行为是密切相关的，不同的神经网络结构表现出不同的智能行为。目前，联结主义学派已经提出多种人工神经网络结构和一些联结学习算法。

1.6.4.3 行为主义学派

行为主义学派，又称进化主义或控制论学派，是基于控制论和“感知—动作”控制系统的人工智能学派。行为主义学派认为人工智能起源于控制论，提出智能取决于感知和行为，取决于对外界复杂环境的适应，而不是表示和推理。

在理论上，行为主义学派认为智能取决于感知和行动，提出了智能行为的“感知—动作”模型；智能不需要知识、不需要表示、不需要推理；人工智能可以像人类智能那样逐步进化，智能只有在现实世界中通过与周围环境的交互作用才能表现出来；指责传统人工智能（主要指符号主义学派，也涉及联结主义学派）对现实世界中客观事物的描述和复杂智能行为的工作模式做了虚假的、过于简单的抽象，因而，是不能真实反映现实世界的客观事物的。

在研究方法上，行为主义学派主张人工智能研究应采用行为模拟的方法。它们也认为，功能、结构和智能行为是不可分开的，不同的行为表现出不同的功能和不同的控制结构。

综上所述，三个学派除了采用的模拟方法不同以外，它们所模拟的智能行为也不同。符号主义学派模拟的主要是人类智能的思维形式，联结主义学派模拟的主要是人类智能对底层信息的处理形式，行为主义学派模拟的主要是人类智能的反射动作形式。因此，应该采用多学派综合集成研究。

1.6.5　研究应用领域

这里采用了基于智能本质和作用的划分方法，从感知、思维、行为、学习、计算智能、分布智能、智能机器、智能系统、智能应用等方面进行讨论。

1.6.5.1　机器思维

机器思维主要模拟人类的思维功能。在人工智能中，与机器思维有关的研究主要包括推理、搜索、规划。

1. 推理

推理是人工智能中最基本的问题之一。所谓推理是指按照某种策略，从已知事实出发，利用知识推出所需结论的过程。对机器推理，可根据所用知识的确定性，将其分为确定性推理和不确定性推理两大类。所谓确定性推理是指推理所使用的知识和推出的结论都是可以精确表示的，其真值要么真，要么假。所谓不确定性推理是指推理所使用的知识和推出的结论可以是不确定的。所谓不确定性是对非精确性、模糊性和非完备性的统称。

2. 搜索

搜索也是人工智能中最基本的问题之一。所谓搜索是指为了达到某一目标，不断寻找推理线路，以引导和控制推理，使问题得以解决的过程。对于搜索，可根据问题的表示方式将其分为状态空间搜索和与/或树搜索两大类型。其中，状态空间搜索是一种用状态空间法求解问题时的搜索方法；与/或树搜索是一种用问题归约法求解问题时的搜索方法。

3. 规划

规划是一种重要的问题求解技术，它是对从某个特定问题状态出发，寻找并建立一个操作序列，直到求得目标状态的行动过程的描述。与一般问题求解技术相比，规划更侧重于问题的求解过程，并且要解决的问题一般是真实世界的实际问题，而不是抽象的数学模型问题。

1.6.5.2 机器感知

机器感知作为机器获取外界信息的主要途径，是机器智能的重要组成部分。

1. 机器视觉

机器视觉是一门用计算机模拟或实现人类视觉功能的研究领域。其主要目标是要让计算机具有通过二维图像认知三维环境信息的能力。这种能力不仅包括对三维环境中的物体的形状、位置、姿态、运动等几何信息的感知，还包括对这些信息的描述、存储、识别与理解。

2. 模式识别

模式识别是人工智能最早的研究领域之一。在模式识别理论中，通常把对某一事物所做的定量或结构性描述的集合称为模式。所谓模式识别就是让计算机能够对给定的事物进行鉴别，并把它归入与其相同或相似的模式中。为了使计算机能进行模式识别，通常需要给它配上各种感知器官，使其能够感知外界信息。模式识别的一般过程是先采集待识别事物的模式信息，然后对其进行各种变换和预处理，从中抽出有意义的特征或基元，得到待识别事物的模式，然后再与机器中原有的各种标准模式进行比较，完成对待识别事物的分类识别，最后输出识别结果。

3. 自然语言处理

自然语言是人类交流信息的主要媒介，也是人工智能的一个重要标志。但由于它的多义性和不确定性，使得人类与计算机系统之间的交流还主要依靠那种受到严格限制的非自然语言。自然语言处理就是要研究人类与计算机之间进行有效交流的各种理论和方法，其研究领域主要包括自然语言处理、机器翻译及语音处理。

1.6.5.3　机器行为

机器行为既是智能机器作用于外界环境的主要途径，也是机器智能的重要组成部分。

1. 智能控制

智能控制是指那种无需或需要尽可能少的人工干预，就能独立地驱动智能机器，实现其目标的控制过程。它是一种把人工智能技术与传统自动控制技术相结合，研制智能控制系统的方法和技术。

2. 智能制造

智能制造是指以计算机为核心，集成有关技术，以取代、延伸与强化有关专门人才在制造中的相关智能活动所形成、发展乃至创新了的制造。智能制造中所采用的技术称为智能制造技术，它是指在制造系统和制造过程中的各个环节，通过计算机来模拟人类专家的制造智能活动，并与制造环境中人的智能进行柔性集成与交互的各种制造技术的总称。智能制造技术主要包括机器智能的实现技术，人工智能与机器智能的融合技术，以及多智能源的集成技术。

1.6.5.4　机器学习

机器学习是机器获取知识的根本途径，同时也是机器具有智能的根本标志。一个计算机系统如果不具备学习功能，就不能称为智能系统。机器学习有多种不同的分类方法，如果按照对人类学习的模拟方式，机器学习可分为符号学习和神经学习等。

1. 符号学习

符号学习是指从功能上模拟人类学习能力的机器学习方法，它是一种基于符号主义学派的机器学习观点。按照这种观点，知识可以用符号来表示，机器学习过程实际上是一种符号运算过程。对于符号学习，可根据学习策略，即学习中所使用的推理方法，将其分为记忆学习、归纳学习和演绎学习等。

2. 神经学习

神经学习也称为联结学习，它是一种基于人工神经网络的学习方法。脑科学研究表明，人脑的学习和记忆过程都是通过神经系统来完成的。在神经系统中，神经元既是学习的基本单位，也是记忆的基本单位。神经学习可以有多种不同的分类方法。

3. 知识发现和数据挖掘

知识发现和数据挖掘是在数据库的基础上实现的一种知识发现系统。它通过综合运用统计学、粗糙集、模糊数学、机器学习和专家系统等多种学习手段和方法，从数据库中提炼和抽取知识，从而可以揭示出蕴含在这些数据背后的客观世界的内在联系和本质原理，实现知识的自动获取。

传统的数据库技术仅限于对数据库的查询和检索，不能够从数据库中提取知识，使得数据库中所蕴含的丰富知识被白白浪费。知识发现和数据挖掘以数据库为知识源抽取知识，不仅可以提升数据库中数据的利用价值，同时也为各种智能系统的知识获取开辟了一条新的途径。目前，随着大规模数据库和互联网的迅速发展，知识发现和数据挖掘已从面向数据库的结构化信息的数据挖掘，发展到面向数据仓库和互联网的海量、半结构化或非结构化信息的数据挖掘。

1.6.5.5 计算智能

计算智能指借鉴仿生学的思想，根据人们对生物体智能机理的认识，采用数值计算的方法去模拟和实现人类的智能。

1. 神经计算

神经计算也称神经网络，它是大量人工神经元的广泛并行互联所形成的一种人工网络系统，用于模拟生物神经系统的结构和功能。神经计算是对人类智能结构的模拟，其主要研究内容包括人工神经元的结构和模型，人工神经网络的互联结构和系统模型，基于神经网络的联结学习机制等。

2. 进化计算

进化计算是一种模拟自然界生物进化过程与机制，进行问题求解的自组织、自适应的随机搜索技术。它以达尔文的“物竞天择，适者生存”作为算法的进化规则，并结合孟德尔的遗传变异理论，将生物进化过程中的繁殖、变异、竞争和选择引入算法中，是一种对人类智能的演化模拟方法。

3. 模糊计算

模糊计算也称模糊系统，它通过对人类处理模糊现象的认知能力的认识，用模糊集合和模糊逻辑去模拟人类的智能行为。

4. 人工生命

生命现象应该是世界上最复杂的现象之一。人工生命就是研究能够展示人类生命特征的人工系统，即研究以非碳水化合物为基础的、具有人类生命特征的人造生命系统。

人工生命研究并不十分关心已经知道的以碳水化合物为基础的生命的特殊形式，即“生命之所知”，而最关心的是生命的存在形式，即“生命之所能”。应该说，“生命之所知”是生物学研究的主题，“生命之所能”才是人工生命研究所关心的主要问题。按照这种观点，如果能从具体的生命中抽象出控制生命的“存在形式”，并且这种存在形式可以在另外一种物质中实现，那么就可以创造出基于不同物质的另外一种生命——人工生命。

人工生命研究所采取的主要是自底向上的综合方法，即只有从“生命之所能”的广泛内容中去考察“生命之所知”，才能真正理解生命的本质。人工生命的研究目标就是要创造出具有人类生命特征的人工生命。

1.6.5.6 分布智能

分布智能是随着计算机网络、计算机通信和并发程序设计技术的发展而发展起来的一个新的人工智能研究领域。它主要研究在逻辑上或物理上分布的智能系统之间是如何相互协调各自的智能行为、发现问题并进行求解的。

1.6.5.7 智能系统

智能系统可泛指各种具有智能特征和功能的软硬件系统。

1. 专家系统

专家系统是一种基于知识的智能系统，其基本结构由知识库、综合数据库、推理机、解释模块、知识获取模块和人机接口六部分组成。其中，知识库是专家系统的知识存储器，用来存放求解问题的领域知识；综合数据库也称为全局数据库或简称数据库，用来存储有关领域问题的事实、数据、初始状态（证据）和推理过程中得到的中间状态等；推理机是一组用来控制、协调整个专家系统的程序；解释模块以用户便于接受的方式向用户解释系统的推理过程；知识获取模块可为修改知识库中的原有知识和扩充新知识提供相应手段；人机接口主要用于专家系统和外界之间的通信与信息交换。

新型专家系统是目前专家系统发展的主流。所谓新型专家系统是指为了克服传统专家系统的缺陷，引入一些新思想、新技术而得到的专家系统。

2. 智能决策支持系统

智能决策支持系统（IDSS）是指那种在传统决策支持系统（DSS）中增加了相应的智能部件的决策支持系统。它把 AI 技术与 DSS 相结合，综合运用 DSS 在定量模型求解与分析方面的优势，以及 AI 在定性分析与不确定推理方面的优势，利用人类在问题求解中的知识，通过人机对话的方式，为解决半结构化和非结构化问题提供决策支持。

IDSS 通常由数据库、模型库、知识库、方法库和人机接口等主要部件组成。目前，实现系统部件的综合集成和基于知识的智能决策是 IDSS 发展的一种必然趋势，结合数据仓库和 OLAP 技术构造企业级决策支持系统是 IDSS 走向实际应用的一个重要方向。

1.6.5.8　人工心理与人工情感

在人类神经系统中，智能并不是一个孤立现象，它往往和心理与情感联系在一起。心理学的研究结果表明，心理和情感会影响到人的认知，即影响到人的思维，因此在研究人类智能的同时，也应该开展对人工心理和人工情感的研究。

人工情感是利用信息科学的手段对人类情感过程进行模拟、识别和理解，使机器能够产生类人情感，并与人类自然和谐地进行人机交互的研究领域。人工心理就是利用信息科学的手段，对人的心理活动（重点是人的情感、意志、性格、创造）的更全面的再一次人工机器（计算机、模拟算法）模拟，其目的在于从心理学广义层次上研究情感、情绪与认知，以及动机与情绪的人工机器实现问题。人工心理与人工情感有着广阔的应用前景。例如，支持开发有情感、意识和智能的机器人，实现真正意义上的拟人机械研究，使控制理论更接近于人脑的控制模式，设计人性化的商品，以及开发人性化的电子化教育等。

1.6.5.9　人工智能的典型应用

人工智能的应用领域非常广泛，从理论到技术，从产品到工程，从家庭到社会，人工智能无处不在。

1. 智能机器人

机器人是一种具有人类的某些智能行为的机器。它是在电子学、人工智能、控制论、系统工程、精密机械、信息传感、仿生学以及心理学等多种学科或技术的基础上形成的。

机器人研究的主要目的有两个。一个是从应用方面考虑，可以让机器人帮助或代替人们去完成一些人类不宜从事的危难工作，以及一些生产、管理、服务、娱乐等工作。另一个是从科学研究方面考虑，机器人可以为人工智能理论、方法、技术研究提供一个综合试验场地，对人工智能各个领域的研究进行全面检查，以推动人工智能学科自身的发展。可见，机器人既是人工智能的一个研究对象，同时又是人工智能一个很好的试验场，几乎所有的人工智能技术都可以在机器人中得到应用。

智能机器人是一种具有感知、思维和行为能力的新一代机器人。这种机器人能够主动适应外界环境变化，并能够通过学习丰富自己的知识，提高自己的工作能力。

2. 智能网络

因特网的产生和发展为人类提供了方便快捷的信息交换手段，它极大地改变了人们的生活和工作方式，已成为当今人类社会信息化的一个重要标志。但是，基于因特网的万维网却是一个杂乱无章、真假不分的信息海洋，它不区分问题领域，不考虑用户类型，不关心个人兴趣，不过滤信息内容。传统的搜索引擎在给人们提供方便的同时，大量的信息冗余也给人们带来了不少烦恼。因此，利用人工智能技术实现智能网络具有极大的理论意义和实际价值。

3. 智能检索

智能检索是指利用人工智能的方法从大量信息中尽快找到所需要的信息或知识。随着科学技术的迅速发展和信息手段的快速提升，在各种数据库，尤其是因特网上存放着大量的，甚至是海量的信息和知识。面对这种信息海洋，如果还是用传统的人工方式进行检索，已经很不现实。因此，迫切需要相应的智能检索技术和智能检索系统来帮助人们快速、准确、有效地完成检索工作。

4. 智能游戏

游戏是一种娱乐活动。游戏技术与计算机技术结合产生了计算机游戏或视频游戏，与网络技术结合产生了网络游戏，与人工智能技术结合产生了智能游戏。所谓的智能游戏是指游戏中的非玩家角色具有一定智能行为的游戏。

1.6.6　现状与思考

1. 多学科交叉研究

人工智能理论基础研究应强调与脑科学、认知科学、心理学、生物学、逻辑学、信息科学和数学等学科的交叉研究。其中，脑科学可为人工智能研究提供人脑神经系统功能的本质和机理；认知科学可为人工智能研究提供感知和思维等智能活动的机理和过程；心理学可为人工智能研究提供认知、情感、意识等心理过程及联系；生物学可为人工智能研究提供自然界生物生存及进化的机制；逻辑学可为人工智能研究提供思维规律描述的理论和方法；信息科学可为人工智能研究提供智能模拟的物质基础和技术手段；数学可为人工智能研究提供各种有效的计算模型和方法。

2. 分布智能与社会智能研究

智能研究逐渐认识到，人类智能的本质实际上是一种社会性的智能，即人的智能行为更多的是在由群体构成的社会环境下完成各种社会活动时体现出来的。人工智能研究必须适应这种现实，在研究个体智能的同时，研究分布智能与社会智能。分布智能与社会智能相比，前者更强调分布智能系统或智能对象之间的协调、协作，后者更强调社会环境下智能的社会属性。社会智能的基础理论主要包括：适应新型社会问题特点的智能计算理论、为新型社会问题提供解决方案的社会科学支撑理论，以及社会科学基础理论模型和计算机技术的映射机制。社会智能的研究对象主要包括：社会智能的计算模型、社会智能行为的推理及相关问题、社会智能的计算平台及重大应用问题。

3. 集成智能研究

自然智能是一种基于碳的信息处理，人工智能是一种基于硅的信息处理，尽管这两种信息处理所基于的物质不同，但它们的运算能量都与电能（生物电和物理电）有关。那么，是否可以在碳和硅这两种不同物质上建立一种基于电信号的统一的信息处理模型？近年来，脑机接口（BCI）的研究成果进一步证实了集成智能的可能性和辉煌前景。

脑机接口是指人脑、动物脑与外界建立联系的接口。脑机接口观点认为人工脑和生物脑的本质都是信息，在信息处理上机理一致，只要加上接口即可交流。

4. 智能网络研究

因特网是人类历史上发展速度最快的一次技术革命，但目前仍处于发展的初级阶段，其智能水平还很低，未来的因特网应该是一种智能互联网。所谓智能互联网，本质上是一种自治的实体，具有自动调整功能，网络中的各个节点之间协同工作，能为用户提供便利、有效的服务。

智能网络研究的关键问题包括：①语义表达问题，即网络中的各种信息如何进行有效地表达，以使它们可被方便地共享和处理；②智能软件实体的构建问题，即网络中的各种软件实体如何构建，以使它们能够具有智能性、自治性和自适应性，并有效地为用户服务；③各种资源的组织管理问题，即如何有效地将网络中的各种资源组织起来，使得它们能够被合理地分配、共享和利用；④各种服务的描述和组织问题，即网络中的各种服务如何精确地描述和组织，以便服务的提供和调用；⑤知识的抽取和利用问题，即如何在互联网中发现和抽取有用知识，以改善智能互联网的利用效率。

5. 认知计算与情感计算研究

认知是人们认识事物、获取知识和应用知识的过程，它包括感觉、知觉、注意、记忆、行为、语言、推理、抉择、思考、想象、创造、问题求解等。情感是人们在认知事物时所产生的对该事物的态度的体验。认知和情感虽属于不同的心理过程，但二者又不可分离。认知加工过程不可避免地会受到情感的影响，同时，情感的发生和变化也必然会受到认知的调节。因此，必须将二者联系起来进行研究。这方面的主要研究内容包括：认知的生成机制和认知计算、情感的生成机制和情感计算、情感影响下的认知计算、认知调节下的情感计算等。

6. 智能服务

提供智能服务，推进社会智能化进程，也是人工智能研究和发展的一个重要方面。它包括基于智能网络的智能服务、基于智能机器人的智能服务、基于智能软件的智能服务，以及基于智能产品的智能服务等。

第 2 章　复杂综合学说

2.1　逻辑场整体论

这里的知识介绍参考了王众托先生编著的《系统工程》。

2.1.1　系统整体性的含义

系统整体性是系统的重要特性之一，整体性思想和原则是系统思想的重要组成部分。恩格斯分析了自然科学的发展，指出世界表现为一个有机联系的整体，因而自然科学的本质就是“关于过程，关于这些事物的发生和发展以及关于把这些自然过程结合为一个伟大整体的联系的科学”（《费尔巴哈与德国古典哲学的终结》）。

现代系统科学研究说明：客观世界从自然界到人类社会，任何事物都是由各种要素以一定方式构成的统一整体，尽管要素可以是物质客体，也可以是一些观念，或者是过程的某些阶段。作为整体性则主要表现为整体联系的统一性，即整体与部分、部分与部分、系统与环境联系的统一性。

系统整体存在的一个特征是它的有机性。所谓有机性，首先是指系统的要素不论它是否能够独立存在，都只有在整体中才能体现其具有的部分意义，离开整体就失去作为部分的意义。其次是指整体特性只有在系统的运动中，整体与部分、部分与部分、系统与环境以及不同层次之间按一定规律进行一定程度的物质、能量、信息的交换，才能以一定的性质和功能体现。可以说，系统的有机性程度，就是整体的组织化程度。

系统整体性的另一个特征是整体的组合效应。整体与部分的联系有三种方式。第一种是部分在整体中保持着相对的独立性。第二种是部分在整体中，必须改变自己才能与其他部分结合，在整体中不能保持相对独立性，但存在改变形态后离开整体物的可能。第三种是部分在整体中存在，不可能转化为独立物。不论哪一种联系形式，部分只是整体制约下的相对独立部分，离开整体就丧失了它的品格。整体既然是部分的集合，对于某些性质和度量来说，整体与部分之间存在着加和性。但是，系统除了加和性外，还存在非加和性，这反映在整体内部各部分之间存在着相互作用，某部分孤立存在和作为整体一部分时的性质和行为不同，这种相互作用是整体或者说是系统所具备的。

2.1.2　系统整体性的涌现

系统形成整体后，产生了系统性能，这是一种质变。这种性能是形成整体前所没有的，是整体组合效应。有人引述贝塔朗菲一般系统论中“整体大于它的各部分的总和”（来源于亚里士多德）的论述，作为系统性原理的一种表达方式，这在概括地说明整体性能的产生上有一定的形象性。另一方面，整体虽然是由部分构成的，具有孤立部分所不具有的特性，但是它同时又丧失了组成部分在孤立状态下所具有的某些部分的特性。一方面是由于质的不同，另一方面又是有得有失，所以单纯说整体大于它的各部分的总和是不够确切的。用亚里士多德的原意“一般说来，所有的方式显示的整体并不是其部分的总和”来表述整体性原理较为确切。

系统整体性的涌现具有下列特征：

（1）系统涌现出来的是各要素所形成的一种特定的功能模式。

（2）系统涌现的整体功能常常是不可预测的。

（3）涌现具有某种意义上的不可还原性。

关于系统整体性能的涌现机制，根据系统科学的研究，大致有以下几种原因：首先是系统的组成部分之间、层次之间、系统与环境之间的相互作用的非线性；其次是系统内部存在多样性和差异性，经过必要的组织和集成，产生涌现性；最后是系统的层次结构、信息的作用，以及环境塑造的结果。

2.1.3　整体性思想在系统工程中的应用

在将整体性思想应用于系统工程时，首先要明确：系统整体性能是在各组成部分结合成系统之后产生的，从质的方面不同于各部分性能。对于人造的技术系统，正是为了获取这种性能才建立这个系统的，整体性能反映为系统的性能。各个组成部分恰当地结合，促使这种整体性得以形成。其次，还得有全面的观点，因为系统整体性能中也有依赖于各部分性能的一些方面。因此，为了提高系统效能，首先要提高系统中部分的效能。更重要的是，必须适当组合各个要素（部分），发挥整体效应。在同样的组成要素条件下，组合得好则整体效应就好。有时组成要素虽差一些，但组合好了整体效应也可以很好。最后，我们还需要研究系统运动过程中整体性的变化趋势，采取措施以增强整体效应。

2.1.4　逻辑场整体论

本书提出逻辑场整体论：

（1）逻辑场是一种系统，但与以前的系统科学研究的系统有重大差别，逻辑场是以场存在的系统，以前的系统是以体存在的系统，二者的结构自然有重大差别。

（2）逻辑场是一种系统，自然有整体性，但逻辑场与以前的系统结构不同，所以，逻辑场的整体性理论与以前的系统整体性理论有重大差别。

（3）逻辑场整体论不是以组织部分结构体现出来的，而是以部分结构通过实现均衡形成整体体现出来的，“整体与部分之和不同”的理论被修改成“均衡的整体与部分之和不同”的理论。

（4）逻辑场系统的均衡和传统系统的整体一样，整体均衡与部分互塑。

2.2　逻辑场层次论

这里的知识介绍参考了王众托先生编著的《系统工程》。

2.2.1　系统层次性思想

层次结构有助于我们认识和处理系统。即使是最简单的系统，也有两个层次，即系统层次和要素层次。而一般说到系统有层次，都是指具有两个以上的层次。所谓子系统，就存在于中间的层次之上。现实世界的系统都具有层次结构。社会系统的层次性也很清楚。

自上而下可以把系统分解成子系统，而子系统又可以进一步分解成各自的下一级子系统。这种逐级分解的方法就是还原论的方法。但是，这种分解还原也有一个度的问题，对一个系统的研究来说，层次要适当。由于宏观和微观的视角不同，系统中要素的大小也不同。在进行对比研究时，注意一般不要把不同层次的要素拿来比较。系统的层次是自然界和人类社会在从简单到复杂、从低级到高级的发展、进化过程中产生的。“如果有稳定的中间形态，复杂系统就能快得多地从简单系统进化而成。作为结果而产生的这些复杂中间形态具有层级结构。”（西蒙）

系统层次性思想对我们进一步理解涌现性是有帮助的。凡是低层次不具备而高层次具备的特性，就是涌现出来的特性。单独的微处理器、单独的内存储器、单独的控制器、单独的电源、单独的软件等，尽管也都自成系统，但都没有按照程序进行数字计算的性能，只有将它们组装成数字计算机后才涌现出这种性能。但是单独的计算机又不具备信息网络所具备的性能，只有和其他计算机以及网络设备连成网络，才涌现出互通信息、互相支持、互为后备的网络功能。这个问题也可以倒过来说，如果把系统中的某一层次按子系统拆散，高一级的性能不复存在，那么这一性能就是系统的涌现特性。像上文所说的计算机如果拆成几个部分，就失去了原来涌现出来的按照程序进行数字计算的性能。

2.2.2 逻辑场层次论

本书提出的逻辑场层次论，与传统系统科学层次性思想不同。逻辑场层次论认为决定系统层次的不是结构，而是均衡，这种均衡分为从上到下和从下到上两种，根据这两种均衡，层次也可以从上到下和从下到上地建立。逻辑场层次论也可以帮助我们理解涌现这个现象，只不过这种涌现是层次产生均衡，系统均衡产生功能。

2.3 逻辑场秩序论

这里的知识介绍参考了王众托先生编著的《系统工程》。

2.3.1 系统的秩序

任何系统之所以能够正常工作，是由于它具有一定的秩序。所谓秩序，可以理解为事物之间有规则的相互联系。系统的有序性表现为它在结构和功能方面有一定的规则。

系统在结构上的有序性，是指它的要素或者子系统之间的联系是确定的、规则的。简单的有序是指要素或子系统在空间的分布上是有规则的，这种规则可能是定态的、静止的，也可能是周期性运动的。系统在功能上的有序，指在它运行的过程中包含许多阶段、步骤、程序，需要有序地加以安排和协调。这种有序性还涉及系统和环境的关系，因此有一个内外结合的协调问题。

与系统有序相对立的是系统的无序。所谓系统的无序，并不是说各要素或子系统之间没有联系，而是存在着不规则的联系。

系统的有序性是在系统的形成过程中通过对各要素或子系统的集成而建立起来的。系统内部各要素或子系统存在着多样性和差异性。这种多样性和差异性既是产生混乱无序的土壤，也是建立秩序的客观前提。因为许多事物之所以能够集合成一个系统整体，正是由于各要素或子系统之间存在着多样性和差异性，所以才能各尽所能、取长补短。有差异的要素或子系统在资源占有方面会有相互妨碍、相互竞争、相互排斥的一面，这会导致无序；但是它们一定有互补互利、合作共生的需要和可能。多样性和差异性正是产生有序的基础。

另外，合作互补也可能导致相互依赖，诱发惰性，产生无序性；而竞争与互碍却可能激发主动性与进取性。由此看来，系统集成方式合理，合作与竞争、互补与互碍都会成为形成有序的积极因素；而集成方式不合理，它们都会成为导致无序的消极因素。

这里所说的集成，不但有协调、促进的一面，也有限制、约束的一面。集成作用不仅存在于系统形成或组建的阶段，而且存在于系统的整个生命期。在系统形成或组建阶段，要解决的问题是怎样从无序到有序的问题，而后来则是解决怎样从较低的有序发展为较高的有序的问题。在系统的运行过程中，各要素之间、系统和环境之间还会出现互相妨碍、互相排斥的因素，需要不断地加以解决，同样也会出现新的互补与合作以提高有序性的机会。

2.3.2　系统的演化

一个系统从产生到消亡都有一个演化过程。系统产生的方式是多种多样的，可以是：①由许多要素汇聚和集成产生；②在原有的系统中选择一些要素按照一定结构组成新系统，或者原系统分裂成几个小系统；③由几个系统集成一个新的大系统；④原来的系统经过改造发生质变，成为新的系统。任何一个系统一经产生，就表现出自己的生存能力，这种生存能力反映在下列三个方面：①各要素的生存能力，这是系统生存的基础；②系统的合理结构，使得各要素与各子系统之间相互支持、取长补短，使得系统整体能够和谐地工作；③对环境的适应性，系统如果能够选择或营造适当的环境，并能适应环境的变化，那么就能够生存下去。

是什么引起系统的演化呢？这要从系统内外两个方面来探求。从系统内部来看，各要素之间、各子系统之间以及各层次之间的相互作用和影响，包括相互吸引、相互排斥、相互合作、相互竞争，是引起系统演化的内在动因，这类相互影响中的非线性关系起着关键的作用。系统与环境的相互作用是系统演化的外在动因。环境的变化既能促使系统的产生和发展，也可能引起系统的衰退甚至消亡。

从系统的产生到消亡代表了系统演化的方向。系统既有向上的、前进的演化，也有向下的、后退的演化。一般认为，前者是从无序到有序、从低序到高序，是演化的主导方向。但是，任何系统的寿命都是有限的。使得系统消亡的原因也有两个方面：内在的原因是要素或者结构的老化或失效，外在的原因是环境的破坏。

2.3.3 逻辑场秩序论

本书提出逻辑场秩序论：

（1）秩序对系统很重要，逻辑场是一种系统，因此秩序对逻辑场同样重要。

（2）逻辑场的秩序固定于均衡状态，规则固定于要素或子系统发出和接受的能量和引力。

（3）逻辑场根据均衡状态的变化而演化。

2.4 逻辑场系统论

这里的知识介绍参考了余雪杰先生编著的《管理系统工程》。

2.4.1　一般系统论

一般系统论的创始人是奥地利生物学家冯·贝塔朗菲。他在1937年提出一般系统论时，曾明确地把马克思与恩格斯的辩证法列为一般系统论的思想来源之一。

该理论的主要目的是建立适用于系统的一般原则。一般系统论起源于有机体论，它是一种与机械论相对立的生物学理论。贝塔朗菲指出机械论的三个基本错误是：简单分解，简单相加的原理；机械观点；被动反应观点。

贝塔朗菲针对“简单分解、简单相加原理”，提出了“非加和”原理和“整体大于部分之和”的概念。要了解事物的整体特性，不仅要了解各组成部分，更要了解它们之间的关系。贝塔朗菲针对机械论的错误观点，提出了适用于系统的三个基本观点：①系统观点；②动态观点；③等级观点。

一般系统论有着十分广泛的含义，贝塔朗菲在论述这门学科的性质和任务时指出：一般系统论是一门新学科，属于逻辑和数学的领域，它的任务是确立适用于各种系统的一般原则，既不能局限在“技术”范围内，也不能当作一种数学理论来对待，因为有许多系统问题不能用现代数学进行解答，而要从系统观点来认识和分析客观事物。一般系统论用相互关联的综合性思维来取代分析事物的分散思维，突破了以往分析方法的局限性。它的任务是确定认识和分析各种系统的一般原则，为解决各种系统问题提供新的研究方法。运用一般系统论，可以帮助我们摒弃那种用简单方法来解决复杂系统问题的缺点，如实地把对象作为一个有机整体来加以考察，从整体与部分相互依赖、相互制约的关系中揭示系统的特征和运动规律。

2.4.2　逻辑场系统论

本书提出逻辑场系统论：

（1）一般系统论的源头之一是马克思主义。

（2）逻辑场是一种系统。

因此，逻辑场也适用一般系统论，但逻辑场与以前的系统的体的存在状态不同，逻辑场是场存在状态，以均衡维持生存，因此，二者适用的一般系统论有很大区别。

2.5 逻辑场信息论

这里的知识介绍参考了张晓冬先生主编的《系统工程》。

2.5.1 信息论与信息的概念

1. 信息论的概念

客观世界是由物质、能量、信息三大要素组成的。世界中任何系统的运行，都离不开信息的传递和交换。信息论是研究信息的采集、度量、传输、识别和处理的一般规律的新兴学科，是系统工程的理论基础之一。

2. 信息的基本概念

对于“信息”这个概念，不同的学科有不同的解释。从通信角度来看，信息是关于客观事物可进行通信的知识，可以从以下几个角度进行理解：

（1）信息源于运动，无运动则无信息。

（2）信息可以被感知、处理和利用，其符合人们认识事物的规律。

（3）信息具有知识秉性，它能用以消除人们对事物运动状态或存在方式的不确定性，有信息就获得了某种知识。

（4）信息依赖于物质而存在，并在物质上传递、存储，但又不同于物质，它可以脱离产生者而被传递。

（5）信息的使用价值具有相对性。

（6）信息具有时效性。

（7）信息不守恒，可以放大、缩小、湮灭。

2.5.2　信息的度量

不同信息所含的信息量是有大小之分的。信息量就是用来度量信息大小的量。例如，反常事件比正常事件所含的信息量大，稀有事件比正常事件所含的信息量大等。为了精确度量信息所含信息量的大小，1948 年，香农提出了度量信息的科学方法，使通信理论由定性进入定量阶段，对信息的研究也得以广泛展开。

在香农的信息论中，信息被看作系统不确定性的减少。如果事物只有一种可能性，是不存在不确定性的。在数学上，这些可用概率来度量。事实上，信源产生的通信信息，正是概率论中所研究的随机现象。很自然，信息的定量描述就可用概率的方法来实现。

2.5.3　信息方法

信息方法，就是运用信息的观点，把系统运动过程看作信息传递和信息转换的过程，通过对信息流程的分析和处理，获得对某一复杂系统运动过程的规律性认识的一种系统研究方法。

信息方法以信息为基础，把系统有目的的运动抽象为一个信息变换过程。这与传统方法不同，传统方法注重的是物质和能量在事物运动变化过程中的作用，而信息方法是以信息的运动作为分析和处理问题的基础的，在分析和处理问题时，它完全撇开系统的具体运动形态，把系统的运作抽象为信息变换过程。

2.5.4　逻辑场信息论

本书提出逻辑场信息论：逻辑场是一种系统，适用传统的信息理论和信息方法，但逻辑场元素（要素）或子系统用广播发出和接受能量和引力，这与传统系统有所不同，当然，场简化成体，二者就可以用同样的信息论和信息方法了。

2.6 逻辑场控制论

这里的知识介绍参考了张晓冬先生主编的《系统工程》和余雪杰先生编著的《管理系统工程》。

2.6.1 控制论的产生与发展

控制论作为一门独立的学科，产生于20世纪中叶。1948年，美国学者维纳的《控制论》一书出版，书中阐述了两个基本观点：

（1）一切系统都是信息系统。

（2）一切系统都是控制系统。

人们根据维纳的定义形成的比较普遍的看法是："控制论是以各种系统共同存在的控制规律为研究对象的一门科学。"因此，控制论为系统工程实践中各种系统采取有效的控制策略提供了基础理论和方法。

控制论的发展大致经历了三个时期。从20世纪40年代末到50年代是第一个时期，即经典控制理论时期。20世纪60年代为控制论发展的第二个时期，即现代控制理论时期。20世纪70年代以后，是大系统控制理论时期。

2.6.2 控制系统的构成

控制系统按照有无反馈回路而分为闭环控制系统和开环控制系统两大类。没有反馈回路的控制系统叫开环控制系统，具有反馈回路的控制系统叫闭环控制系统。

2.6.3 控制任务与控制方式

1. 控制任务

控制任务必须借助控制系统才能完成。控制任务可分以下四种类型：①定值控制；②程序控制；③随动控制；④最优控制。

2. 控制方式

系统在给定控制任务后，还需要选择适当的控制方式或控制策略。通常可见的控制方式有以下四种：①简单控制；②补偿控制；③反馈控制；④递阶控制。

2.6.4　最优控制理论

这是现代控制论的核心。在现代社会发展、科学技术日益进步的情况下，各种控制系统的复杂化与大型化已越来越明显。不仅系统技术、工具和手段更加科学化、现代化，而且各类控制系统的应用技术也越来越高。这促使控制论进入多输入和多输出系统控制的现代化阶段，由此而产生了最优控制理论。这一理论是通过数学方法，科学、有效地解决大系统的设计和控制问题，强调采用动态的控制方式和方法，以满足各种多输入和多输出系统的控制要求，实现系统最优化。最优控制理论主要在工程控制系统、社会控制系统等领域得到了广泛的应用和发展。

2.6.5　自适应、自学习和自组织系统理论

自适应系统是一种前馈控制系统。所谓前馈控制，是指在环境条件还没有影响到控制对象之前，就进行预测而去控制的一种方式。自适应系统能按照外界条件的变化，自动调整自身的结构或行为参数，以保持系统原有的功能，如自寻最优点的极值控制系统、条件反馈性的简单波动自适应系统等。随着信息科学和现代计算机技术的发展，自适应系统理论得到进一步完善和深化，并逐步形成一种专门的工程控制理论。

自学习系统指系统具有能够按照自己运行过程中的经验来改进控制算法的能力，它是自适应系统的一个延伸和发展。自学习系统理论也适用于工程控制的理论，它有“定式”和“非定式”两个方面。前者是根据已有的答案对机器工作状态作出判断，由此来改进机器的控制，使之不断趋近于理想的算法；后者是通过

各种试探、统计决策和模式识别等工作对机器进行控制，使之趋近于理想的算法。

自组织系统是能根据环境变化和运行经验来改变自身结构和行为参数的系统。自组织系统理论的主要目标是通过仿真，模拟人的神经网络或感觉器官的功能，探索实现人工智能的途径。对自组织系统理论的研究在20世纪60年代就已经成为控制论的重要领域。按照控制论观点，系统不仅能被组织，而且能够自组织。对自组织系统新模型的探索和研究，将给组织系统的控制、人工组织系统、组织与有机体系统的控制，带来很大的影响和变革。

2.6.6 模糊理论

模糊理论是在模糊数学的基础上形成的一种新型的数理理论。它主要用来解决一些不确定的问题。模糊数学包括模糊代数、模糊群体、模糊拓扑等。

2.6.7 大系统理论

大系统理论是现代控制论最新发展的一个重要领域。它是以规模庞大、结构复杂、目标多样、功能综合、因素繁多的各种工程或非工程的大系统的自动化问题作为研究对象的。大系统理论的研究和应用涉及工程技术、社会经济、生物生态等许多领域。大系统理论所要研究的问题，主要是大系统的最优化。

2.6.8 逻辑场控制论

本书提出逻辑场控制论：

（1）逻辑场适用一般的控制理论。

（2）逻辑场有能量控制，由能量场实现；逻辑场还有引力控制，由引力场实现；逻辑场还有因为系统与环境互塑而产生的环境控制。

（3）逻辑场的均衡影响控制，控制反过来也影响均衡。

（4）因为逻辑场追求均衡，所以只有满意解，缺乏最优解。

2.7　逻辑场运筹论

这里的知识介绍参考了张晓冬先生主编的《系统工程》。

2.7.1　运筹学

一般认为运筹学诞生的三个来源是军事、管理和经济，但其中的管理是孕育运筹学的主要土壤，因为基于军事和经济研究中的运筹学方法或分支最终都移植到管理领域应用和发展。运筹学的主要分支有：①线性规划；②非线性规划；③动态规划；④图论与网络分析；⑤存储论；⑥排队论；⑦对策论；⑧决策论。

2.7.2　逻辑场运筹论

本书提出逻辑场运筹论：这是一种均衡管理产生的运筹。

2.8　逻辑场耗散论

这里的知识介绍参考了余雪杰先生编著的《管理系统工程》。

耗散结构理论是比利时物理学家普利高津于 1970 年创立的，它是一种非平衡系统理论。耗散结构的概念是相对于平衡结构的概念提出来的。长期以来，在物理学中，人们只研究平衡系统的有序稳定结构，并认为倘若系统原先处于一种混乱无序的非平衡状态，是不能在非平衡状态下呈现出一种稳定有序的结构的。普利高津从热力学第二定律出发，通过研究非平衡态热力学指出，非平衡可为有序之源，不可逆过程可导致称为耗散结构的新型物态，他回答了开放系统如何由无序走向有序的问题，并因此荣获了诺贝尔奖。

2.8.1 平衡、稳定和有序的概念

马克思认为平衡是经常不断地消除经常的不协调；恩格斯认为相对静止即平衡；毛泽东认为平衡就是矛盾暂时的、相对的统一。可见，平衡具有协调、保持比例、静止、统一等含义，可定义为：系统各组成部分间保持相互协调、保持既定的某种比例而体现出的系统整体状态，称为平衡态，简称平衡。一般而言，它是人们追求的目标。

在经济系统中，总供给等于总需求、收入等于支出，均可称为平衡，反之称为非平衡。稳定与平衡密切相关，按控制论的观点，如果系统处于平衡态，在小的扰动下使其偏离平衡态，在既定的时间内系统靠自身的力量仍能保持其平衡，则该平衡态是稳定的，称为稳定的平衡态，反之是不稳定的平衡态。

有序是指系统各组成部分有严格的秩序和结构，而无序则是组成部分杂乱无章，没有一定的秩序和结构。系统的有序和无序是相对的，一般用“熵”来度量系统的有序程度。熵越大系统无序程度越高，反之系统有序程度越高。

2.8.2 耗散结构

耗散结构的概念是对应于平衡结构而提出的，它的严格定义来自于物理学中的非平衡态热力学。平衡态热力学主要以平衡系统的稳定有序结构为研究对象，解决整个系统由稳定有序结构变成不稳定的相对无序的结构，或变成稳定的有序程度较低的结构的问题。关于非平衡态以及从无序到有序的变化机制只能由耗散结构理论来解释。

人们通常认为，系统若处于一种混乱无序的非平衡状态是不可能出现一种稳定有序的结构的。但普利高津通过长期的研究后指出：远离平衡态的开放系统在外界条件变化达到某一阈值时，量变可能引起质变，系统通过与外界不断交换能量和物质，自动

产生一种自组织现象，组成系统的各子系统会形成一种互相协同的作用，可能使系统从原来的无序状态转变成一种稳定有序的结构，从而实现系统由无序向有序、由较低有序向较高有序的转化。这种非平衡态下的稳定、有序的结构被称为耗散结构，它是一种动态的稳定有序结构。

2.8.3　耗散结构理论的基本观点

在这一理论中，普利高津着重阐述以下几个基本观点：

(1) 开放系统是产生耗散结构的必要前提。

(2) 非平衡态是有序之源。

(3) 涨落导致有序。

耗散结构理论是综合性理论，具有普遍科学方法论的性质，是科学、技术、经济、管理等领域用以解决一系列综合问题的方法论工具。它表明以物质、能量和信息为基本要素的复杂系统可以用一种普遍适用的概念和规律来描述，如有序、涨落、失稳、分支等。耗散结构理论推进了系统自组织理论的发展，对系统科学的发展有重要的理论意义。

2.8.4　逻辑场耗散论

本书提出逻辑场耗散论：逻辑场均衡是一种耗散结构，适用耗散结构理论。逻辑场均衡的原因是平衡条件，这个平衡条件指“契约 ＝ 软条件 ＝ 能量场和引力场要求”。

2.9　逻辑场协同论

这里的知识介绍参考了余雪杰先生编著的《管理系统工程》。

2.9.1　协同论

协同论，又称协合学，它是德国物理学家赫尔曼·哈肯在 20

世纪 70 年代后期建立起来的一种非平衡系统论，是以研究不同学科间存在的共同特征为目的的一门横断学科，也是由许多学科形成的一门边缘学科。它借助耗散结构理论的一些研究成果，成功地解释了系统的局部与整体以及系统由简单到复杂，从低级到高级，由无序到有序稳定发展过程中最本质的东西，即协同作用。与耗散结构理论一样，协同论也是一门研究远离平衡态的开放系统在保证对外交流的条件下，如何能够自发地产生一定的系统有序结构或功能行为的新兴学科。它以现代科学理论中的最新成果（信息论、控制论、突变理论）为基础，汲取了耗散结构理论的论点，采用统计力学的考察方法来研究开放系统的行为。

协同或称协作，即协同作用之意。协同论强调协同效应。协同效应是指在复杂大系统内，各个系统的协同行为产生出的超越各要素自身的单独作用，从而形成整个系统的统一和联合作用。协同作用是任何复杂系统本身所固有的自组织能力，是形成系统有序结构的内部作用力。“协同导致有序”是对这一理论的高度概括。各种复杂系统都是分别由大量的诸如电子、原子、分子、细胞、动物、植物、人以及各种社会成分等子系统组成的。任何一个包括大量子系统的复杂系统，在与外界环境有物质、能量、信息交换的开放条件下，通过各子系统之间的非线性的相互作用，就能产生各子系统相互合作的协同现象，这使得系统能够自动地在宏观上产生空间、时间或功能的有序结构，出现新的稳定状态。哈肯认为，必须从具体地分析各种可能形成非平衡有序结构的系统行为入手，建立共同的数学模型，并对其进行动力学和统计学两方面的考察，才能认识非平衡开放系统的稳定有序结构的形成条件、特征及规律。

按协同论的观点，系统均是物质的，且可分为封闭系统和开放系统两类。非平衡的封闭系统只能自发地趋于平衡。趋于封闭的平衡也就是趋于无序、趋于简单。一个开放的系统即可处于平衡态，也可处于非平衡态。处于平衡态的开放系统在一定条件下可呈现出有序结构，即称为“静”的有序。处于非平衡态的开放系统在一定条件下也能出现宏观有序结构，即称为“动”的有序。开放性是产生有序结构的必要条件，而非线性是产生有序的基础，只有协同性才是产生有序性的直接原因。

系统的主要特征是协同性，而层次性、结构稳定性、有序性都与协同性有关。因此，协同论在系统论创新过程中发挥了重大的作用。系统的协同性是系统整体性的理论依据，可以拓展到各种复杂系统，它说明整个自然界是由无限多个不同的物质形态组成的相互联系的统一体。根据统一性原则，我们可以利用已知系统揭示的规律去认识和揭示未知的各种复杂系统的规律。因此，在研究系统时，我们只需模拟由一个已知的复杂系统的特征所得到的基本理论、规律和方法并将它推广到未知的复杂系统中去即可。系统的这种属性，被称为系统的规范性。

此外，由协同论的研究引出的系统论的协同性原则可定义为一个开放系统内部各子系统之间协调同步的非线性作用。由此可知，协同性与有序性恰好构成一个因果关系，即协同性是有序性的原因，而有序性则是协同性的结果。一个开放系统，由协同性所导致的有序性是一种“活”的有序性，或称“动”的有序性。正是这种动态性，才使系统得以发展。

总之，系统论的很多特性与原则，都是从协同性的研究中获得解释的。因此，系统论的协同性、规范性、自组织性（即系统能够由自身矛盾运动自发走向有序结构，它是系统通过信息的反馈作用在与环境交换物质和能量的过程中，不断地调整自身行为和活动的结果）等都是从现代科学研究新成果中引出的。这不但丰富了系统论的研究内容，而且为我们发展和创新系统论打开了思路，提供了新的方法。

协同论主要是从物理学角度出发，运用现代科学技术的最新成果和现代数学理论，提出多维相空间的理论，研究系统的组织状态，指出系统必定走向有序结构，该结构即系统的客观目标。

不管从空间的哪一点开始，系统终归要走到这个代表有序结构的点。系统只有在此目标上才是稳定的，反之就是不稳定的。该理论解决了复杂系统如何由无序走向有序的问题，且证明了不仅开放系统如此，封闭系统也如此；不仅平衡系统如此，非平衡系统也如此。可见，哈肯的协同论比普利高津的耗散结构理论更进了一步。

2.9.2 逻辑场协同论

本书提出逻辑场协同论：

（1）逻辑场是一种系统，适用于协同论。

（2）逻辑场既是逻辑系统又是场系统，在协同论的运用上有自己的特点。

2.10 逻辑场混沌论

这里的知识介绍参考了余雪杰先生编著的《管理系统工程》。

作为复杂性科学理论之一的混沌与分形理论，对自然界和社会生活有着与传统科学不同的思想、研究方法，解决与说明了一些传统应用科学所不能解决与说明的问题和现象。混沌与分形理论既是数学研究的对象，又是物理学研究的对象，既是系统科学研究的对象，又是哲学研究的对象。

2.10.1 混沌理论及其基本思想

1．混沌的概念

混沌作为一个科学概念，既有传统认识上的外表，也有不同于传统科学研究的内容。协同论的创始人赫尔曼·哈肯认为：“无规律运动来源于完全确定性方程，为了表征这个新的现象，我们定义混沌来源于确定性方程的无规律运动。”哈肯从过程的角度指出了混沌是从有序中产生的无序运动状态。美国学者、混沌理论创始人之一的诺曼·帕卡德用三个名词概括了混沌的特征和含义：蝴蝶效应、对初始条件的敏感依赖以及信息增值。初始状态失之毫厘，最终状态就会谬之千里，初始状态微小的差别随系统的演化越变越大。确定性系统中也会存在随机行为，这就是混沌的一种特定属性。我国学者郝柏林认为，混沌是没有周期的序，是非周期的，是具有渐进的自相似的有序的现象。

综上所述，混沌的科学含义主要表现为：

（1）混沌是确定性的非线性动态系统产生的一种貌似随机的动态行为。

（2）混沌具有对系统初始条件的极端敏感性，存在着所谓的蝴蝶效应。

（3）混沌是有界的，具有混沌吸引子，是一种新的序。

混沌给予我们的启示是：

（1）混沌可以产生于简单系统里，简单的方程、系统、行为能够产生异常复杂的混沌行为。

（2）混沌是非线性动态系统所固有的，哪里有混沌，哪里就有非线性，不过非线性是混沌产生的必要条件，而不是充分条件。

（3）混沌是确定性系统的一种动态行为，绝不是一种静止的行为表象。

2. 混沌的特征

传统的观点认为，物质运动存在着两种形式：一是严格的确定性运动，二是彻底的随机性运动。但混沌的发现，彻底改变了人们的思维方式。混沌运动表明，混沌运动是一种介于上述两种运动形式之间的有序的混乱，是一种被限制在确定而且稳定的范围内的混乱，一种与周期运动密切相关的混乱。归纳起来，混沌具有以下四个方面的主要特征：①混沌是确定性系统内在的随机性；②混沌具有对初始条件的敏感依赖性；③混沌是一种全新的序；（4）混沌具有普适性。

3. 混沌的理论体系

混沌理论作为系统科学理论的新发展，其理论体系涉及以下内容：①非线性动力学。②耗散结构理论。③分形理论。

4．混沌理论的要点

混沌运动具有确定性、非线性、蝴蝶效应和非周期性，混沌的这些特征给我们研究系统的演化特征提供了诸多良好的视角。

第一，从长期的演化过程看，系统对初始条件具有敏感的依赖性。巴西的一只蝴蝶扇动翅膀，能够导致美国德克萨斯州的一场飓风，这就是所谓的“蝴蝶效应”。在规则运动中，系统中各因素的微小涨落导致的初始条件的微小变化一般只引起运动状态的微小变化。混沌系统则不然，初始条件的微小变化能够导致系统未来长期运动轨迹产生巨大差异，导致系统演化状态的不可预测性，即小的因素导致巨大的结果。由此可见，混沌运动虽然服从确定的规律，但由于人们无法测到最精确的初始条件，长期的运动状态也就无法预言。

第二，简单的系统可以产生复杂的现象，即复杂的结果可能是由简单的行为产生的，而复杂现象背后隐藏着的同样有序的行为。一个系统貌似随机的输出并不一定是由于随机输入造成的，一个确定性的简单系统除了能够产生稳定平衡的、周期的和不稳定发散的行为之外，还能产生貌似随机的混沌行为。

人们通常认为复杂的原因导致复杂的行为，简单的原因只能引起简单的行为，但混沌理论说明，简单的系统具有少量的自由度，却可能导致复杂的局面。反言之，复杂现象背后可能是由简单的动力系统支配的。混沌理论使我们认识到简单与复杂的统一。混乱的混沌表面下隐藏着有序的结构，这种结构具有自相似性，可以用分形来表示，分形的存在说明了混沌运动的规律性（确定性）。

第三，一个系统可以通过倍周期分岔、拟周期运动、间歇变换三条途径走向混沌。

第四，系统的整体行为与系统内部不同子系统的行为之间可能存在着巨大的差异性。从宏观层次上讲，系统的整体行为呈现出规律性、有序性，但从微观层次看，各系统的行为有些是有序的，有些却可能是无序的。反过来，极其有序的各子系统的活动，导致的则可能是无序的宏观系统的行为。

第五，系统行为在不同状态之间的转换可能是渐进的，也可能是突然的，存在着突变、分岔等行为特征。因此，根据系统状态变化的历史趋势来推测其未来的行为和特性是需要引起特别注意的，也就是说混沌系统的行为特征表现为测不准性。

2.10.2　逻辑场混沌论

本书提出逻辑场混沌论：逻辑场系统的混沌现象很突出，比如发明创造对社会发展的影响，复杂需求背后的简单愿望等，因此，混沌理论很适用于逻辑场研究。

逻辑场显然是开放的、非平衡的、有较强非线性作用的复杂系统，混沌程度强，应采用混沌理论研究系统。混沌理论对逻辑场系统的长期行为刻画有难度，应该注重对未来可能出现的各种情形的分析。虽然逻辑场混沌系统是不稳定系统，长期行为具有测不准性，但逻辑场混沌系统具有的内在确定性规律，使得系统的短期预测成为可能，如果精确地定义了起始条件并详尽地构造了系统的模型，那么就可以作出逻辑场混沌系统的有价值的中短期预测。为了使逻辑场混沌系统形成和谐机制，首先必须使系统成为一个开放的系统，保持与外界物质、能量和信息的充分交流，这样就能够使系统中的各子系统间存在着差异性、竞争性和排斥性，使系统远离平衡态；同时必须使系统内各子系统间、各子系统内部相互协调，这是使系统走向自组织的重要条件。对于整个逻辑场混沌系统而言，整体上的有序和稳定正是来自微观上的无序和不稳定，反之亦然，因此必须调动微观要素的积极性、自主性。要注意蝴蝶效应，也就是“细节决定成败”“个人决定集体的命运”。

2.11 逻辑场分形论

这里的知识介绍参考了余雪杰先生编著的《管理系统工程》。

2.11.1 分形理论及其基本思想

如果说混沌是在时间尺度上反映了世界的复杂性态，那么与之密切相关的姐妹理论——分形理论则在空间尺度上反映了世界的复杂性态。

1. 什么是分形

在阐述分形的定义之前，我们先来看一些分形现象。平常我们描述事物空间形态和结构，都是以几何学的手段来实现的，如欧氏几何、黎曼几何、微分几何等。传统的几何学研究的都是规则的形状，其维度是整数，因此又把它称为规则整形几何。然而，客观世界存在着许许多多的事物，它们不仅不具有规则的形状和规则的结构，而且其外部和内部还具有极其复杂的、互相嵌套的形状和结构，如弯曲的海岸线、起伏的山峦、流淌的河流、交错的血管等。这样不规则和不光滑的事物一直存在着，但用传统的几何学方法无法对其精细的结构和几何特征进行研究。这时，我们就必须求助于另一门新兴的学科——分形几何学，又简称为分形。

1975 年，美籍法国数学家曼德布罗特以其独特的思想，在系统、深入、创造性地研究了海岸结构、月球表面、地貌生成的几何性质等典型的自然界中的分形现象的基础上，出版了名为《分形：形状、机遇和维数》的专著，第一次系统地阐述了分形几何的思想、内容、意义和方法。在分形几何学下面，云彩、山峦、小河都是非整数的几何体，英国的海岸线也变得无穷长。显然，比起规则的正方形、球形，分形对应的那些对象在传统的数学看来就是怪物，是传统数学不可描述的。但是，分形几何学比较真实地反映了客观事物。

对于什么是分形，目前并没有一个统一的定义。1982 年曼德布罗特曾给予分形如下定义：分形是这样一个集合，其豪斯多夫维数严格大于拓扑维数。这个定义虽然把具有分数维的一大类分形集都包括进去了，但把某些维数为整数的分形集排斥在外。1986 年，曼德布罗特又给出了分形的另一个定义：分形是其组成部分以某种方式与整体相似的一种形体。在这个定义里，突出了分形的典型特征：自相似性，即部分与整体具有某种程度的自相似性，而分形体的维数又不必为整数。

1989 年，英国数学家法尔科内在他的专著《分形几何——数学基础及其应用》中认为定义分形虽然比较困难，但可以将分形集的一些特征罗列出来予以说明，就好像“生命”一词也无精确的定义，但生命这个概念是通过生命体的一系列特征作为表征的，他认为分形集具有以下六个方面的特征：①分形具有精细结构，即有任意小比例的不规则的细节，具有无标度性；②分形具有高度的不规则性，以至于无论它的局部还是它的整体都无法用传统的微积分或几何语言来描述；③分形具有某种统计意义或近似意义的自相似性；④分形的分数维数严格大于它的拓扑维数；⑤分形的生成方式很简单，比如可以用递归方式生成；⑥分形通常有“自然”的外貌。概括起来就是具有无限精细的结构，无标度性，比例自相似性，一般分数维大于它的拓扑维数，可以用非常简单的方法定义，并由迭代产生等。这些特征是我们判断一个事物是否具有分形的重要依据。

2. 分形与混沌

分形与混沌是紧密联系在一起的一对概念。混沌主要研究的是非线性动力系统不稳、发散的过程，即无序中的有序。在一个动态系统中同时存在着平庸吸引子和混沌吸引子。平庸吸引子使系统产生稳定的平衡态，混沌吸引子使系统产生混沌态。混沌态表现为有序中存在着无序，无序中蕴含着有序。混沌态之所以具有如此特性，是因为混沌吸引子内部存在着精细的结构，具有自相似等特征，这就是分形。

混沌与分形是同一种规律的不同表现，这种统一的规律表现为混沌是在时间尺度上反映了世界的复杂性，分形则是在空间尺度上反映了世界的复杂性。

当非线性动力系统进入混沌区域后，在混沌区域存在着几何上精细的结构和自相似嵌套的特征，具有分数维数，运动具有高度的不规则性。系统通过简单的方式如递归（迭代）即可出现混沌，这些特点恰是分形所具有的特征。

这种统一的规律出现在空间分布上即为分形，出现在时间分布上则为混沌。

3. 分形理论的价值

分形理论的价值至少表现为以下几个方面：

（1）分形为研究复杂性提供了重要的思想和方法。

（2）分形为我们认识简单与复杂、部分与整体提供了崭新的视角。

（3）分形是理解有序与无序、规则与非规则的新的理论。

2.11.2 逻辑场分形论

本书提出逻辑场分形论：对逻辑场系统可实行分形划分和分形管理，分形的子系统（分形单元）自相似，以过程为中心建立，目标自相似，即实现：①分形单元自相似；②分形单元自组织；③分形单元具有动态特性并充满活力；④简洁有序、信息保障和扁平化结构。

逻辑场系统具有结构、功能、过程、状态上的非均衡分形特征，这里的逻辑场包括软件和软件开发机构两种。

2.12 逻辑场突变论

这里的知识介绍参考了余雪杰先生编著的《管理系统工程》。

2.12.1　突变论

1972 年，法国著名数学家托姆发表了一个重要的研究成果，题为“结构稳定性和形态形成学”，该成果的问世，标志着突变论的诞生。突变论是从量的角度研究各种事物不连续的变化，并企图用统一的数学模型来描述它们。

突变论以结构稳定性理论为基础，通过对系统稳定性的研究，说明了稳定态与非稳定态、渐变与突变的特征及其相互关系，广义地回答了为什么在客观事物的发展过程中，有的是渐变，有的则是突变，从而揭示了突变现象的规律和特点。托姆认为，自然界或人类社会中任何一种运动状态都有稳定态与非稳定态之分。在微小的偶然扰动因素作用下，仍然能够保持原来状态的是稳定态。一旦受到微扰就迅速离开原先状态的则是非稳定态。非稳定态不能固定保持，因为实际上偶然的微扰就是不可避免的，所以它总是不断地变动着，直至达到某一稳定态才结束。因此，从非稳定态向稳定态变化，是客观世界运动变化的一种普通趋势。突变论指出，事物的各种状态，包括稳定态和非稳定态，是相互交错的，在外部控制因素的影响下，事物既可以处于稳定态，也可以处于非稳定态。状态随控制因素变动的函数图形可以分为单值区域和多值区域。在单值区域，一定的控制因素对应于唯一确定的稳定态；在多值区域，一定的控制因素对应于若干个状态，其中既有稳定态，也有非稳定态。状态变化的函数图形，又可分为稳定区域、非稳定区域和两者的分界线（临界曲线）。如果状态开始处于稳定区域，在控制因素连续变动时，状态也随之连续变化，当控制因素变动到一定阈值时，状态就会达到稳定区域与非稳定区域的临界曲线。这时控制因素虽然不再变动，但由于微扰不可避免，状态自然会迅速离开临界曲线，跳跃式地变化到某一新的稳定态，这就是突变。

2.12.2 逻辑场突变论

本书提出逻辑场突变论：对于突变过程的数学模型而言，控制变量由引力场发出，能量函数体现于能量场，状态指逻辑场系统状态。逻辑场系统存在突变论。

2.13 逻辑场互塑论

这里的知识介绍参考了余雪杰先生编著的《管理系统工程》。

2.13.1 系统的环境

每个具体的系统都是从普遍联系的客观事物之网中相对地划分出来的，与外部事物有着千丝万缕的联系，有元素（要素）或子系统与外部的直接联系，更有系统作为整体与外部的联系。这种联系对于形成系统特有的规律性是必要且重要的，这是系统的外部规定性。广义地讲，一个系统之外的一切事物或系统的总和，称为该系统的环境。狭义的环境是指与系统有不可忽略的联系的事物的总和。环境具有客观普遍性，一切系统都在一定的环境中形成、运行、演变。

环境意识或环境观念是系统思想的重要内容，环境分析是系统分析不可或缺的一环。系统的完整规定性由内部规定性和外部规定性共同构成。环境具有系统性，常被称为环境超系统。环境分析必须运用系统观点，了解环境组分之间的关系、环境超系统的整体特性和行为。一般来说，环境中事物的相互联系要弱于系统内部的联系。环境具有某种程度上的非系统性，为系统趋利避害、保护和发展自身提供了可能。

环境既有定常性，又有变动性。有些系统的环境在很长时期内基本不变，但完全不变的环境是不存在的。有些系统的环境处于显著变化中，但仍有相对不变的一面。环境的定常性与变动性、确定性与不确定性，对系统的持续运行既是有利因素，又是不利因素。

把系统和环境分隔开的某种界限，叫做系统的边界。边界肯定了系统质在其内部的存在，同时否定了系统质在其外部的存在。系统与环境相互作用、相互联系是通过交换物质、能量、信息实现的。按照系统与环境的关系，系统可划分为开放系统和封闭系统。

2.13.2　系统环境互塑共生原理

环境对系统有两种相反的作用或输入。其中，积极的作用、有利的输入，统称为资源。给系统施加约束、扰动、压力甚至危害系统的生存发展的，是消极作用、不利的输入，统称为压力。这两种作用都会在系统的形态、特性、行为等方面打上环境的烙印，不同的环境造就不同的系统，这是环境对系统的塑造。

系统对环境也有两种相反的作用或输出。其中，给环境提供功能服务的，是积极的作用、有利的输出，统称为功能。系统自身的行为，与其他系统为争夺资源而展开的竞争，有破坏环境的作用的，即不利的输出，称为对环境的污染。这是系统对环境的塑造作用。

关于环境对系统的塑造作用，现有系统理论做了充分的讨论，关于系统对环境的塑造作用，现有系统理论几乎未曾涉及。

环境向系统提供资源的能力，称为源动力。环境吸纳、同化系统排泄物的能力，称为汇动力。源动力和汇动力共同构成环境对系统的支撑能力。系统的行为不当，会使这些能力遭到破坏；行为合理，能起到保护甚至发展环境支撑能力的作用。

总之，环境塑造着环境中的每个系统，环境又是由组成它的所有系统共同塑造的。

2.13.3　逻辑场互塑论

本书提出逻辑场互塑论：逻辑场系统与环境的互塑理论，可以引用传统系统论的互塑理论，但要注意逻辑场逻辑的特点和场的特点。

2.14 逻辑场进化论

2.14.1 进化论的逻辑意义

根据周长发先生的介绍，达尔文的进化论有五个重点：①物种不恒定不变，长期改变会产生新物种；②一切生命有共同的起源；③进化是逐渐的；④物种数目由少到多；⑤进化的动力和机制是自然选择，存在适应、生存竞争、适者生存。

对于没有逻辑结构的生命和逻辑结构低级的生命，达尔文的进化论是正确的，大量的研究和证据可以证明。但对于有高级逻辑结构的人类、人类社会、人类控制的地球而言，进化论有缺陷。人类在漫长的几百万年的愚昧阶段，因为没有高级逻辑结构，所以，以进化论生存发展着。几万年前，当人类开始用高级逻辑结构的思维支配自己的生命时，表现出的是一种不同于达尔文进化论的规律——一种有逻辑结构特点的进化规律。究其根本原因，人类没有高级逻辑结构思维时，与其他生命一样完全以物质条件生活着，当人类具有高级逻辑结构思维时，开始用物质条件和精神条件的综合作用活着。用完全物质的条件生活的生命一般符合达尔文的进化论规律，用物质和精神综合条件生活的人类与达尔文规律有巨大差异。

对于达尔文进化论的五个重点理论，人类文明社会存在两条：物种不恒定不变，长期改变会产生新物种；一切生命有共同的起源。人类文明社会不存在三条：进化是逐渐的；物种数目由少到多；进化的动力和机制是自然选择，存在适应、生存竞争、适者生存。理由是：信息社会传播文明的手段能让人的思想迅速进化而不是逐渐的，有本领让人由原始社会的思维飞跃到信息社会的思维；地球的物种因为人的逻辑活动由多到少；人类进化是适应环境这个物质要求和人类正义这个精神要求共同作用的结果，根据就是人类社会虽有大量犯罪和国家间的侵略压迫，但同时，文明社会都是法制社会，国际社会有联合国和国际贸易组织等机构维护世界公正等。

进化论的逻辑意义是什么？逻辑结构都建立在物质基础上，用物质条件活着的生命有达尔文进化论的规律，人类这种既有逻辑结构用精神条件活着又有物质基础用物质条件活着的生命，因为部分需要物质条件，因此只体现出部分达尔文进化论规律，即物种不恒定不变，长期改变会产生新物种；一切生命有共同的起源。因为人类有精神条件需要，因此，达尔文进化论的另外三条：进化是逐渐的、物种数目由少到多、进化的动力和机制是自然选择，人类不完全具有。如新中国成立后我国少数民族有的由原始社会飞跃到社会主义社会，这说明逻辑结构既有渐进的规律又有飞跃的本领；如地球的物种越来越少，人类的民族同样越来越少，说明逻辑结构有趋于统一的特点；人类社会进化的动力和机制有自然选择的一面，也有人类正义的一面，体现在社会不只有个人主义，还有法制、人道主义、公民主义、集体主义、爱国主义、国际主义。

2.14.2　进化论发展变化的逻辑意义

单一用物质条件生存发展的生命符合达尔文进化论，逻辑结构用物质条件加精神条件的综合条件生存发展，因此，不完全符合达尔文进化论，只符合一部分。用这样的结论研究进化论发展变化的逻辑意义。

2.14.2.1　物种

人类自达尔文之后，在生命产生的研究、物种进化过程的研究、物种多样性的意义研究上都取得了辉煌的成就。事实告诉我们，地球的生命产生有偶然的特点，物种进化有必然的特点，物种多样性是非常重要的。

对于人类的逻辑结构而言，可以由生命的偶然产生得到重要启发，注重偶然发明的保护和支持，因为偶然发明对人类逻辑结构的进化意义重大，和生命产生的意义一样。可以由物种进化过程研究得到重要启示，注重研究型社会的发展，创造常规发明高质量发展的环境，创造逻辑结构发展的必然性。

物种多样性对地球和人类都意义重大，但人类的逻辑结构有统一的特点，二者均衡的方法是：①克服滥捕滥挖的缺点，保护地球的动植物和生态，保护民族多样性，这是为了满足物种多样性的要求。②国家要合法统一起来，国际社会要友好合作形成一个整体，这是逻辑结构统一的要求。逻辑结构要求统一的原因是统一能扩大能量场和引力场规模，创造统一效益，像古代国家的统一能产生和传播伟大文明一样，像当代的统一大市场优于局部领域的小市场一样。

2.14.2.2 遗传

对于逻辑结构而言，遗传显然有两层含义：人类生命中的遗传；人类思想中的传统。思想中的传统有着生命遗传的部分规律，如结合，不同民族的传统可以结合产生新的传统，中国人过情人节算一例；如变异，同样的传统会诞生不同的子传统，中日两国算一例。因此，人们能借鉴遗传学的成绩，深入研究人类传统的发展变化过程，因为传统就是一个民族的基因，传统的发展变化往往决定着一个民族的命运。

一个民族对自己的传统要做三方面的工作：

（1）保留自己的本质传统，如中国的儒家传统，学者负责整体继承，人民取其精华，去其糟粕。

（2）积极把本国传统与外国优良传统嫁接，即常说的把本国实际与外国发达理论结合。

（3）以上面两点为基础创造本国新的传统，即遗传变化产生进化。

人类社会由人组成，因此，人类社会同样由物质基础和逻辑结构两部分构成，生命遗传影响人类的物质基础且以此影响人类的精神世界，传统遗传影响人类的精神世界且以此为基础影响人类的物质基础。人的生命遗传和传统遗传有相同点，也有不同点，重要的相同点是都有遗传规律，都由环境塑造，重要的不同点是作用期有长短，传统的变异只需几十年的时间，而生命的变异却要经过万年以上。对人类生命遗传和传统遗传做比较研究是很有意义的。

2.14.2.3　自然选择

人类不是单用物质生活的生命，人类有精神、有人道主义，人类是物质基础和逻辑结构的组合，这决定人类的自然选择是不完全的，只有部分符合达尔文进化论。人类在国际社会、国家安全、本国法制要有人类正义，不适用自然选择机制；在市场经济、科学研究这些领域可以发展自然选择机制。

在社会上总有一些人用达尔文的自然选择理论掩护自己损人利己的个人主义甚至罪恶，但须知，人不是动物，人除了本能之外还有整体理论，即人要为自己的群体的自然选择服务，这是人的逻辑结构产生的精神和感情作用。国际社会同样如此，有些国家侵略压迫别国时用自然选择为自己辩护，但如果由人类整体的自然选择理论判断是非，则这些国家的做法是不正确的。

整体自然选择理论由群体生命的活动发展而来，提出以大家为基础而创造成功小家的理论，如国家好则自己好，又如人类一家、天赋人权等。个人或人群成为国家、社会这些大结构的元素，为大结构的环境互塑服务。国家成为人类大结构的元素，为人类大结构的环境互塑服务。

2.14.3　人类原始进化论到原始逻辑进化论

人类脱胎于猿类，猿类的生存发展与其他动物没有区别，用动物的达尔文进化论生存发展。伴随猿类进化成原始人类的过程，如直立行走、使用制造石器、使用火，原始人的大脑不断发达，由低级逻辑思维发展到中、高级逻辑思维，产生出原始文明。

原始社会发展到末期，人类的逻辑思维开始分成两个部分，一个是精神需求，一个是物质需求。精神需求发展成文明，物质需求保留着部分原始进化论。体现于社会制度，有仁义的一面，也有剥削压迫的一面，开始了奴隶社会和封建社会。人类用阶级社会与环境互塑。

以上过程如图 2－1 所示。

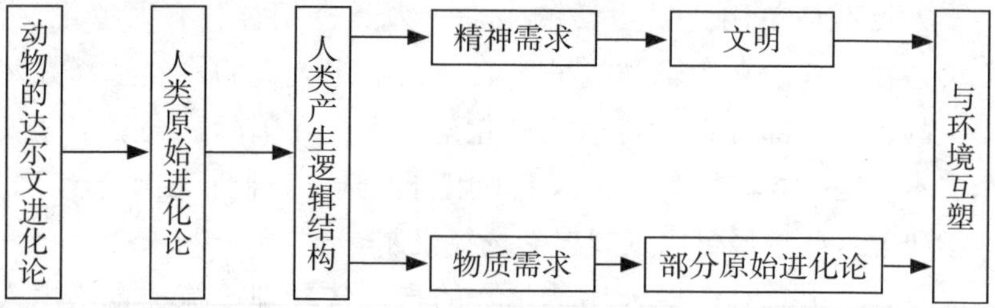

图 2－1　原始逻辑进化论发展图

2.14.4　人类现代进化论到现代逻辑进化论

原始逻辑进化论即奴隶社会和封建社会，在欧洲资本主义兴起后，人以高级逻辑思维参与社会的现象越来越多，终于出现了以社会主义和资本主义为代表的现代进化论，人类正义的影响不断加强，现代逻辑进化论出现了，仍然是双轨制，社会制度追求文明和正义，市场经济追求优胜劣汰的现代达尔文主义。

值得一提的是，人类正义在社会主义社会和资本主义社会都是用法制实现的，当法制不完善时，人类正义就会被人破坏，这也是新一届党中央坚持依法治国的重要理论基础之一。

人类用双轨制与环境互塑。如图 2－2 所示。

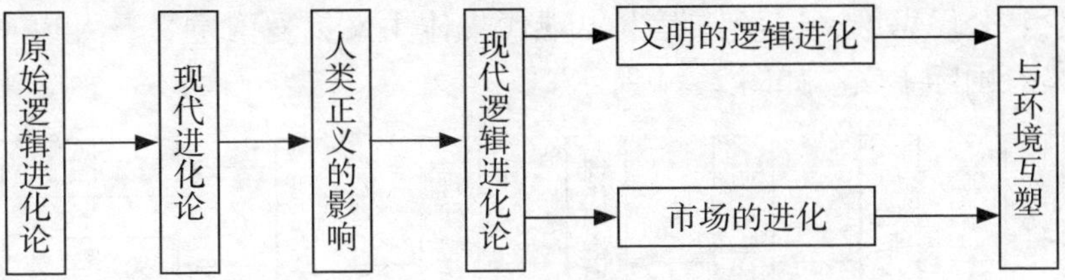

图 2－2　现代逻辑进化论发展图

2.14.5　进化论与个人主义

人类在原始进化论阶段的个人主义与其他动物的本能没有差别，在原始社会发展过程中，原始个人主义逐渐增加了文明的元素，发展到原始逻辑进化论阶段，即奴隶社会和封建社会这些阶级社会，个人主义既有达尔文进化论的弱肉强食思想，又有爱国、爱民等文明思想。人类开始资本主义和社会主义这些现代社会时，发展出现代进化论，个人主义有法律确定的尊重人权，也有达尔文思想的经济竞争，最终发展出公民思想。如图 2－3 所示。

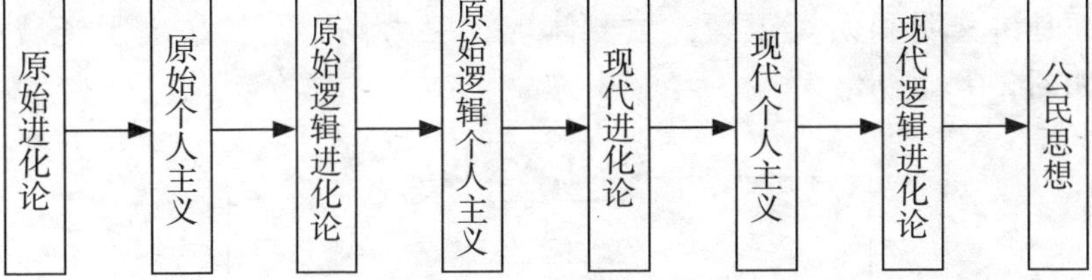

图 2－3　进化论与个人主义关联图

2.14.6　进化论与集体主义

原始逻辑进化论即原始社会的文明发展造就出原始整体论，也就是原始集体的成员要团结起来才能生存发展，这一切诞生了原始集体主义，发展到阶级社会，出现了早期的爱国、爱民思想。当人类开始进入社会主义和资本主义等现代逻辑进化社会后，现代整体理论出现了，即社会主义和资本主义的国家观念、法治观念、公民思维，这一切诞生出现代集体主义：爱国主义、人道主义、国际主义。如图 2 –4 所示。

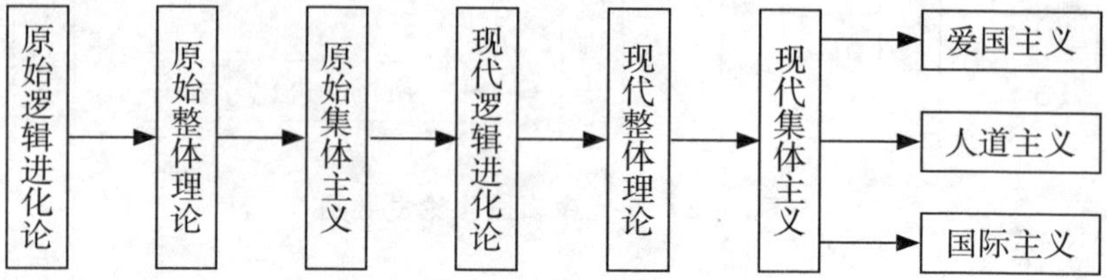

图 2 –4　进化论与集体主义关联图

2. 14. 7　进化论与逻辑场系统优化理论

进化论的基础是生存发展，在动植物身上体现的是优胜劣汰、弱肉强食，但在逻辑场中却体现为另一种规律。首先，逻辑场的进化论为整体理论，与动植物的个体发展和简单的群体合作有根本区别。整体理论包括物质基础和精神需求两条路径。其次，物质基础主要体现在能量场的达尔文进化论，尤其是现代法制控制的市场经济领域。再次，精神需求不讲达尔文的弱肉强食思想，而是讲文明和人类正义，主要体现在引力场，尤其是法制领域。如图 2 –5 所示。

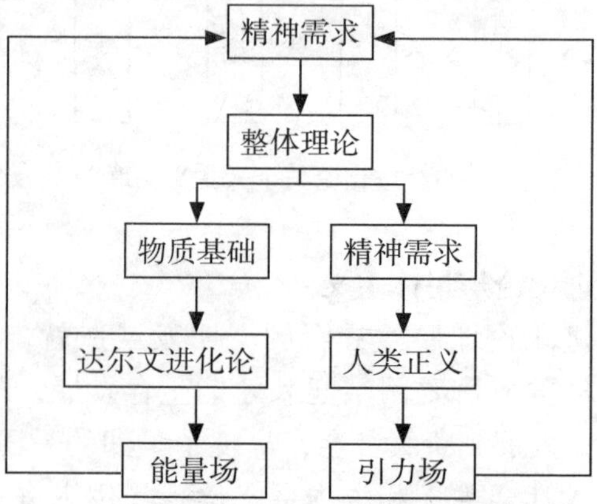

图 2 –5　进化论与逻辑场系统优化理论关联图

2.14.8　国家进化论

这里的国家指现代化国家，如社会主义国家和资本主义国家。

现代化国家的进化论仍然有两条路径：一条是达尔文进化论指引的物质进化，体现在市场领域和研究领域这些能量场的发展领域；一条是人类正义指引的精神进化，体现在法制、国防这些引力场的发展领域。

值得一提的是，一些发达国家在政治、经济、外交、军事领域奉行的是：国内用人类正义，国外用达尔文进化论的弱肉强食思想。

奴隶社会和封建社会这些阶级社会，国家进化多用达尔文进化论，但有爱国、爱民和国际主义的萌芽。

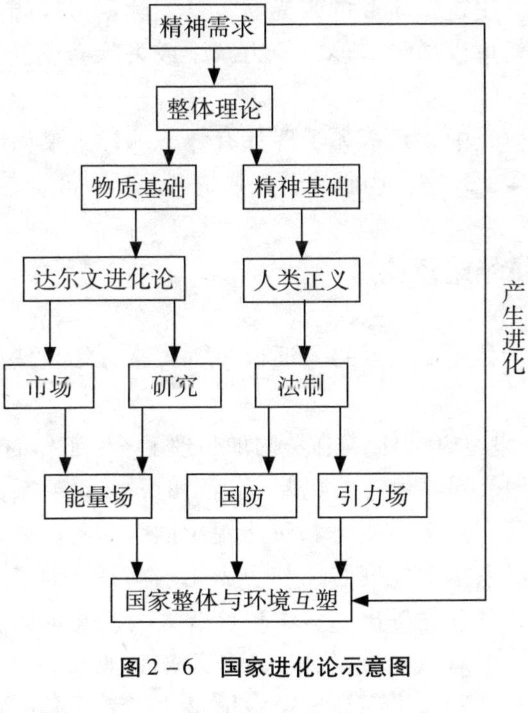

图 2－6　国家进化论示意图

2.15 逻辑场过桥论

有一个独木桥，两边各站着一个想过桥的人。显然有两种可能：一种是两人打斗，胜者过桥；一种是一人让另一人先过，自己后过，最终两人都过了桥。

在逻辑场研究中会常常出现过桥现象，如国与国之间的争议等，因此，逻辑场研究引入过桥论的概念。

2.16 逻辑场弹簧论

大家都知道弹簧的原理，压弹簧让它变形，压力去掉，弹簧会恢复原状。用逻辑研究的眼光看，这实际就是势能和动能的转换，压缩弹簧可以增加势能，压力减小或去除会让具有势能的弹簧发出动能。

逻辑场研究中，元素和子群都有弹簧那样集聚势能和放出动能的现象，因此，逻辑场研究引入弹簧概念。

2.17 逻辑场暗理论

这里参考林元章先生的《话说宇宙》来介绍自然科学的宇宙暗概念。

早在 20 世纪 30 年代，在美国加州理工学院工作的瑞士天文学家茨威基在研究星系团边缘的星系运动时，发现星系的运动速度与星系团内所有星系质量之和所能提供的引力不匹配。按照万有引力定律，星系运动速度必须与引力相均衡，否则星系团将会瓦解。因而茨威基首先提出宇宙中可能存在看不见的暗物质，它们虽然看不见，但可以提供引力作用。后来其他天文学家，特别是天文学家鲁宾，研究了许多星系中恒星绕星系中心旋转运动速度随其与星系中心距离变化的测量结果，发现其与按可见物质引力推算的结果不符。根据万有引力定律，恒星绕星系中心的运行速度应随其与星系中心距离增大而下降，就像太阳系中行星的轨道速度随日心距离的增大而下降那样。然而大量观测事例表明星系边缘的恒星速度几乎没有下降，暗示星系中尤其是边缘区域存在暗物质。许多星系的研究结果非常相似，表明星系中存在暗物质的普遍性。在星系研究中通常用两种方法估计星系质量：其一是根据恒星运动情况，按引力作用来估计质量，称为引力质量；另一种是统计恒星数目，根据它们的光度并结合质光关联来估计星系质量，称为光度质量。迄今的研究表明，星系的引力质量总比光度质量大得多。这同样是星系中存在大量暗物质的证据。因此宇宙中存在大量暗物质已经被天文学家普遍接受，成为不争的事实。

暗物质是什么？目前的研究认为暗物质包含两类。一类是重子暗物质，它们与普通亮物质类似，也是由质子、中子等重子和电子组成，只是处在特殊的物理环境中而丧失发光能力，如黑矮云、暗星云和黑洞等。另一类是非重子暗物质，可能由亚原子粒子构成，到底是什么粒子尚在探讨中。但它们应具有如下特征：没有强作用和电磁作用，只有引力和弱相互作用；寿命长；质量应当不小。这类暗物质不与光子发生作用，在任何物理环境条件下都不发光，不吸收也不反射光束，对任何波长都是透明的。目前已知的亚原子粒子中，尚未发现同时具备这些条件的例子。所以有时只是从理论上称其为“弱作用大质量粒子”。从目前研究结果来看，重子暗物质所占比例不大，暗物质的主体应是非重子暗物质。由威尔金森微波各向异性探测器探测后得到的结果分析表明，在宇宙总质量中，可直接观测的普通亮物质只占 4.6%，暗物质占 22.8%，其余 72.6% 为暗能量。而在 22.8% 的暗物质中，星际气体约占 3.6%，黑洞占 0.04%，中微子占 0.1%，其余全是非重子暗物质。

发现暗物质之后，人们又发现按发光物质和暗物质之和推算的宇宙物质密度仍然远小于临界密度，这与威尔金森微波各向异性探测器测量得到的宇宙为平坦所暗示的宇宙密度接近临界密度的结果不符。这表明宇宙中除了发光物质和暗物质之外，还应存在其他东西。

美国加州伯克利国家实验室以珀尔玛特为首的超新星宇宙学研究组和澳大利亚大学由施密特和里斯领导的高红移超新星搜索团队，从 20 世纪 90 年代开始，通过对 50 多个 Ia 型超新星的观测分析，得出了一致的结论：即这些超新星的亮度比预期的更暗，表明它们位于比哈勃定律预期的更远距离处，从而显示宇宙是在加速膨胀。这一出乎意料的结果震惊了国际天文界。根据广义相对论，宇宙大尺度结构的作用力只有引力，宇宙膨胀必定会不断减速，不可能加速。现在观测到的居然是在加速膨胀，这就意味着宇宙中存在抗拒万有引力的斥力，也就是存在一种能产生斥力的新物态。回想起爱因斯坦早期的宇宙模型中，为了迎合当时认为宇宙是静止的观点，曾在宇宙动力学方程中加上了一个常数项(称为宇宙学常数)，后来得知星系退行表明宇宙是在膨胀后，他又取消了这个常数。现在人们意识到，为了表现宇宙的加速膨胀，还得加上这个常数。加上这个常数的物理意义就是承认宇宙间存在一种斥力，它来自真空能量密度，现在称它为真空介质的暗能量。根据广义相对论，物质的质量和压强均可产生万有引力。物质（包括暗物质）和压强，产生的引力为正值，它将导致宇宙膨胀减速。现在观测到宇宙在加速膨胀，表明存在一种新的物态，它的压强为负值，因而产生的引力也是负值，也就是斥力。这种能够产生负压强的物态就是暗能量。这就是宇宙学常数的物理意义。

在研究逻辑场的过程中，会发现很多逻辑场现象对逻辑场的作用，与宇宙学的暗物质和暗能量对宇宙的作用很相像，因此，仿照宇宙学的暗物质和暗能量概念，在逻辑场研究中引入暗概念。

暗概念可以产生暗逻辑场和暗逻辑工程，以此为基础还可以创造明概念，以明概念为基础提出明逻辑场和明逻辑工程，再以暗概念和明概念为基础提出均衡逻辑场和均衡逻辑工程的概念。

2.18　逻辑场明理论

逻辑场明理论与逻辑场暗理论相对，主要指主观控制的理论。

2.19　逻辑场理性人

发达国家国民的精神世界走过了从“个人主义”到“公民思想”的过程，而发达国家经济学研究的重要假设“理性人”就是国民的精神世界。

在发达国家市场发展早期，国民精神世界以个人主义为主，企业自然都是个人主义企业，因此，发达国家的市场发展很罪恶，用残酷剥削本国人民发展市场，用侵略、掠夺、殖民外国发展市场，理性人就是彻底个人主义的人。

第二次世界大战前后，因为现代化法制的发展，部分发达国家国民的精神世界用人权控制个人主义罪恶因素，出现了服从法制的公民思想，他们的市场发展开始走公民思想的道路，用资本正当获益代替残酷剥削，用国际贸易代替殖民主义，理性人是有公民思想的人。

总的来说，发达国家经济学以理性人作为假设的研究对象是成功的，因为人的思想基础是个人主义，人由个人主义发展成公民思想是发达国家的国民本来情况，则建立在理性人基础上的研究成果能够极大地帮助发达国家的市场发展就很自然了。

2.20 逻辑场逻辑人

发达国家以理性人作为假设的研究对象显然很成功，这体现在他们长期领导世界经济的发展上。但是，人们肯定会注意到发达国家发展过程中的两次世界大战、无数次经济危机，尤其是当前的债务危机，这又是因为什么而发生的呢?

对此，发达国家有一门新型学说“行为经济学”给出了初步的回答：人并不总是理性的，人关注公正，有时是前后不一致的。

行为经济学解释理性人假设的缺点是表面的，更深入和科学的解释应该是笔者提出的“社会软结构学”，其中提出市场元素是有逻辑结构的，逻辑结构决定市场元素的行为，实际就提出了“逻辑人”的概念。

当研究经济学以逻辑人作为研究对象时，就不会出现理性人不理性的现象，可以实现输入数据到白箱程序加工再输出结果的目标，而理性人不管程序实际结构的输入、输出。

发达国家经济危机产生的重要原因是经济学家不知道国民未来出现的不理性行为是什么。如果用逻辑人作为假设的研究对象，经济学家就能通过市场元素结构的变化而预知市场元素未来的行为。

发展中国家经济学研究的重要缺点就是把发达国家的理性人当成自己的国民，造成自己的研究工作“橘生淮南则为橘，生于淮北则为枳”，如果用逻辑人作为假设的研究对象，自本国国民特点出发研究本国经济学，发展本国市场经济则会有的放矢。

哈耶克主张自由市场，但他以理性人为基础，因为不知道理性人的结构会发生什么变化，自由市场就会对自己未来会出现的问题没有准备，这就是经济危机产生的原因。

凯恩斯主张制度干预市场，但同样因为他以理性人为基础，他不知道制度对市场元素的具体影响是什么，会产生破坏市场应有自由的错误。

只有以逻辑人发展经济学才能得到更高级的市场发展，而制度此时就成为发展逻辑人的重要手段。对逻辑人而言，制度影响的结果是可知的，这能让运用制度的人松紧有度，让逻辑人能产生市场应有的自由，产生制度与自由的科学搭配。

用逻辑人代替理性人研究经济学，可以自逻辑人的逻辑结构得出逻辑人的行为，由市场元素的行为逻辑和得出市场规律，这个市场规律因为建立在结构研究基础上，自然比理性人的没有结构的市场规律更符合实际市场规律的存在和变化。

由美国20世纪30年代经济大萧条和凯恩斯学说的应用到现在的债务危机，人类已经深深懂得宏观政策的重要性，但政治家也是人，人并不总是理性的，这让宏观政策出现有好有坏，有成功有失败的现象。解决之道就是制定宏观政策时，把理性人这个假设对象变成逻辑人，执行宏观政策前先运行逻辑人宏观模型，用运行结果修正宏观政策。

2.21 逻辑场复杂论

这里的知识介绍参考了余雪杰先生编著的《管理系统工程》。

复杂性研究或者复杂性科学是这几年受到国内外理论者广泛关注的一门新兴学科，正逐步成为世界科学发展的热点和前沿领域，人们试图通过复杂性的研究来解决生命、人脑、生态、社会、经济及管理等科学领域的问题。

2.21.1 复杂性的概念

复杂性研究或者复杂性科学是国外在20世纪80年代提出来的，是主要研究复杂性和复杂系统的科学。但作为复杂性科学首要概念的复杂性，至今还没有一个科学、统一的定义。根据有关文献提供的信息，目前国内外关于复杂性的定义有45种之多，如分层复杂性、算法复杂性、随机复杂性、有效复杂性、同源复杂性、基于信息的复杂性、时间计算复杂性及空间计算复杂性等。

按照传统的理解，简单与复杂是相对的，一个事物在未被认识之前是复杂的，一旦被认识就变得简单了。从人类认识事物的发展历程来看，这种情形是常见的。但现代科学技术的发展表明，不能把复杂性简单地归结为认识过程的不充分性，必须承认存在客观的复杂性。真正的复杂性应该具备自身特有的规定性，即使已被人们认识，即使已找到解决办法，它仍然是复杂的。也就是说，找出复杂性与简单性的根本区别所在，使复杂性科学具有相对确定的研究领域，用处理复杂性的方法来管理、控制和利用复杂性。因此，复杂性研究的目的除了揭示和描述复杂系统的运动规律外，更重要的还在于寻求解决我们现有的科学理论和方法束手无策的复杂系统的预测和控制问题。

关于复杂性的研究一般认为是从 20 世纪 80 年代中期开始的。在此之前，美国学者西蒙意识到系统的等级层次与复杂性有联系，其于 1962 年提出了分层复杂性的概念。西蒙把等级层次结构与复杂性明确联系起来，从四个方面给复杂性以系统阐述，指出等级层次结构是复杂性的重要来源。西蒙还讨论了按照层次结构组织起来的系统的动态性质，把复杂性与系统动力学特性联系起来。这些思想对其后的复杂性研究起到了积极的推动作用。1984 年，盖尔曼和阿若等人在美国创立了著名的圣塔菲研究所，开展跨学科、跨领域的研究，他们称之为复杂性研究，这里既有自然界的复杂性，也有人类社会以及人自身的复杂性。后来他们又提出复杂系统和复杂适应系统的概念，如生命系统、免疫系统、演化经济系统及生态系统等。复杂性研究的另一个代表性成果是普利高津、哈肯等人用演化、生成、自组织的观点解释的复杂性。普利高津提出，复杂性存在于一切层次，不同层次的复杂性既有差别，又有同一性。平衡态、线性关系及可逆过程只能产生简单性，远离平衡态、非线性关系及不可逆过程是产生复杂性的根源。复杂性是自组织的产物，在远离平衡态、非线性关系及不可逆过程的条件下，通过自发形成耗散结构这种自组织而产生出物理层次的复杂性，在此基础上才可能通过更高形式的自组织产生生命、社会等层次的复杂性。

对复杂性进行研究，要求把科学研究对象从简单性和简单系统转向复杂性和复杂系统，在方法论上实现根本的转变，把复杂性当作复杂性处理。经典科学相信客观世界本质上是简单的，因此，在面对复杂的问题时，总是设法把复杂性简单化，即把复杂性当作简单性处理。应该说，当对象是典型的复杂系统，或者属于不够典型的复杂性问题时，这样的处理必然把产生复杂性的根源简单化，得不到正确的结果。把复杂性当作复杂性处理，是复杂性研究的方法论原则。这并非否定复杂性研究也需要简化，而是强调对于复杂系统存在不同的简化路线和指导思想。

复杂性的表现形式很多，非线性关系、远离平衡态、混沌、分形、反馈、不可逆性、模糊性、多重均衡、突变及涌现等都是复杂性的某种表现。把非线性关系当作非线性关系，把远离平衡态当作远离平衡态，把混沌当作混沌，把分形当作分形等，都是把复杂性当作复杂性处理，都会带来科学的重大进步。

2.21.2　复杂性的根源

复杂性的产生机制是各种各样的，按照中国科学家张焘先生的观点，复杂性可归结为：系统的多层次性、多因素性、多变性、开放性，各因素或子系统之间以及系统与环境之间的相互作用，随之而有的整体行为或演化。一般认为，非线性关系、不稳定性及不确定性是复杂性的根源。因此，对于复杂性从其来源上讲，总体上有以下几种：①来源于系统规模的复杂性；②来源于系统结构的复杂性；③来源于开放性环境的复杂性；④来源于动力学特性的复杂性；⑤来源于非平衡态的复杂性；⑥来源于非线性的复杂性；⑦来源于不确定性的复杂性；⑧来源于人类理性与非理性的复杂性。

2.21.3　复杂性的特点

复杂性具有以下几个方面的特点：

(1) 复杂性体现整体性、系统性。

(2) 复杂的多层次结构。

(3) 涌现。

(4) 开放性。

(5) 高度的动力系统，而且导向有序化发展。

(6) 系统的演化过程是阶段性的、非线性的，有渐变也有突变。

2.21.4　复杂系统与复杂性

随着系统科学的发展，人们逐渐认识到系统大于其组成部分之和，系统具有丰富的层次结构和功能结构；系统经常地与外界环境进行“三流”（物质流、信息流和能量流）的交换，从而处于不断发展变化之中；系统具有自组织能力，在远离平衡态的条件下也可以呈现出稳定的性质；确定性的系统在没有受到外界扰动的情况下也可以产生内随机性，这种内随机性叫做混沌，而随机性的系统却又有其内在的确定性，即突变。人们发现，许多系统的行为和特征分析远非线性理论所能胜任，系统表现出极复杂的行为特征，于是复杂系统的概念也就应运而生了。

关于什么是复杂系统，如同复杂性一样，至今也没有一个统一的概念，许多科学家提出了种种不同的定义。有人认为复杂系统是具有多组分、多层次结构的系统，有人认为是具有多样性功能特征的系统，也有人认为是耦合度高的系统，还有人认为是有人参与的系统等等。综合学者们关于复杂系统的各种理论，我们发现，一个能称为复杂系统的系统，其复杂性一般有以下几个方面的表现特征。

第一，系统具有多层次、多功能的结构，每一层次均成为构筑其上一层次的单元，同时也有助于系统的某一功能的实现，层次性是复杂系统的基本特点。一个系统内子系统之间是否存在层次结构是该系统是否复杂的主要标志之一。

第二，系统的各组成单元之间有着密切而广泛的联系，这些组成单元一起构成一个网络。因此每一单元的变化都会受到其他单元变化的影响，并会引起其他单元的变化，产生复杂的效应。并且系统的初始状态不同，各组成单元之间相互作用的模式也不同，最后产生的结果也不同。

第三，系统是一个学习型的组织，其组成成分具有某种程度的智能，系统在发展过程中能够不断地向外部环境学习，系统内部各智能团体相互学习，在学习中对系统的层次结构和功能结构进行重组和完善。

第四，系统是开放的、耗散的，它与环境有密切的联系，能与环境相互作用，并能不断向更好地适应环境的方向发展变化，成为一个具有适应性特征的系统，或者说，系统作为一种自组织状态是靠系统内外能量和物质的交换来维持的。因此，为了维持系统的可持续发展，系统必须具有适应环境的特征。

第五，系统是动态的，处于不断的变化发展中，整体特性有时甚至会突然或神秘地改变，呈现出多样性的非线性动力学特征，而且系统本身对未来的发展变化有一定的预测能力，但长期行为结果又是不可预测的。整体性能的改变并不意味着一定有外力的作用，而且这种变化也包括系统中部分与整体的作用关系的变化。复杂系统的变化行为有很多不同的形态。

复杂系统最本质的特征是其组分具有某种程度的智能，即具有了解其所处环境，预测其变化，并按预定目标采取行动的能力，也就是复杂自适应能力，这样的系统称为复杂自适应系统（CAS系统），这种能力也是生物进化、技术革新、经济发展和社会进步的内在原因。

2.21.5 复杂性科学及其研究的主要工具

1. 复杂性科学

复杂性科学的研究对象是复杂性及复杂系统。复杂性科学研究的基本方法，与其他学科相比，最大的特点是实现了四个方面的结合，具体表现为：①定性分析与定量研究相结合；②微观分析与宏观综合相结合；③还原论与整体性相结合；④科学推理与哲学思辨相结合。

2. 复杂性科学研究的主要工具

根据我国著名管理学家成思危教授的分析，复杂性科学研究的主要工具有：①不确定条件下的决策技术；②综合集成技术；③整体优化技术；④计算智能；⑤非线性科学；⑥数理逻辑；⑦计算机模拟；⑧综合集成研究厅体系。

2.21.6 逻辑场复杂论

逻辑场具有复杂性，也是复杂系统，人类研究复杂性科学的成果均能用于逻辑场研究。

第3章　逻辑结构学

信息社会的到来给予人类发展系统科学、系统工程、计算机科学技术、软件工程等新型学科的机会，这些学科的发展成果催生出一个重要的科学研究领域，即逻辑结构学与逻辑工程学。

什么叫逻辑结构学？逻辑结构学又叫软结构学，它重点研究人的思维逻辑、人群的整体思维逻辑、社会人群的整体思维逻辑、一国人民的整体思维逻辑、人类的整体思维逻辑。参见笔者著作《社会软结构学》。

什么叫逻辑工程学？逻辑工程学重点研究人的逻辑工作怎样实现客观和工程化，这个逻辑工作可以是经济活动和行政管理，可以是科学研究过程、机械制造过程这些理科和工科的活动过程，可以是软件开发和硬件发明这些计算机科学技术的发展过程，可以是系统科学和系统工程的活动过程。参见笔者著作《三维社会工程学》。

用系统工程的语言说，逻辑结构学可以帮助建立逻辑工作模型，逻辑工程学可以帮助人们用客观和工程化的过程发展逻辑工作模型。参见笔者著作《逻辑场经济学》。

3.1　逻辑场

3.1.1　逻辑场定义

逻辑结构就是逻辑场，有限逻辑结构就是逻辑体，逻辑体是逻辑场的特例。因此，研究逻辑结构就是研究逻辑场。

逻辑场是仿宇宙场建立起来的，元素都是逻辑结构，典型的元素就是我们人类，元素的关联是广播关联，好比地球和太阳的关联、地球和月亮的关联。宇宙中的元素关联产生能量场和引力场，能量场的控制和引力场的控制让宇宙受控运行，逻辑场也仿照这种情况提出了自己的能量场和引力场，提出能量场控制和引力场控制。宇宙中有暗物质和暗能量，逻辑场仿照这种现象提出了暗逻辑场和明逻辑场的理论。逻辑场由四大理论构成：逻辑场一般理论、暗逻辑场本能理论、明逻辑场控制理论和均衡逻辑场均衡理论，如图 3－1 所示：

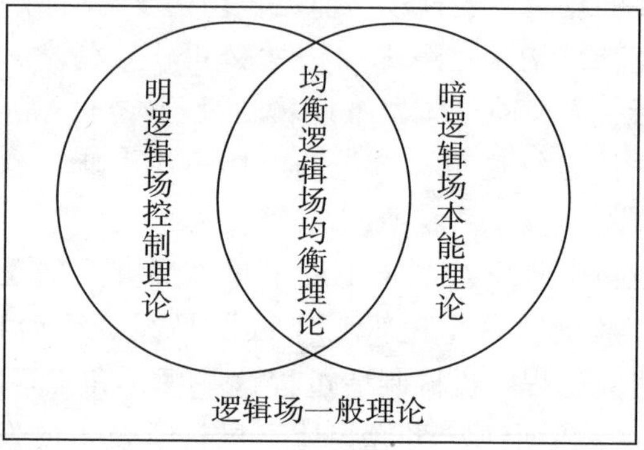

图 3－1　逻辑场四大理论示意图

逻辑场是一个系统，一个场结构的系统适用系统科学的很多理论和方法，优化逻辑场的工作又是一个系统工程，适用系统工程和软件工程的很多方法。

逻辑场同时有生命，和很多生命体的生存发展规律相同，有遗传和进化的特点，适用很多生命科学的理论和方法。尤其要运用进化论理论，要发展运用进化论理论，传统进化论立足于优胜劣汰，但人类发明出另一种进化论——人类正义，这让进化论的内容丰富起来，现代进化论用两条腿走路，一条腿是优胜劣汰，另一条腿是文明正义。

注意，本书提出的逻辑结构学和逻辑工程学与以前的论述相比，有了很多新的变化。以前的发展论现在叫生存论，以前的结构论现在叫发展论。由两个结构共用一个三维逻辑工程过程改为生存论对应生存论三维逻辑工程过程、发展论对应发展论三维逻辑工程过程。逻辑结构有四种：生存发展结构、发展生存结构、生存论结构和发展论结构。

3.1.2　元素（要素）

3.1.2.1　生存论

1. 生存论逻辑结构

高级逻辑结构 = 中级逻辑结构 + 主观能动性变量 + 自创的逻辑关联。

高级逻辑结构：$L3$

中级逻辑结构：$L2$

主观能动性变量：n

自创的逻辑关联：$j3$

那么，高级逻辑结构能写成：$L3 = L2 + n + j3$（公式 3.1）。

这个公式的解释：主观能动性 n 控制生存过程 $L2$，控制方法是 $j3$。

中级逻辑结构 = 初级逻辑结构 + 环境变量 + 自创的逻辑关联。

中级逻辑结构：$L2$

初级逻辑结构：$L1$

环境变量：d

自创的逻辑关联：$j2$

那么，中级逻辑结构能写成：$L2 = L1 + d + j2$（公式 3.2）。

这个公式的解释：环境变量 d 影响生存过程中自我 $L1$ 的成长，影响方法是 $j2$。

初级逻辑结构 = 各种实际系统的有用要素 + 自创的逻辑关联。

初级逻辑结构：$L1$

各种实际系统的有用要素：y

自创的逻辑关联：$j1$

那么，初级逻辑结构能写成：$L1 = y + j1$（公式 3.3）。

这个公式的解释：自我 $L1$ 是很多成分 y 通过关联 $j1$ 组合成的。

2. 子系统的生存论逻辑结构

高级逻辑结构 = 中级逻辑结构 + 主观能动性变量 + 自创的逻辑关联。

高级逻辑结构：群 $L3$

中级逻辑结构：群 $L2$

主观能动性变量：群 n

自创的逻辑关联：群 $j3$

那么，高级逻辑结构能写成：群 $L3$ = 群 $L2$ + 群 n + 群 $j3$（公式 3.4）。

这个公式的解释：成员主观能动性 n 达成契约群 n，契约群 n 控制生存过程群 $L2$，控制方法是群 $j3$。

中级逻辑结构 = 初级逻辑结构 + 环境变量 + 自创的逻辑关联。

中级逻辑结构：群 $L2$

初级逻辑结构：群 $L1$

环境变量：群 d

自创的逻辑关联：群 $j2$

那么，中级逻辑结构能写成：群 $L2$ = 群 $L1$ + 群 d + 群 $j2$（公式 3.5）。

这个公式的解释：环境变量群 d 影响生存过程中自我群 $L1$ 的成长，影响方法是群 $j2$。

初级逻辑结构 = 各种实际系统的有用要素 + 自创的逻辑关联。

初级逻辑结构：群 $L1$

各种实际系统的有用要素：群 y

自创的逻辑关联：群 $j1$

那么，初级逻辑结构能写成：群 $L1$ = 群 y + 群 $j1$（公式 3.6）。

这个公式的解释：自我群 $L1$ 是很多成分群 y 通过关联群 $j1$ 组

合成的。

原子元素的生存论和子系统的生存论有区别，如一个人的生存过程和一群人的生存过程明显不同。还有，这里的自我在主观者看来就是用例和用例模型。

3.1.2.2　发展论

1. *发展论逻辑结构*

初级逻辑结构 = 各种实际系统的有用要素 + 自创的逻辑关联。

初级逻辑结构：$^*L1$

各种实际系统的有用要素：$^*y$

自创的逻辑关联：$^*j1$

初级逻辑结构能写成：$^*L1 = {}^*y + {}^*j1$（公式 3.7）。

这个公式的解释：用例模型 $^*L1$ 是很多用例 $^*y$ 通过方法 $^*j1$ 有机组成的。

中级逻辑结构 = 初级逻辑结构 + 环境变量 + 自创的逻辑关联。

中级逻辑结构：$^*L2$

初级逻辑结构：$^*L1$

环境变量：$^*d$

自创的逻辑关联：$^*j2$

那么，中级逻辑结构能写成：$^*L2 = {}^*L1 + {}^*d + {}^*j2$（公式 3.8）。

这个公式的解释：发展过程 $^*L2$ 由用例模型 $^*L1$ 和环境变量 $^*d$ 通过发展方法 $^*j2$ 有机组成。

高级逻辑结构 = 中级逻辑结构 + 主观能动性变量 + 自创的逻辑关联。

高级逻辑结构：$^*L3$

中级逻辑结构：$^*L2$

主观能动性变量：$^*n$

自创的逻辑关联：$^*j3$

那么，高级逻辑结构能写成：$^*L3 = {}^*L2 + {}^*n + {}^*j3$（公式

3.9)。

这个公式的解释：发展论的结果 $^*L3$ 是通过方法 $^*j3$，由发展过程 $^*L2$ 创造新的主观能动性 $^*n$ 有机组成。

2. 子系统的发展论逻辑结构

初级逻辑结构 = 各种实际系统的有用要素 + 自创的逻辑关联。

初级逻辑结构：群 $^*L1$

各种实际系统的有用要素：群 $^*y$

自创的逻辑关联：群 $^*j1$

那么，初级逻辑结构能写成：群 $^*L1$ = 群 $^*y$ + 群 $^*j1$（公式3.10)。

这个公式的解释：用例模型群 $^*L1$ 是很多用例群 $^*y$ 通过方法群 $^*j1$ 有机组成的。

中级逻辑结构 = 初级逻辑结构 + 环境变量 + 自创的逻辑关联。

中级逻辑结构：群 $^*L2$

初级逻辑结构：群 $^*L1$

环境变量：群 $^*d$

自创的逻辑关联：群 $^*j2$

那么，中级逻辑结构能写成：群 $^*L2$ = 群 $^*L1$ + 群 $^*d$ + 群 $^*j2$（公式3.11)。

这个公式的解释：发展过程群 $^*L2$ 由用例模型群 $^*L1$ 和环境变量群 $^*d$ 通过发展方法群 $^*j2$ 有机组成。

高级逻辑结构 = 中级逻辑结构 + 主观能动性变量 + 自创的逻辑关联。

高级逻辑结构：群 $^*L3$

中级逻辑结构：群 $^*L2$

主观能动性变量：群 $^*n$

自创的逻辑关联：群 $^*j3$

那么，高级逻辑结构能写成：群 $^*L3$ = 群 $^*L2$ + 群 $^*n$ + 群 $^*j3$

(公式 3.12)。

这个公式的解释：发展论的结果群 $^*L3$ 是通过方法群 $^*j3$，由发展过程群 $^*L2$ 创造新的契约群 $^*n$ 有机组成。

原子元素的发展论和子系统的发展论有区别，如一个人的发展过程和一群人的发展过程明显不同。还有，这里的用例和用例模型在主观看来就是自我。

3.1.2.3 单纯生存论元素

图 3-2 单纯生存论元素生存周期示意图

单纯生存论元素的生存周期就是我们常说的“刚好温饱”，L3 中本能 n 的努力得到的收入，经过 L2 的加工，刚好够 L1 元素自身维持存在的需要，没有余力谋发展。这种人类社会的例子：如原始人，食物很少，一天不外出觅食就会饿肚子；又如旧中国，国力衰弱，国民生产全用于国家民族的活命尚且不够。这种元素长期的活动会让 L3 的本能 n 发达起来，为改变命运而奋斗，如原始人的进化和旧中国的爱国主义。

3.1.2.4 单纯发展论元素

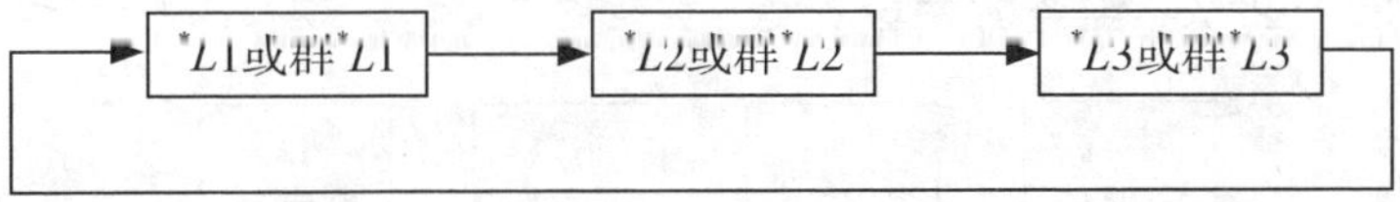

图 3-3 单纯发展论元素生存周期示意图

单纯发展论元素的生存周期就是我们常说的“富人生活”，他们不用担心生存和资源，钱花不完，于是他们专心注重发展，如注重精神生活。这种人类社会的例子就是发达资本主义国家，他们没有生存的压力，重点是发展世界霸权。

3.1.2.5 生存发展论元素

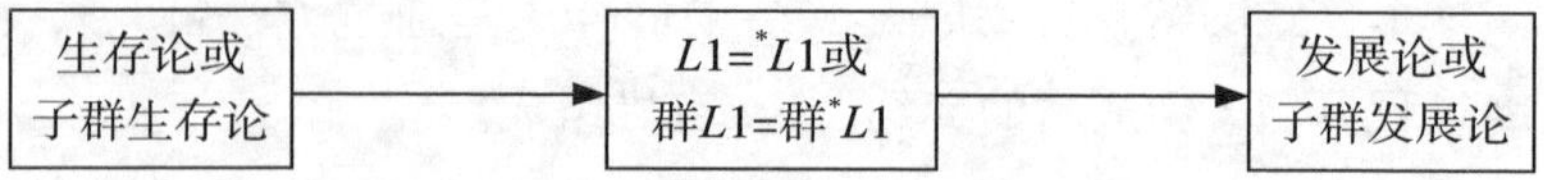

图 3－4 生存发展论元素或子群示意图

生存发展论元素或子群先用生存论，将得到的用例传递到发展论阶段，运用发展论。以后都叫子系统为子群，叫自我为用例，也叫用例模型为用例。

用生存发展论的原因多是能量场不能满足自由发展要求，引力场不能提供发展成本转嫁机会。如新中国前三十年的生存发展过程。

3.1.2.6 发展生存论元素

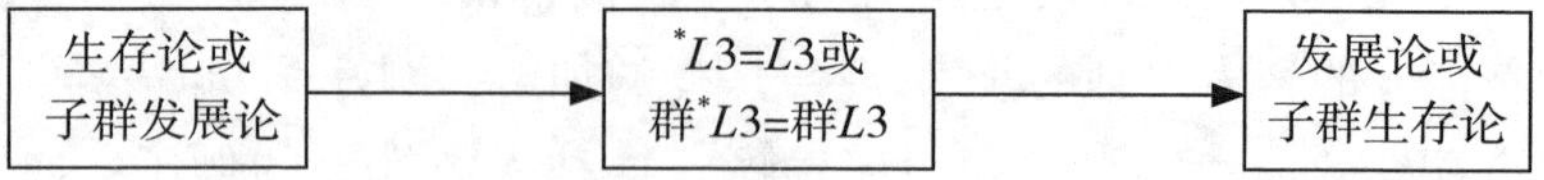

图 3－5 发展生存论元素或子群示意图

发展生存论元素或子群先用发展论，将得到的主观能动性或契约传递到生存论阶段，运用生存论。用发展生存论的原因多是能量场充裕，可以满足自由发展要求，引力场可以提供发展成本筹集机会。如新中国改革三十年的发展生存过程。

3.1.2.7 综合方法论元素

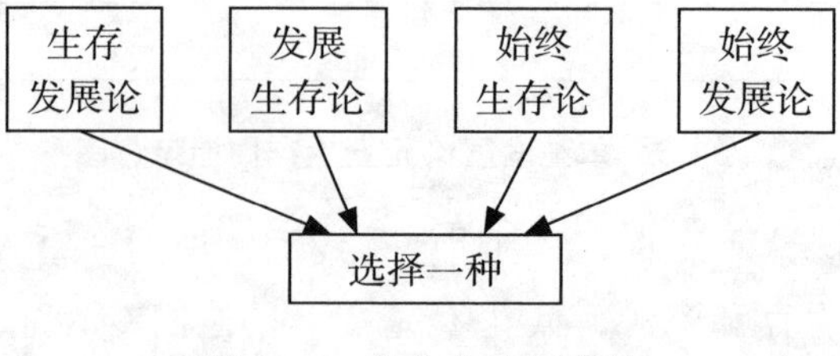

图 3－6 综合方法示意图

综合方法指根据自己的需要，自主选择生存发展论、发展生存论、始终生存论、始终发展论，或不同阶段用不同的逻辑结构。好比一个稳定的市场经济国家的国民和群体，有的用生存发展论或发展生存论，有的用始终生存论或始终发展论。

始终生存论又叫纯生存论，高级逻辑结构寻找能量，中级逻辑结构加工能量，初级逻辑结构产生新能量给新周期的高级逻辑结构，迭代循环。这种逻辑结构的特点是本能发展慢甚至不发展，一切逻辑结构工作的目的只是让逻辑结构生存，像我们的旧中国。

始终发展论又叫纯发展论，始终由初级逻辑结构接受能量，不用生产能量，能量场很发达，让逻辑结构长期不劳而获，像发达资本主义国家。

3.1.3　关联

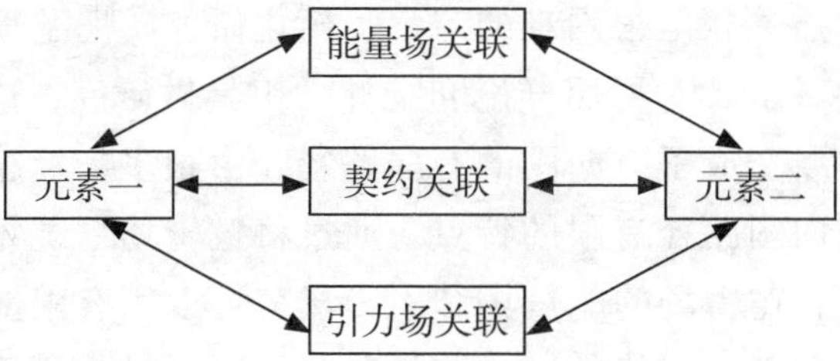

图 3-7　逻辑场元素关联图

1. 契约关联

逻辑场中的元素和子系统都有本能即主观能动性，主观能动性的特点就是与其他元素和子系统达成契约，因此，逻辑场的第一种关联是契约关联。

2. 能量场关联

逻辑场系统的原子元素和子系统都有生存论 n（群 n）和发展论 $^*n$（群 $^*n$），生存论 n（群 n）因为本能发出能量和接受别的系统元素发出的能量，发展论 $^*n$（群 $^*n$）因为新的本能而发出和接受能量，一个元素用广播发出能量，谁接受谁就与之产生关联，整个逻辑场系统就产生了能量场。

3. 引力场关联

逻辑场系统的原子元素和子系统的 $L2$（群 $L2$）和 $^*L2$（群 $^*L2$）都分别有 d（群 d）和 $^*d$（群 $^*d$）对本能的作用，即原子元素和子系统的本能都因为环境变量 d（群 d）和 $^*d$（群 $^*d$）的影响而变化，d（群 d）和 $^*d$（群 $^*d$）都是引力，即原子元素和子系统因为本能而广播发出和接受的引力形成了引力场，d（群 d）和 $^*d$（群 $^*d$）都是发出和接受的引力产生均衡的环境条件，场的环境就是引力。

4. 广播关联的研究方法

逻辑场系统中的元素因为同处能量场和引力场中，都广播和接受能量与引力，因此，它们的关联都叫广播关联。

研究广播关联是很困难的，为了简化研究，把逻辑场系统元素划分成各种群，对群用群论和统计学工具做研究，这样，关联也由广播路线变成了有向图的有向路径，由很多广播路线无限的特点变成有向图路径有限的特点。通过将逻辑场系统划分成人群做群论研究，逻辑场的能量场和引力场就可以用有限网的结构来研究了，而元素和网络的结构与计算机互联网结构很像。如一个国家人口众多，研究人民不可能一个一个地研究，一般都分阶层或年龄，这就是群论。

3.1.4 能量场

能量场是生存发展结构元素、发展生存结构元素、始终生存论结构、始终发展论结构、综合方法论元素五种类型的元素和自然界、引力场共同创造的广播发出和接受能量的一个社会场。元素和子群广播发出和接受能量的过程与计算机软件接受和发出信息的方式很相似：对生存论结构而言，元素和子群的主观能动性是各种能量的输入，元素和子群的中级逻辑结构对能量做各种加工，由初级逻辑结构简单输出加工后的能量；对发展论结构而言，元素和子群的初级逻辑结构是各种能量的输入，元素和子群的中级逻辑结构对能量做各种加工，由主观能动性输出加工后的能量同时接受新能量。生存论结构和发展论结构还可以组合成各种其他的逻辑结构，则能量与元素、子群的关联就复杂了。

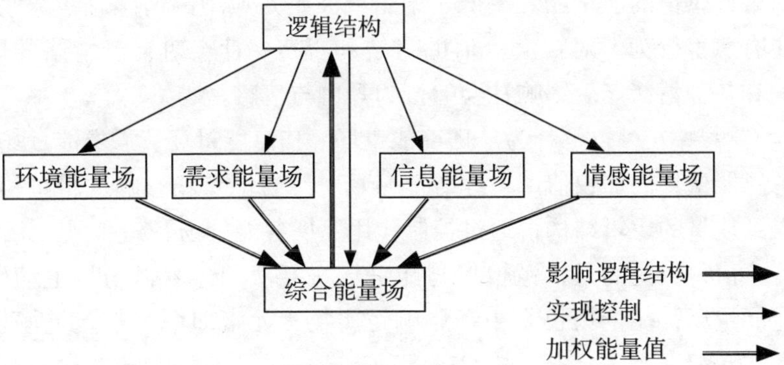

图 3－8　能量场示意图

世界上有一个现成的能量场，这就是计算机互联网，一切设备连上总线用广播发出和接受信息能量，一对一是特例。将逻辑场的能量场也归纳成四个总线，也就是四个场：环境总线（环境能量场）、信息总线（信息能量场）、需求总线（需求能量场）和情感总线（情感能量场）。

环境总线（环境能量场）与逻辑场环境是不同的两个概念，逻辑场环境指引力场的引力体系，环境总线指逻辑场能利用的自然和社会资源。如土地、水资源和语言文字都是环境总线。又如世界局面就是逻辑场环境。一个人种地、喝水、说话等行为就和环境总线关联了。

信息总线（信息能量场）指能给元素提供信息，帮助元素生存发展的一种能量场。书、图书馆、媒体、网络、学校等都属于信息总线。一个人看书、买书、受教育、搞科研就和信息总线关联了。

需求总线（需求能量场）指逻辑场元素的市场交换活动。经济、售货员和消费者、企业厂家、国家经济政策和管理等都是需求总线。一个人生产或购买商品就和需求总线关联了。

情感总线（情感能量场）指能给元素某种感情或能让元素发出某种感情的能量场。一个人结婚或离婚是典型的情感总线关联，还有慈善行为、对社会价值的肯定和否定、社会对自己情绪的影响和各种情绪产生影响社会的行为等也与情感总线关联了。

图3－8可以解释为：环境能量场、信息能量场、需求能量场、情感能量场的加权值产生综合能量场，综合能量场影响逻辑结构，得到能量的逻辑结构再通过控制作用发展各能量场。

值得一提的是，逻辑场与能量场是互塑的，逻辑场是主动塑造能量场，能量场也是主动影响逻辑场，元素即个人与能量场也存在互塑。

3.1.5 引力场

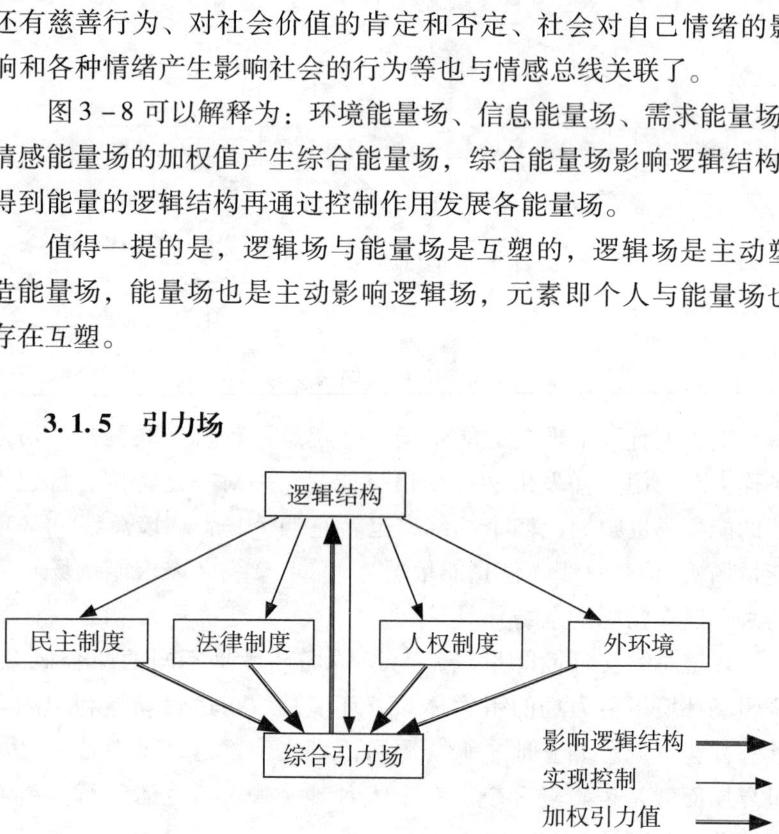

图3－9 引力场示意图

因为有群主观能动性的存在，为了达成契约，神经体系需要包括民主制度；因为元素有自私的本能，为了逻辑场的秩序，神经体系需要包括法律制度；同样因为元素有本能，优化系统的前提之一为优化元素，因此，神经体系需要包括人权制度（这里的“人”指逻辑元素和逻辑子系统）。外环境产生引力体系。

图 3 –9 可以解释为：民主制度、法律制度、人权制度和外环境的引力值的加权和产生综合引力场，综合引力场影响逻辑结构，受影响的逻辑结构又反过来影响五个引力场。

引力场对逻辑场的作用分两个：神经体系包括民主制度、法律制度、人权制度，神经体系由逻辑场创造，也会反过来影响逻辑场，存在互塑；引力体系指外环境，它与逻辑场的关联就是系统与环境的互塑关联。元素即个人与神经体系和引力体系的关联，都是系统与环境的互塑关联。引力场通过影响元素或子群的中级逻辑系统而影响元素和子群。

3.1.6 环境

逻辑场有内环境和外环境，逻辑结构同时与这两个环境互塑。内环境指能量场和神经体系（民主制度、法律制度、人权制度）。外环境指引力体系。

逻辑结构与内环境互塑的重点是控制，与外环境互塑的重点是适应。

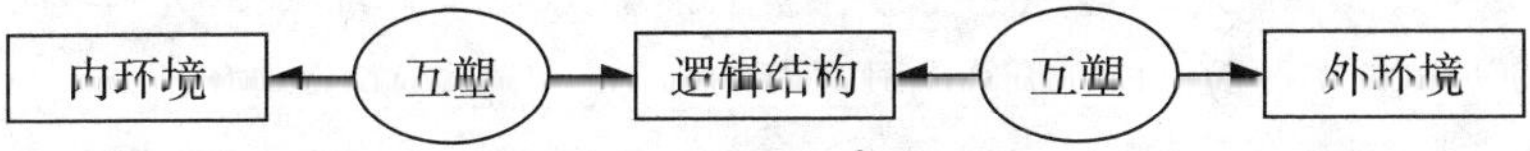

图 3 – 10 逻辑场环境示意图

习主席提出，走和平发展道路，是我们党根据时代发展潮流和我国根本利益作出的战略抉择。我们要以邓小平理论、“三个代表”重要思想、科学发展观为指导，加强战略思维，增强战略定力，更好地统筹国内、国际两个大局，坚持开放的发展、合作的发展、共赢的发展，通过争取和平国际环境发展自己，又以自身发展维护和促进世界和平，不断提高我国综合国力，不断让广大人民群众享受到和平发展带来的利益，不断夯实走和平发展道路的物质基础和社会基础。这成为中国内、外环境互塑理论新的发展成果。

3.1.7 本能

逻辑结构有生命，生命皆有本能。人是典型的逻辑结构，因此，提出人的本能作为逻辑结构元素本能研究的基础。

1. 个人主义

个人主义是本能的第一块基石，个人主义有求生存、求发展这些内容。个人主义有正面的意义，即它能激发奋斗意志和工作的动能。但是，个人主义负面的意义大得惊人，罪恶的根源都是个人主义。

2. 关联

人类自原始社会就充满关联。因为群居而产生关联，因为个人需要别人帮助来实现自己的个人主义从而产生关联。这种关联有交配及由此发展出的家庭，有劳动像狩猎、耕作和缝补一类。家庭和劳动形成氏族和原始部落，这就有了用友好交流或战争表现的族群之间的关联。进入阶级社会，人类的关联产生出阶级和阶级压迫。再到工业社会，人类出现公民关联。注意，人类发出关联和接受关联的一般形式是广播，一对一是广播的特例。

3. 集体主义

在原始社会，原始人有原始的个人主义，又因为一个人往往不能实现自己的个人主义，因此很多人通过关联群居在一起，用整体之和大于各部分简单相加的规律共生。但很多人群居一处不会没有规则，因为人人都渴望自己的收益最大化，但这是不能实现的，因此类似契约的东西出现了，它规定群体成员为了都能公平得到自己的收益而必须遵守一些规则，这就产生出最早的集体主义。也就是说，集体主义是人类因为群居和关联而产生的本能的第二块重要基石。

4. 个体主义

个人主义受到集体主义的约束就发展成个体主义。个体主义就是人类精神世界的第三块基石。人们要注意，个体主义不是个人主义简单的转变，它是个人主义受集体主义约束和教育而发展成的一个人的文明思想。个体主义固然有个人主义的求生存、求发展和满足其他需求这些部分，但更有爱国主义、集体主义这些人类文明思想的部分。有正确个体主义的人会体现出高尚的人格，注重法制、道德和修养的要求，用为社会做贡献而得到的正当回报满足自己的需要，对人类、社会和自己的正当群体有热爱的思想，有必要时为自己的正当集体：人类、国家、民族、家庭献身的思想。个体主义经过原始社会漫长时期的培养，形成阶级社会的爱国、爱民思想及各种正义宗教，再形成现代化社会的公民思维。

5. 人道主义和人权思想

人道主义是人类精神世界的又一块基石。人道主义是人类把个人主义、人与人的关联、集体主义、个体主义进行长期综合研究，由发达国家启蒙学者首先成规模提出的，它的要点就是关爱人的生命，提倡人的地位平等。这种人道主义又发展成人权思想，即用秩序层面规定人道主义的要求。

6. 公民思维

公民思维完全可以看成人类精神世界第一伟大的成就，它的重要之处在于将阶级社会“我的”和“不是我的”这种思维变革成“我的”和“别人的”这种更文明的思维。公民思维是人权制度塑造的现代化个体主义。

7. 研究本能的方法

研究本能的方法就是达尔文的进化论，弱肉强食、适者生存。

与能量场斗争，创造自己需要的能量场和能量，与引力场斗争，创造自己需要的秩序和引力场。本能与能量场、引力场都是对立统一的。

本书中，将本能和主观能动性看成等价的概念，都是高级逻辑结构和系统，都对自身起控制作用。

3.1.8 控制

逻辑场的组成有元素、关联和控制，这里讨论一下逻辑场的控制。一般而言，逻辑场的控制分为本能控制、能量场控制和引力场控制。

1. 本能控制

控制逻辑场运行的第一种力量是本能。可以把本能符号化为 *BN*。有这样三个公式：

本能 > 引力，逻辑场是暗逻辑场；

本能 < 引力，逻辑场是明逻辑场；

本能 = 引力，逻辑场是均衡逻辑场。

本能控制在逻辑场与能量场和引力场互塑的过程中发挥着重大的作用，本能控制适用达尔文的进化论。本书中，本能和主观能动性是等价的概念。

2. 能量场控制

能量场通过能量的多少和能量的质量控制逻辑场，逻辑场也有创造和发展能量场的控制。

3. 引力场控制

引力场由民主制度、法律制度、人权制度和外环境四大部分组成，用弹簧原理在 *L*2（群 *L*2）和 $^*L2$（群 $^*L2$）的能量加工、使用、优化环节影响逻辑场。

3.1.9 均衡

对能量场公式化：环境总线（环境能量场）：*H*；需求总线

(需求能量场)：U；信息总线（信息能量场）：I；情感总线（情感能量场）：G；综合总线（综合能量场）：E。

提出一个公式：

$q1 \cdot H + q2 \cdot U + q3 \cdot I + q4 \cdot G = E$（公式3.13）

这里的$q1$、$q2$、$q3$、$q4$都是权重，因为H、U、I、G在不同逻辑场有不同的重要性。公式的意思是环境总线、需求总线、信息总线、情感总线的逻辑和创造综合总线。

对引力场公式化：民主制度：M；法律制度：F；人权制度：R；外环境：W；控制总线（引力场的控制）：Z。

$p1 \cdot M + p2 \cdot F + p3 \cdot R + p4 \cdot W = Z$（公式3.14）

$p1$、$p2$、$p3$、$p4$是权重，民主制度、法律制度、人权制度、外环境的引力的逻辑和创造综合引力场即控制总线。

还有：群$^{*}d = Z$（公式3.15）

公式的意思是控制总线通过环境变量影响元素和子系统。

又提出一个公式：

群$^{*}n = E$（公式3.16）

公式的意思是综合总线创造逻辑结构契约。

再提出一个公式：

群$^{*}n = Z$（公式3.17）

公式的意思是逻辑结构契约创造控制总线。

这样，提出逻辑结构学第一重要的公式，逻辑结构均衡公式：

逻辑结构契约 = 控制总线 = 环境影响

群$^{*}n = Z =$ 群$^{*}d$（公式3.18）

公式的意思是一个逻辑结构，当它的秩序（控制总线）同时满足契约和环境影响的要求时，这个逻辑结构就处于良好均衡，这个均衡因为反映了契约而制造良好的能量场，因为反映了环境影响而得到良好引力场。这个公式就是人类社会法制和法治合理性的理论解释和理论基础，可以帮助我国人民认识法治的重要性，当然，我国应该走社会主义法治发展的道路。

如下所示，图 3－11 可以解释为：契约和环境均衡的要求产生控制，控制产生逻辑结构的行为。

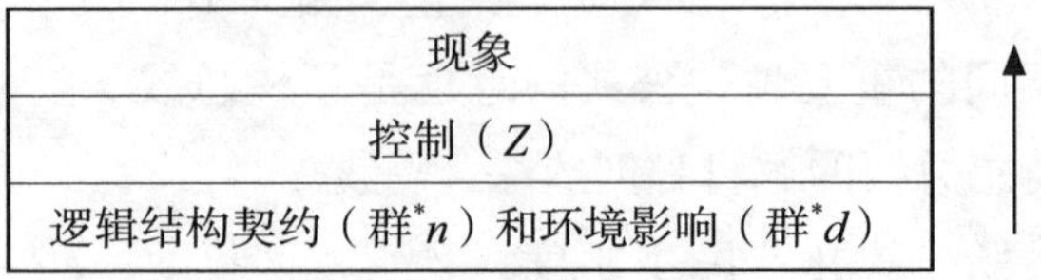

图 3－11　控制与均衡图

3.1.10　理论

以下对逻辑场做整体研究，对综合能量场、引力场、元素和子群的彼此相互作用做研究。

各种元素和子群如图 3－12 所示联入引力场和能量场，如同互联网一样运行。

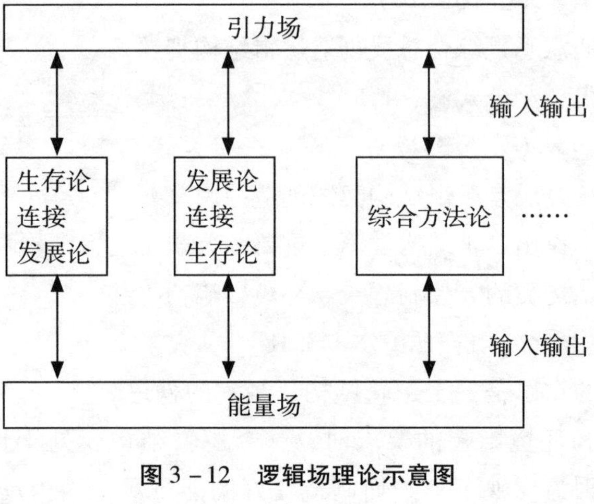

图 3－12　逻辑场理论示意图

还可以用另一种方法解释逻辑场理论：逻辑场理论重点研究

能量场和引力场对逻辑结构生存论和发展论的影响。逻辑结构生存论输入能量、加工能量、输出势能，生存论输出的势能输入发展论，发展论使用势能的功能或优化势能的结构。

图 3－13 列出了生存发展论元素逻辑场理论图，在给出能量场、引力场和元素自身结构的同时，重点研究能量场和引力场对元素和子群生存论和发展论各个阶段的影响。可以看到，能量场和引力场对元素和子群的每一个活动环节都有影响，这里对这些影响作一个解释。

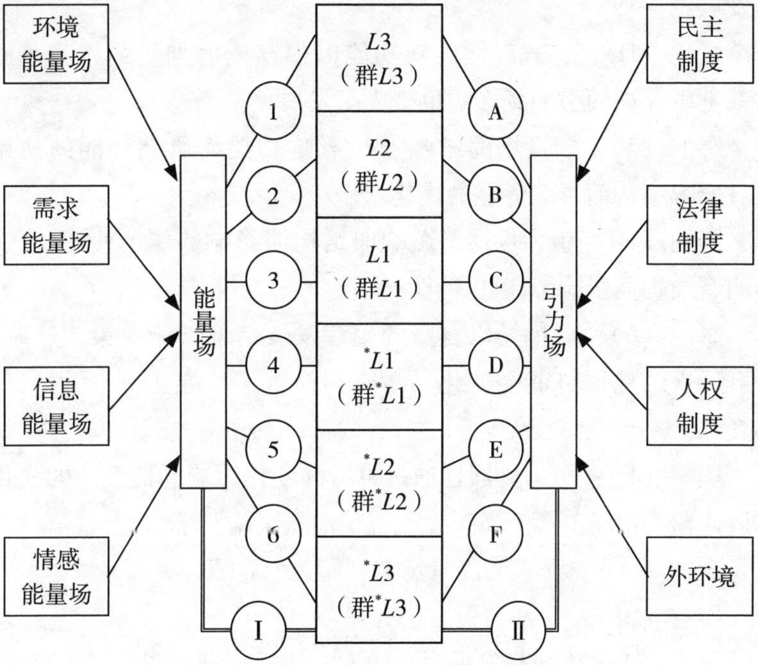

图 3－13　生存发展论元素逻辑场示意图

影响（1）：在生存论决策环节，能量场以能量的多少和质量影响决策。

影响（A）：在生存论决策环节，引力场以下一个环节的控制工作的成本、风险、限制影响决策。

影响（2）：能量场通过能量的数量和质量影响加工环节创造的结构。

影响（B）：引力场通过对加工环节的控制工作影响制造结构。

影响（3）：能量场仍然以能量的数量和质量影响势能维制造功能。

影响（C）：引力场通过影响结构而影响势能维制造功能。

影响（4）：发展论输入结构论势能的工作把能量场的影响带入发展论。

影响（D）：输入势能的新功能以生存论的加工结构为基础，这就把生存论的引力场影响也带入了发展论。

影响（5）：能量场的影响通过影响功能而影响势能的使用，通过影响结构而影响势能的优化。

影响（E）：引力场通过影响旧结构而影响势能的使用，通过影响新结构而影响势能的优化。

影响（6）：能量场以自身的生存发展情况影响决策，这时的子群元素的地位可能会变化，本能和权重都可能变化，引起契约的变化。

影响（F）：引力场同样通过自身的变化影响子群契约的变化，再以此影响决策。

影响（Ⅰ）：元素与能量场有互塑。

影响（Ⅱ）：元素与引力场有互塑。

图3－14给出的是发展生存论元素逻辑场理论图，与生存发展论不同的重点是：生存发展论输入本能、输出本能，它输入的是能量，输出的仍然是能量。

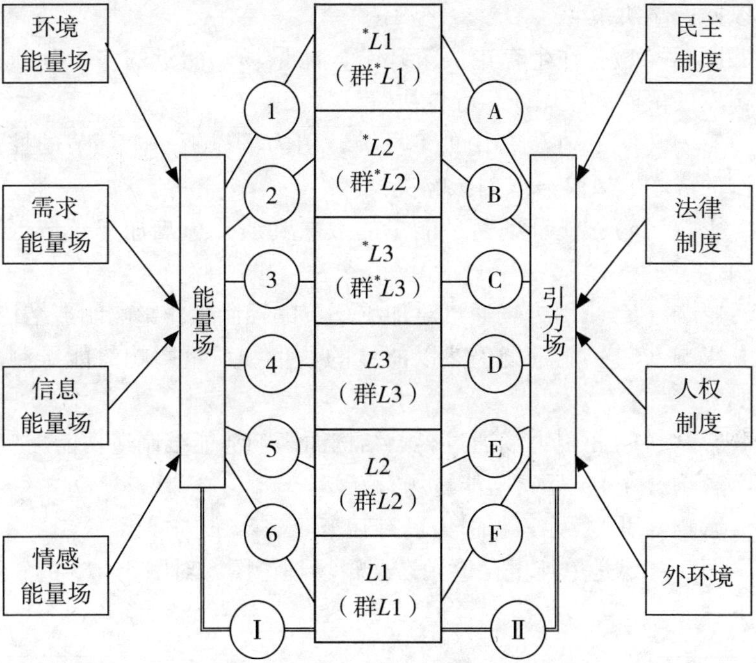

图 3－14　发展生存论元素逻辑场示意图

影响（1）：发展论输入能量场能量的工作把能量场的影响带入发展论。

影响（A）：输入能量把引力场对能量场的影响也带入了发展论。

影响（2）：能量场的影响通过影响功能而影响势能的使用，通过影响结构而影响势能的优化。

影响（B）：引力场通过影响旧结构而影响势能的使用，通过影响新结构而影响势能的优化。

影响（3）：能量场以自身的生存发展情况影响决策，这时的子群元素的地位可能会变化，本能和权重都可能变化，引起契约的变化。

影响（C）：引力场同样通过自身的变化影响子群契约的变化，

再以此影响决策。

影响（4）：在生存论决策环节，能量场以能量的多少和质量影响发展论而间接影响生存论决策。

影响（D）：在生存论决策环节，引力场以下一个环节的控制工作的成本、风险、限制影响决策。

影响（5）：能量场通过能量的数量和质量影响加工环节创造结构。

影响（E）：引力场通过对加工环节的控制工作影响制造结构。

影响（6）：能量场仍然以能量的数量和质量影响势能维制造功能。

影响（F）：引力场通过影响结构而影响势能维制造功能。

影响（Ⅰ）：元素与能量场有互塑。

影响（Ⅱ）：元素与引力场有互塑。

图 3－15 是单纯生存论元素逻辑场理论图，对图 3－15 的解释如下：

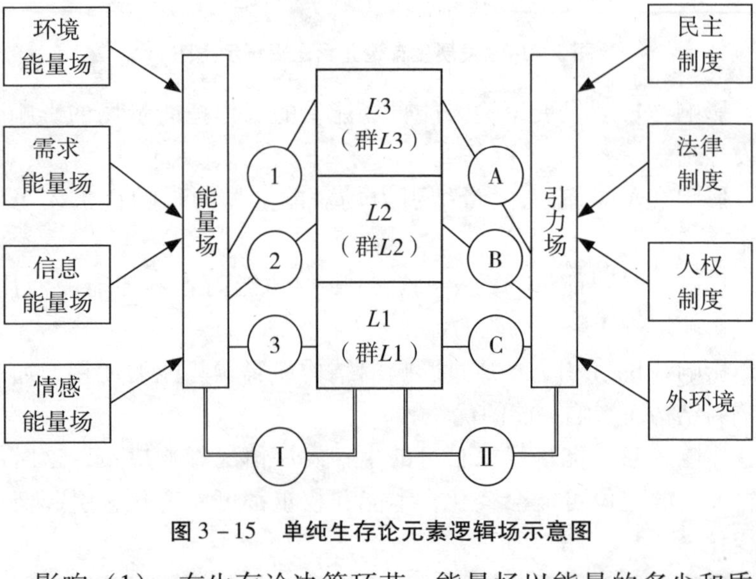

图 3－15　单纯生存论元素逻辑场示意图

影响（1）：在生存论决策环节，能量场以能量的多少和质量影响决策。

影响（A）：在生存论决策环节，引力场以下一个环节的控制工作的成本、风险、限制影响决策。

影响（2）：能量场通过能量的数量和质量影响加工环节创造的结构。

影响（B）：引力场通过对加工环节的控制工作影响制造结构。

影响（3）：能量场仍然以能量的数量和质量影响势能维制造功能。

影响（C）：引力场通过影响结构而影响势能维制造功能。

影响（Ⅰ）：元素与能量场有互塑。

影响（Ⅱ）：元素与引力场有互塑。

图3－16是单纯发展论元素逻辑场理论图，对图3－16的解释如下：

影响（1）：发展论输入能量场能量的工作把能量场的影响带入发展论。

影响（A）：输入能量把引力场对能量场的影响也带入了发展论。

影响（2）：能量场的影响通过影响功能而影响势能的使用，通过影响结构而影响势能的优化。

影响（B）：引力场通过影响旧结构而影响势能使用，通过影响新结构而影响势能的优化。

影响（3）：能量场以自身的生存发展情况影响决策，这时的子群元素的地位可能会变化，本能和权重都可能变化，引起契约的变化。

影响（C）：引力场同样通过自身的变化影响子群契约的变化，再以此影响决策。

影响（Ⅰ）：元素与能量场有互塑。

影响（Ⅱ）：元素与引力场有互塑。

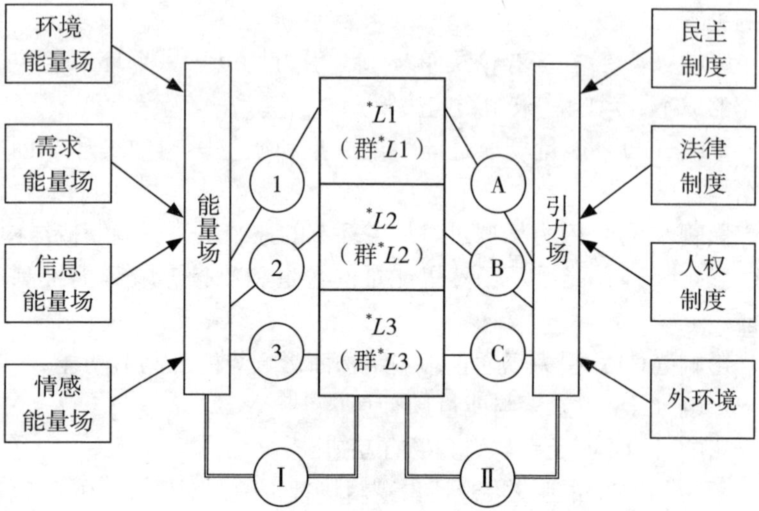

图 3－16　单纯发展论元素逻辑场示意图

以上两种元素的逻辑场理论实际就是生存发展论和发展生存论的前半部分。

还有一种元素的逻辑场理论，即综合方法论元素，这种元素受能量场和引力场的影响在于：当它用生存发展论、发展生存论、单纯生存论或单纯发展论时，它受影响的情形就与生存发展论元素、发展生存论元素、单纯生存论元素或单纯发展论元素受能量场和引力场的影响类似。

本节提出逻辑场由四大理论构成：逻辑场一般理论、暗逻辑场本能理论、明逻辑场控制理论和均衡逻辑场均衡理论。

本节描述了逻辑场的能量场和引力场，介绍了元素的本能、生存论和发展论、各种逻辑场中的逻辑结构。介绍了逻辑场的关联和控制的状况。介绍了逻辑场理论、环境互塑理论和均衡理论。

逻辑场研究的主要任务就是研究人类社会，为什么不直接把逻辑场叫人类社会、把元素叫人或人群？其中的原理和软件工程中的抽象原则一样，为了研究方法更灵活、更有深度，为了适用范围更广泛、更有效果。

图 3－17 说明了在逻辑场理论的基础上怎么构造社会模型。

能量场		综合总线		引力场
环境总线		市场		神经体系
需求总线	⇔	研究工作	⇔	（控制总线）
信息总线		公民社会		引力体系
情感总线		政权		软结构环境

图 3－17　逻辑场的社会结构图

这个图说明，一个社会逻辑场，除了能量场和引力场，自身也有分层场结构，公民社会是场的主体，公民社会的基础是政权场，公民社会的活动创造出研究工作和市场这两个上层建筑场。

3.2　暗逻辑场

3.2.1　暗逻辑场定义

暗逻辑场指本能控制的逻辑场，其能量场任由本能挥霍，其引力场由本能加权逻辑和产生，元素的本能都是个人主义，元素的关联是个人主义关联，子系统有原始集体主义。典型的暗逻辑场有原始社会和完全竞争的自由市场。

暗逻辑场体现的是元素和子群的本能和契约，因此，暗逻辑场绝对重视民主，是一种绝对的民主，可以把暗逻辑场叫民主逻辑场。

3.2.2 暗元素

图3－18是暗逻辑场生存论元素结构图，表面与逻辑场元素一样，但因为能量场和引力场都暗概念化了，所以，内在运行规律是不同的。

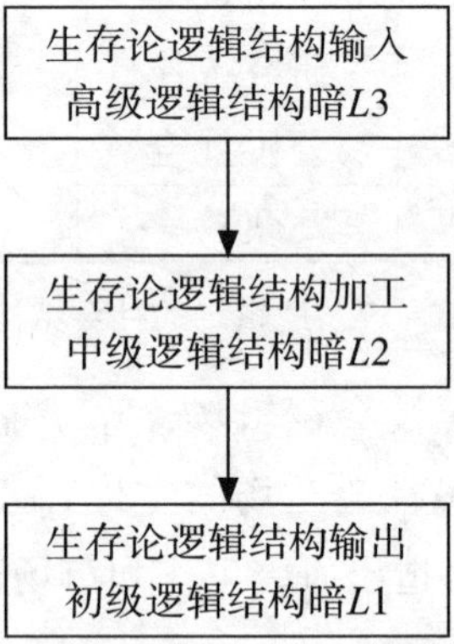

图3－18　暗逻辑场生存论元素结构图

图3－19是暗逻辑场发展论元素结构图，同样与逻辑场的一般元素因为能量场和引力场的变化而有本质不同。

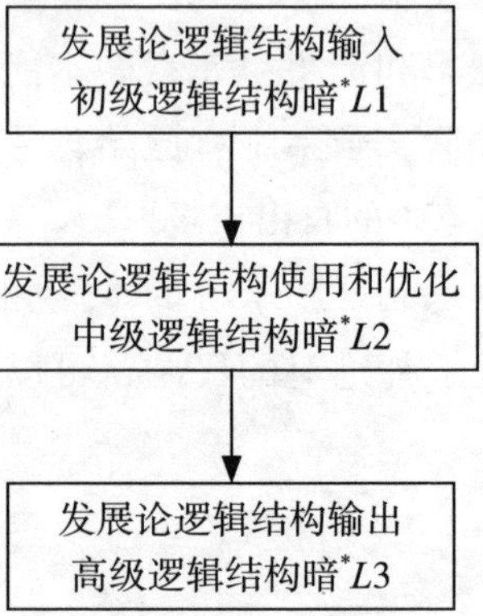

图3－19　暗逻辑场发展论元素结构图

1. 生存论逻辑结构

高级逻辑结构 = 中级逻辑结构 + 主观能动性变量 + 自创的逻辑关联。

高级逻辑结构：暗 $L3$

中级逻辑结构：暗 $L2$

主观能动性变量：暗 n

自创的逻辑关联：暗 $j3$

那么，高级逻辑结构能写成：暗 $L3$ = 暗 $L2$ + 暗 n + 暗 $j3$（公式 3.19）。

元素用本能帮助自己生存，自己通过认识、建立暗能量场，自己通过思考建立暗引力场。暗 n 由暗能量场寻找、接收能量，用暗引力场控制自己的行为。

中级逻辑结构 = 初级逻辑结构 + 环境变量 + 自创的逻辑关联。

中级逻辑结构：暗 $L2$

初级逻辑结构：暗 $L1$

环境变量：暗 d

自创的逻辑关联：暗 $j2$

那么，中级逻辑结构能写成：暗 $L2$ = 暗 $L1$ + 暗 d + 暗 $j2$（公式 3.20）。

元素以个人主义制造能量的结构，控制工作受暗引力场影响。

初级逻辑结构 = 各种实际系统的有用要素 + 自创的逻辑关联。

初级逻辑结构：暗 $L1$

各种实际系统的有用要素：暗 y

自创的逻辑关联：暗 $j1$

那么，初级逻辑结构能写成：暗 $L1$ = 暗 y + 暗 $j1$（公式 3.21）。

元素根据结构配置功能，结构是以个人主义建立的，功能也是个人主义的。

2. 发展论逻辑结构

初级逻辑结构 = 各种实际系统的有用要素 + 自创的逻辑关联。

初级逻辑结构：暗$^*L1$

各种实际系统的有用要素：暗$^*y$

自创的逻辑关联：暗$^*j1$

初级逻辑结构能写成：暗$^*L1$ = 暗$^*y$ + 暗$^*j1$（公式 3.22）。

生存论的输出势能（结构加功能）仍然作为发展论的输入，仍然用个人主义赋予输入势能新的自私功能。

中级逻辑结构 = 初级逻辑结构 + 环境变量 + 自创的逻辑关联。

中级逻辑结构：暗$^*L2$

初级逻辑结构：暗$^*L1$

环境变量：暗$^*d$

自创的逻辑关联：暗$^*j2$

那么，中级逻辑结构能写成：暗$^*L2$ = 暗$^*L1$ + 暗$^*d$ + 暗$^*j2$（公式 3.23）。

对于使用和优化环节，以自私目标使用功能或以自私目标优化结构。

高级逻辑结构 = 中级逻辑结构 + 主观能动性变量 + 自创的逻辑关联。

高级逻辑结构：暗$^*L3$

中级逻辑结构：暗$^*L2$

主观能动性变量：暗$^*n$

自创的逻辑关联：暗$^*j3$

那么，高级逻辑结构能写成：暗$^*L3$ = 暗$^*L2$ + 暗$^*n$ + 暗$^*j3$（公式 3.24）。

元素决策：使用势能功能、优化势能结构，或结束本发展论。

3. *子系统的逻辑结构*

暗逻辑场系统的元素仍然包含子系统，子系统是元素因为本能而主动或被动达成契约产生的，用契约作子系统的暗群 n，依次产生暗群 $L3$、暗群 $L2$、暗群 $L1$、暗群$^*L1$、暗群$^*L2$、暗群$^*L3$，

暗群 $^{*}n$。暗群 n 和暗群 $^{*}n$ 都没有整体优化要求存在，是子系统的暗逻辑场本能。暗逻辑场系统的子系统，自己就是一个暗逻辑场系统，一样有元素、关联和控制。

4. 子系统的生存论逻辑结构

高级逻辑结构 = 中级逻辑结构 + 主观能动性变量 + 自创的逻辑关联。

高级逻辑结构：暗群 $L3$

中级逻辑结构：暗群 $L2$

主观能动性变量：暗群 n

自创的逻辑关联：暗群 $j3$

那么，高级逻辑结构能写成：暗群 $L3$ = 暗群 $L2$ + 暗群 n + 暗群 $j3$（公式 3.25）。

和元素一样，暗逻辑场的子群也要根据能量场建立暗能量场，根据引力场建立暗引力场，再以暗能量场和暗引力场为基础决策。

中级逻辑结构 = 初级逻辑结构 + 环境变量 + 自创的逻辑关联。

中级逻辑结构：暗群 $L2$

初级逻辑结构：暗群 $L1$

环境变量：暗群 d

自创的逻辑关联：暗群 $j2$

那么，中级逻辑结构能写成：暗群 $L2$ = 暗群 $L1$ + 暗群 d + 暗群 $j2$（公式 3.26）。

暗逻辑子群在赋予能量结构的过程中，加工控制用个人主义本能控制，子群有分工。

初级逻辑结构 = 各种实际系统的有用要素 + 自创的逻辑关联。

初级逻辑结构：暗群 $L1$

各种实际系统的有用要素：暗群 y

自创的逻辑关联：暗群 $j1$

那么，初级逻辑结构能写成：暗群 $L1$ = 暗群 y + 暗群 $j1$

(公式3.27)。

暗逻辑子群赋予能量功能的活动仍然以个人主义本能控制，功能是个人主义功能。

5. 子系统的发展论逻辑结构

初级逻辑结构=各种实际系统的有用要素+自创的逻辑关联。

初级逻辑结构：暗群*$L1$

各种实际系统的有用要素：暗群*y

自创的逻辑关联：暗群*$j1$

那么，初级逻辑结构能写成：暗群*$L1$ = 暗群*y +暗群*$j1$ (公式3.28)。

生存论的输出就是发展论的输入，要赋予新功能。能量场的变化影响暗能量场，引力场的变化影响暗引力场，新功能要受暗能量场和暗引力场变化的影响。

中级逻辑结构=初级逻辑结构+环境变量+自创的逻辑关联。

中级逻辑结构：暗群*$L2$

初级逻辑结构：暗群*$L1$

环境变量：暗群*d

自创的逻辑关联：暗群*$j2$

那么，中级逻辑结构能写成：暗群*$L2$ =暗群*$L1$ +暗群*d +暗群*$j2$ (公式3.29)。

在发展论的使用和优化环节，主体是个人主义本能，或使用个人主义功能，或优化个人主义结构。

高级逻辑结构=中级逻辑结构+主观能动性变量+自创的逻辑关联。

高级逻辑结构：暗群*$L3$

中级逻辑结构：暗群*$L2$

主观能动性变量：暗群*n

自创的逻辑关联：暗群*$j3$

那么，高级逻辑结构能写成：暗群*$L3$ = 暗群*$L2$ + 暗群*n + 暗群*$j3$（公式 3.30）。

发展论的决策由新契约作出，新契约是子群元素地位和权重因暗能量场和暗引力场的改变而改变后的加权逻辑和契约。决策或使用势能，或优化势能，或结束本发展论。

由此看出，暗逻辑结构的生存论和发展论是一个迭代周期，迭代条件就是本能，以个人主义为重点的本能的发展以达尔文进化论为规律。

3.2.3　暗关联

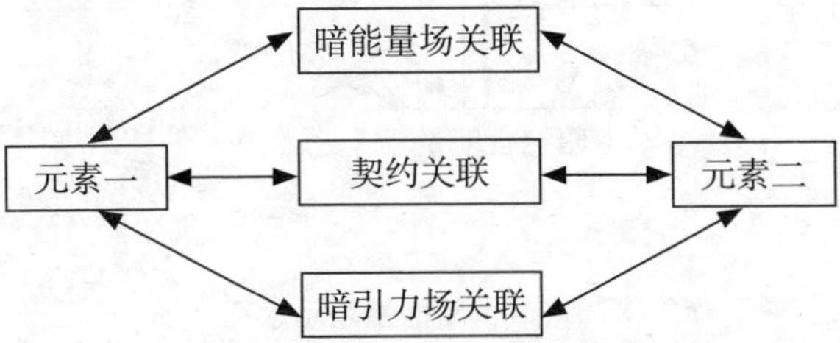

图 3-20　暗逻辑场元素关联图

暗逻辑场元素的关联仍然以本能加权逻辑和的契约关联为主，为了建立小团体就要分享能量，产生暗能量场关联。暗引力场关联指两个意思：约定俗成的潜规则是暗逻辑场元素要遵守的控制；暗引力场即潜规则与明引力场即法律制度可能发生矛盾斗争。

这种暗能量场关联是元素的本能与另一个元素的本能达成本能契约，意图改变能量场影响。暗引力场关联也是一样，几个元素的本能达成本能契约，意图改变引力场影响。

元素的暗关联有达尔文进化论的残酷无情的一面，对自己有利的关联就保持和发展，对自己不利的关联就淘汰。

3.2.4 暗能量场

如图 3－21 所示，暗能量场指暗逻辑场元素以潜规则可以得到的能量的集合，这种暗能量场不受引力场控制，没有整体优化原则要求，为暗元素的小团体利益存在，是逻辑结构能量场的一部分。

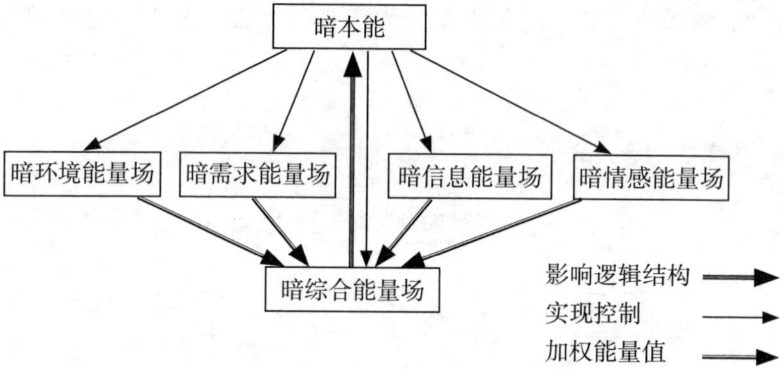

图 3－21　暗能量场示意图

元素发出的暗能量可能有害，则暗能量场也可能有害，如危害原来的能量场，危害逻辑结构引力场，甚至危害整个逻辑场。

如原始人打鱼，他认为鱼多的海域就是他的暗能量场。又如现代社会，山林是能量场，被乱砍滥伐的山林就是砍伐者的暗能量场。

这种能量场是不受法制控制的能量场，是极端民主的能量场。

暗能量场是为暗元素的生存发展服务的，它不是绝对有害的。当小团体扩大到整个逻辑结构时，小团体的本能契约有了整体利益，暗能量扩大到整个能量场，小团体与暗能量场的互塑扩大成逻辑场与能量场的互塑，小团体的很多保育暗能量场的方法可以扩大为保育能量场的方法。

3.2.5　暗引力场

暗引力场不是法制，而是子群契约，是一种约定，它的特点是随意产生且可以随意修改，常常还不严格要求遵守，好比小团体的潜规则或黑社会的黑纪律，是极端民主主义的引力场和引力。

如图3－22所示，暗逻辑场的暗引力场仍然由暗本能控制，这种暗本能不受引力场控制，不讲整体优化，是元素自由的本能或子系统的本能加权逻辑和。暗引力场控制即小团体潜规则，小团体自己建立的民主、法律、人权和外环境互塑要求。

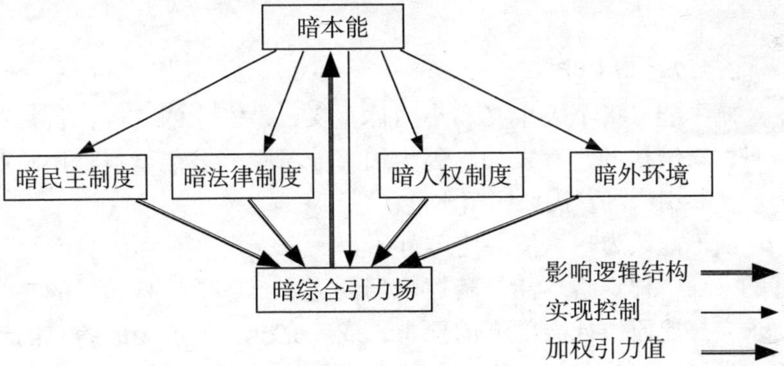

图3－22　暗引力场示意图

这里的暗民主制度是小团体内的民主制度，暗法律制度是小团体的活动规则，暗人权制度指小团体内的成员的个人利益，暗外环境指小团体的外环境，包括系统和系统环境。暗综合引力场是小团体团结的基础，是其他暗控制的加权逻辑和。

3.2.6　暗环境

暗逻辑结构也面临两个环境互塑，暗内环境和暗外环境，只是这种互塑不是为了优化系统整体，而是为了优化小团体甚至个体元素。

暗逻辑结构的暗内环境常常指小团体内部，暗逻辑结构的暗外环境常常指包括它的更大的小团体，不是后面说的内、外环境。

暗逻辑结构与暗内、外环境的互塑有时会破坏真正的系统内、外环境，因为暗内、外环境的利益和要求有时与真正的内、外环境的利益和要求是矛盾的。当然，当暗内、外环境等于真正的内、外环境时，暗逻辑结构与暗内、外环境的互塑就等于与真正的内、外环境互塑，这种互塑是有益的，这时，小团体扩大成整个系统。

图 3－23　暗环境示意图

3.2.7　暗本能

暗本能专指个人主义和小团体主义，是本能的一种，目标是自身逻辑结构的生存发展。因为用暗能量场代替能量场，用暗引力场代替引力场，因此叫暗本能。

决不能认为暗本能一定不好，正如个人主义有坏的一面也有好的一面一样。暗本能是暗逻辑场的主宰，体现的是元素的自身要求，好比原始社会的人的要求，或者完全竞争市场的商家的动机。发展到现代化社会，暗本能常常代表人民的愿望。而在现代化市场，暗本能常常代表市场规律。暗本能是规律之学。

3.2.8　暗控制

暗本能的控制行为都是暗控制，但小团体内部也存在一般逻辑场的控制原理，即小团体的行为来自控制，控制仍然是小团体契约和暗环境（暗引力场）的均衡产生的。只是暗逻辑场的暗本能可以通过改变契约或暗引力场而改变控制，实现专制。

暗逻辑场的控制者是本能，本能制造暗能量场代替能量场，本能制造暗引力场代替引力场，实现按本能要求控制行为的目标。如原始人群为了生存，寻找有鱼的海域就是制造暗能量场，制定内部的制度就是制造暗引力场。

仍然不能认为暗控制肯定不好，因为，当小团体扩大到整个逻辑结构时，暗控制就变成了民主制度和人权制度。因为暗控制是契约产生的，这是民主制度的萌芽。而且暗控制要求保障元素的利益，这是人权制度的萌芽。

可以把暗控制看成本能为生存论和发展论服务的一种行为。暗逻辑场就是由暗控制操作运行的。暗控制的重要工作是输入能量、加工能量、输出势能。如图3－24所示。

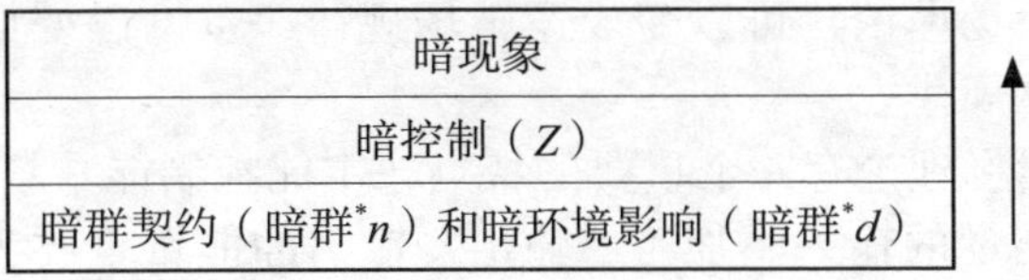

图3－24　暗控制示意图

3.2.9　暗均衡

一般逻辑场有均衡公式：契约＝控制＝环境，但暗均衡不是这样，它的公式是：

暗本能的加权逻辑和＝小团体契约，内部产生小团体本能。

小团体契约＝暗能量场，小团体本能制造控制能量场的方法。

暗能量场＞能量场，小团体本能控制能量场。

小团体契约＝暗引力场，小团体本能制造控制引力场的方法。

暗引力场＞引力场，小团体本能控制引力场。

暗逻辑场的例子可以举两个：人类原始社会和完全竞争的自由市场。

在人类原始社会中，没有能量场的明确认识，没有引力场的明确控制，一切都由本能控制。

在完全竞争的自由市场中，没有政府干预，一切生产交易仍然是本能决定。

由这两个例子说明，暗逻辑场绝不是一定不好，它可以揭示逻辑场元素的一般性生存发展规律，是一种规律之学，当小团体扩大成整个场时，可以发展出人权、民主这些学说。当然，暗逻辑场的暗本能恶性发展能产生环境污染、腐败和其他黑暗罪恶的现象，而小团体的恶性发展就会制造分裂。

3.2.10 暗逻辑场理论

暗逻辑场不是只有破坏，实际上，它有很大的建设意义，当小团体足够大，大到和整个系统一样大时，暗逻辑场理论就成为整个逻辑场的理论，这时，本能就是民意，本能的各种行为就是规律之学。

暗逻辑场理论，可以变成逻辑场规律，也可以变成破坏逻辑场的小团体规律。

暗逻辑场理论有一个重要的特点，本能控制能量场和引力场，本能控制能量的输入、加工、输出，输出的能量主要为新势能和新势能附带的结构和功能。

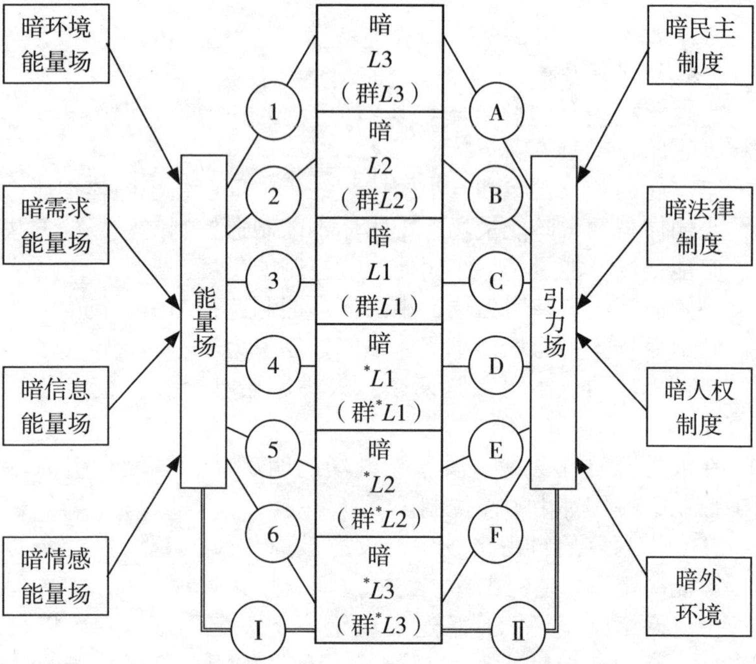

图 3-25 暗逻辑场理论示意图

影响（1）：暗本能控制暗逻辑结构，暗本能在寻找和接受能量的过程中不考虑能量场规律，只考虑暗能量场规律。这是一个暗决策的环节。暗逻辑场由元素的个人主义本能和能量场能量本身决定能量输入。暗群 n 是子系统元素本能的契约加权和，成为子系统的本能，这个本能会把寻找到的能量场变成暗能量场，会在收入和加工能量的过程中发展暗引力场。

影响（A）：暗本能在生存论接收能量的过程中，不管引力场的要求，自建自己需要的暗引力控制。暗引力场有对抗引力场的功能，就像人类建筑对抗自然的风雨雷电一样。暗引力场是文明的催化剂。本能的决策要考虑暗引力场的影响，建立暗引力场时，虽然不考虑引力场的要求但要受到引力场的限制，好比法制社会的小团体如果触犯法律又被执法单位发现，这个小团体就不能生存了。

影响（2）：加工环节中，给暗能量配置暗结构，能量的数量和质量仍然影响加工过程。

暗 $L2$ 是暗逻辑场元素生存论加工能量的环节；暗 $n >$ 暗 d，即暗本能大于引力场的作用。对于子群，暗契约是本能的加权逻辑和。暗 n 和输入的能量控制暗 $L2$ 的能量加工。

影响（B）：暗本能在加工环节起控制作用，它排斥引力场的控制作用，自建暗引力控制，就是俗称的潜规则。现代社会，潜规则良性发展可以帮助法律制度发展，潜规则恶性发展会破坏法律制度。如慈善事业这个潜规则可以帮助社会发展福利制度，腐败这个潜规则会破坏依法治国。

影响（3）：给附带结构的能量配置功能和新暗本能都需要能量场的影响，但暗逻辑结构为了小团体利益，常常用暗能量场影响代替能量场影响。

暗 $L1$ 是暗逻辑场元素生存论的输出，也是新的势能；新势能受三个条件影响：能量的数量和质量、本能、本能与引力斗争的结果。

暗群 $L1$ 是生存论消化输入的能量后得到的第一个新势能。得到势能的元素在群中的地位会变化。

影响（C）：引力场对输出的势能和新暗本能也有影响，但暗逻辑结构为了小团体利益，仍然常常用暗引力场影响代替引力场影响。如现代社会，小团体用潜规则对抗法律滋生腐败。

影响（4）：暗逻辑结构输入发展论的势能和暗本能是生存论的输出，这时的暗本能根据需要用暗能量场影响代替能量场影响，但这种代替仍然要考虑能量场的实际情况，如原始人建立打鱼的暗能量场要先找到鱼多的能量场。暗 $^*L1$ = 暗 $L1$，说明暗逻辑场元素发展论的输入就是其生存论的输出；暗 $^*L1$ 显然也是由个人主义本能配置暗功能的势能。注意，暗 $L1$ 和暗 $^*L1$ 的势能结构相同，势能功能却不同，因为本能或本能契约变化了。好比同一个计算机软件，结构一样，但对软件公司和企业用户而言，他们认为的软件功能是不同的。

影响（D）：输入逻辑结构的暗势能和暗本能都受暗引力场影响，暗引力场代替了引力场，但同时也要考虑引力场的实际情况。

影响（5）：发展论的加工过程仍然受暗本能控制，加工是为了使用或优化暗势能。

暗 $^*L2$ 是暗逻辑场元素的发展论加工能量的环节；加工能量受三个条件影响：能量本身、新的本能、新本能与新引力斗争的结果；加工过程的控制者是新本能的个人主义；暗 $L2$ 的能量加工是为了使用或优化势能。

影响（E）：发展论的加工包括塑造暗本能建设暗引力场的本

领，如原始人一样会考虑什么样的新组织制度对生存论和发展论有帮助。

影响（6）：新暗本能是暗本能能量的提量或提质，即暗逻辑结构为了生存发展而提升自己能量的数量和质量。

暗$^*n$ 是暗逻辑场元素得到的输出本能；暗$^*n$ 会决策或使用势能功能，或优化势能结构，或结束本发展论；暗能量与能量场的要求可能矛盾；暗$^*n$ 不讲整体优化目标，只为自己和小团体服务，与引力场可能产生矛盾斗争。对群而言，暗群$^*n$ 是发展论输出的新本能，是元素的暗$^*n$ 的加权逻辑和；暗群$^*n$ 不讲整体优化，只讲小团体利益；暗群$^*n$ 往往与能量场要求矛盾，与引力场控制产生矛盾斗争；暗群$^*n$ 为了小团体利益，发出暗能量，寻找接受新的暗能量，而暗能量可能破坏能量场和引力场，如现代社会的环境污染既破坏环境这个能量场，又因为滋生腐败而破坏法制这个引力场。

影响（F）：新暗本能由发展论输出时就开始建设自己新的暗引力场，对抗变化了的新引力场。

影响（Ⅰ）：元素与能量场有相互作用，这种相互作用是暗能量场与能量场的矛盾斗争。

影响（Ⅱ）：元素与引力场有相互作用，这种相互作用是暗引力场与引力场的矛盾斗争。

本节介绍了暗逻辑场的基本概念，以生存发展论逻辑结构为例，大家可以举一反三地去研究发展生存论逻辑结构、纯生存论逻辑结构和纯发展论逻辑结构的暗逻辑场规律。发展生存论逻辑结构的暗逻辑场规律类似帝国主义转嫁发展成本。纯生存论逻辑结构的暗逻辑场规律类似原始人群的生存状态。纯发展论逻辑结构的暗逻辑场规律类似腐败分子和潜规则。

3.3 明逻辑场

3.3.1 明逻辑场定义

当逻辑场的元素和子系统的本能和契约被压缩到最小，甚至可以忽略不计时，由引力场完全控制逻辑结构，元素根据弹簧原理，因为被引力场压缩而得到势能，再把势能转换成动能做工，这种逻辑场就是明逻辑场。明逻辑场存在整体优化理论的作用，明逻辑场的元素和子系统有集体主义，基本没有个人主义，这种集体主义是引力场强加的，是压缩弹簧的原理，弹簧原理大多数时候让元素和子系统产生动能，但有时会激发个人主义动能反对引力场控制，发生个人主义反对集体主义的极端现象。典型的明逻辑场有奴隶社会和封建社会，或极端垄断的市场。其中，奴隶社会的奴隶起义、封建社会的农民起义都是个人主义被激发而反抗引力场的例子；极端垄断市场的工人罢工也是这类情况。

3.3.2 明元素

明逻辑场是引力场控制的逻辑场，控制者是一个或几个特权元素和特权子系统，它们构成逻辑结构控制，其他元素和子系统都受其控制，实际就构成了一个逻辑体——明逻辑体，与暗逻辑场的场结构不同。逻辑体是逻辑场的特例。明逻辑体的元素的本能就是引力场给的集体主义、外来的集体主义、强迫的集体主义，它像弹簧一样压缩元素自己原有的本能，激发元素为控制者做工的动能。

图 3－26 是明逻辑场元素结构图，对这个图的解释如下：

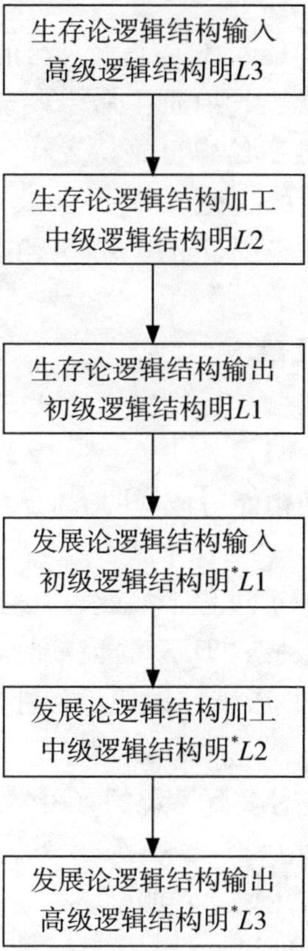

图 3－26　明逻辑场元素结构图

1. 生存论逻辑结构

高级逻辑结构 = 中级逻辑结构 + 主观能动性变量 + 自创的逻辑关联。

高级逻辑结构：明 $L3$

中级逻辑结构：明 $L2$

主观能动性变量：明 n

自创的逻辑关联：明 $j3$

那么，高级逻辑结构能写成：明 $L3$ = 明 $L2$ + 明 n + 明 $j3$（公式 3.31）。

对于生存论输入的能量不是元素自己的本能控制的，而是引力场控制的。如奴隶社会，奴隶主命令奴隶出海捕鱼，捕来的鱼大部分给奴隶主，少数留给自己维持生存。这种能量的分配就开始了一次压缩奴隶能量的过程。

中级逻辑结构 = 初级逻辑结构 + 环境变量 + 自创的逻辑关联。

中级逻辑结构：明 $L2$

初级逻辑结构：明 $L1$

环境变量：明 d

自创的逻辑关联：明 $j2$

那么，中级逻辑结构能写成：明 $L2$ = 明 $L1$ + 明 d + 明 $j2$（公式 3.32）。

这是一次能量的加工过程，如奴隶社会的奴隶吃掉奴隶主分给他的少量鱼，虽能果腹，但不可能满足长期生存要求，他们要受到奴隶主在能量上的压缩，即想继续生存就得继续给奴隶主干活。

初级逻辑结构 = 各种实际系统的有用要素 + 自创的逻辑关联。

初级逻辑结构：明 $L1$

各种实际系统的有用要素：明 y

自创的逻辑关联：明 $j1$

那么，初级逻辑结构能写成：明 $L1$ = 明 y + 明 $j1$（公式 3.33）。

这是一次输出本能的环节，输出的不是元素的自我本能，而是引力场强加给元素的外来集体主义和能量。如奴隶一边得到奴隶主给的少量的能量，一边因为奴隶主在精神和肉体上的压迫而被迫为奴隶主继续干活。

2. 发展论逻辑结构

初级逻辑结构 = 各种实际系统的有用要素 + 自创的逻辑关联。

初级逻辑结构：明 $^*L1$

各种实际系统的有用要素：明 $^*y$

自创的逻辑关联：明 $^*j1$

初级逻辑结构能写成：明 $^*L1$ = 明 $^*y$ + 明 $^*j1$（公式3.34）。

明逻辑结构元素用外来的强加本能输入发展论，如一个吃了饭又挨了打的奴隶准备干活了。

这个发展论输入是生存论加工的输出，本能是势能化的本能，如奴隶社会的奴隶希望第二天还有食物果腹的愿望就是一种人的势能。

中级逻辑结构 = 初级逻辑结构 + 环境变量 + 自创的逻辑关联。

中级逻辑结构：明 $^*L2$

初级逻辑结构：明 $^*L1$

环境变量：明 $^*d$

自创的逻辑关联：明 $^*j2$

那么，中级逻辑结构能写成：明 $^*L2$ = 明 $^*L1$ + 明 $^*d$ + 明 $^*j2$（公式3.35）。

这是一次发展论的加工过程，外来的本能驱使元素做工，准备新的寻找收入能量所需的新本能和能量。如奴隶在奴隶主的命令下修补渔网和船只。这个过程中，奴隶主会积极压缩奴隶的本能，集聚势能，期望激发奴隶更大的干活动能，如打奴隶，威胁奴隶好好干活，奴隶完成工作后给予奖励、许诺。

高级逻辑结构 = 中级逻辑结构 + 主观能动性变量 + 自创的逻辑关联。

高级逻辑结构：明 $^*L3$

中级逻辑结构：明 $^*L2$

主观能动性变量：明 $^*n$

自创的逻辑关联：明 $^*j3$

那么，高级逻辑结构能写成：明 $^{*}L3$ = 明 $^{*}L2$ + 明 $^{*}n$ + 明 $^{*}j3$（公式 3.36）。

这是元素输出发展论本能的环节，这个本能是外来强加的本能，是前面加工过程得到的势能向动能转化的过程。如奴隶吃了饭、修补了渔网和渔船，受到奴隶主的压迫和威胁，产生了为奴隶主打鱼的动能，继续出海打鱼。

这时，奴隶出海打鱼的行为既是发展论的输出，又是新的生存论的开始，迭代奴隶主的控制命令的周期循环。

3. 子系统的逻辑结构

明逻辑场系统的元素仍然包含子系统，子系统是元素因为本能而主动或被动达成契约产生的，用契约作子系统的明群 n，依次产生明群 $L3$、明群 $L2$、明群 $L1$、明群 $^{*}L1$、明群 $^{*}L2$、明群 $^{*}L3$ 和明群 $^{*}n$。明群 n 主要接受能量，明群 $^{*}n$ 发出和接受能量，这种明群 $^{*}n$ 受引力场严重压缩，受引力场控制。明群 n 和明群 $^{*}n$ 都非常支持整体优化要求。同样适用图 3－26。明逻辑场系统的子系统，自己就是一个明逻辑场系统，一样有元素、关联和控制。

4. 子系统的生存论逻辑结构

高级逻辑结构 = 中级逻辑结构 + 主观能动性变量 + 自创的逻辑关联。

高级逻辑结构：明群 $L3$

中级逻辑结构：明群 $L2$

主观能动性变量：明群 n

自创的逻辑关联：明群 $j3$

那么，高级逻辑结构能写成：明群 $L3$ = 明群 $L2$ + 明群 n + 明群 $j3$（公式 3.37）。

这是子群输入能量的过程，子群的本能被压缩了，契约是引力场强加的。如一群奴隶出海打鱼，他们的本能像弹簧一样被压缩，他们是为奴隶主出海打鱼的，他们打鱼的目标就是多打到鱼，大部分给奴隶主后，自己的所得会水涨船高地多一点。

中级逻辑结构 = 初级逻辑结构 + 环境变量 + 自创的逻辑关联。

中级逻辑结构：明群 $L2$

初级逻辑结构：明群 $L1$

环境变量：明群 d

自创的逻辑关联：明群 $j2$

那么，中级逻辑结构能写成：明群 $L2$ = 明群 $L1$ + 明群 d + 明群 $j2$（公式 3.38）。

这是生存论的加工过程，子群不是主动地加工能量，是在奴隶主的压迫下加工能量，如奴隶主分配少量打来的鱼给这群奴隶吃，这仍然是一个压缩弹簧的过程，即奴隶主让这群奴隶明白，要继续有鱼吃就必须继续为其打鱼，制造势能。

初级逻辑结构 = 各种实际系统的有用要素 + 自创的逻辑关联。

初级逻辑结构：明群 $L1$

各种实际系统的有用要素：明群 y

自创的逻辑关联：明群 $j1$

那么，初级逻辑结构能写成：明群 $L1$ = 明群 y + 明群 $j1$（公式 3.39）。

这是输出生存论本能的环节，只是这个本能不是子群自有本能，而是外来的压缩成势能的本能。如一群奴隶吃了鱼，受到奴隶主的打骂、压迫和威胁，建立了新的内部组织，准备做工了。

5. 子系统的发展论逻辑结构

初级逻辑结构 = 各种实际系统的有用要素 + 自创的逻辑关联。

初级逻辑结构：明群 $^*L1$

各种实际系统的有用要素：明群 $^*y$

自创的逻辑关联：明群 $^*j1$

那么，初级逻辑结构能写成：明群 $^*L1$ = 明群 $^*y$ + 明群 $^*j1$（公式3.40）。

生存任务基本实现的奴隶开始进入发展论，准备做工。奴隶主会建立奴隶群内部的组织和契约，这个组织既为了奴隶主对奴隶群的控制又为了有效生产，契约是体现奴隶主控制奴隶意志的外来集体主义。

中级逻辑结构=初级逻辑结构+环境变量+自创的逻辑关联。

中级逻辑结构：明群 $^*L2$

初级逻辑结构：明群 $^*L1$

环境变量：明群 $^*d$

自创的逻辑关联：明群 $^*j2$

那么，中级逻辑结构能写成：明群 $^*L2$ =明群 $^*L1$ +明群 $^*d$ +明群 $^*j2$（公式3.41）。

这是一个加工能量的发展论过程。如奴隶主命令奴隶群修补渔船和渔网，给予新一次捕鱼的奖赏、许诺，也施加各种威胁，增加这群奴隶的劳动势能。

高级逻辑结构=中级逻辑结构+主观能动性变量+自创的逻辑关联。

高级逻辑结构：明群 $^*L3$

中级逻辑结构：明群 $^*L2$

主观能动性变量：明群 $^*n$

自创的逻辑关联：明群 $^*j3$

那么，高级逻辑结构能写成：明群 $^*L3$ = 明群 $^*L2$ + 明群 $^*n$ + 明群 $^*j3$（公式3.42）。

这是发展论输出本能契约的过程，本能契约是外来本能契约，经过生存论加工和发展论加工，形成本能契约势能，势能再转化成动能。好比一群奴隶，吃了鱼，补了渔网，在奴隶主的控制下，准备第二次捕鱼，也就开始了第二次生存论。就这样，形成迭代奴隶主命令的周期循环。

在明逻辑场中，元素和子系统的生存论和发展论都是引力场控制的结果。

3.3.3　明关联

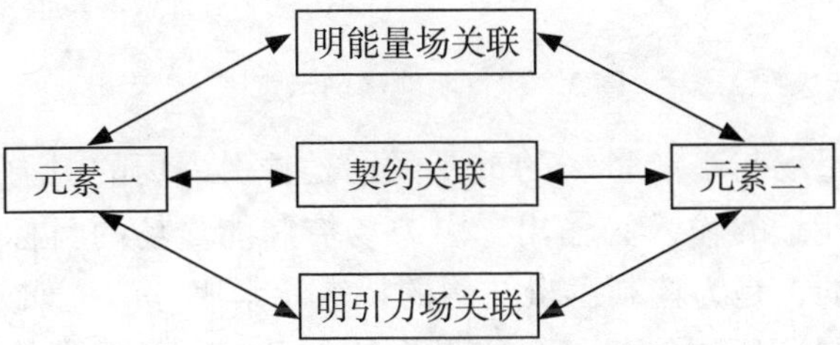

图 3－27　明逻辑场元素关联图

明逻辑结构的元素关联仍然是三种：明引力场关联、明能量场关联和契约关联。其中，明引力场关联是主控关联，明引力场关联控制明能量场关联，明引力场关联对契约关联有弹簧作用，制造势能，再让势能在适当时候转化成动能去做工。如奴隶社会的奴隶群结构，控制者是奴隶主，奴隶主主控引力场关联、能量场关联和契约关联，用弹簧理论压缩奴隶群本能契约，产生群势能，需要时释放群势能，得到群动能即群奴隶做工。

3.3.4　明能量场

明能量场是逻辑结构控制者控制的能量场，是实际能量场的一部分。如奴隶主控制的捕鱼区是海的一部分一样。控制能量场的目的就是为了最大限度获得能量。如图 3－28 所示：

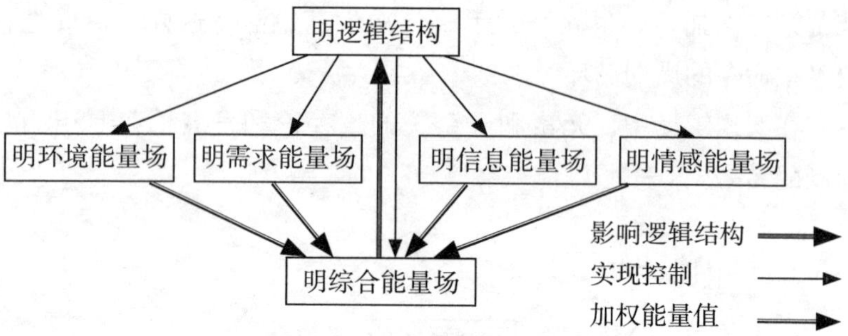

图 3－28　明能量场示意图

明能量场与暗能量场的重要区别是：引力场的引力控制能量场，控制能量的输入和输出。引力场控制能量场的目标是为整体优化服务的，是为控制逻辑结构的特殊元素服务的。如奴隶社会，奴隶主控制了所用能量场，能量由他支配，给予奴隶的能量是为了制造弹簧理论。

能量场对逻辑结构控制者的影响体现在：通过能量的多少和质量影响控制者，通过明能量场影响控制者。如控制捕鱼海域的奴隶主，每次捕获的鱼的数量和大小都对他有影响，捕鱼海域的扩大或缩小对他也有影响。

3.3.5　明引力场

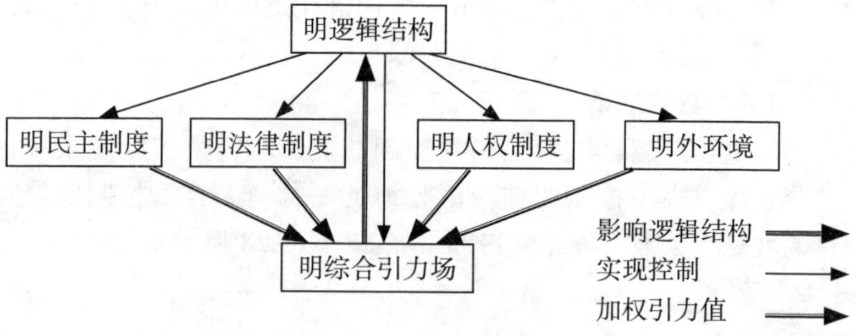

图 3－29　明引力场示意图

明引力场中，重视明法律制度和明外环境，轻视明民主制度和明人权制度，原因是明引力场对元素和子系统是绝对控制的，轻视元素的本能和元素的契约，重视整体理论和能量场的发展。如奴隶社会，奴隶主控制社会秩序，他重视奴隶社会的法律制度，重视其他奴隶主的侵略破坏，重视能量场的发展，轻视奴隶的民主人权要求。

引力场对逻辑结构控制者也有反作用，通过明引力场影响逻辑结构控制者，或通过元素契约影响控制者。

3.3.6 明环境

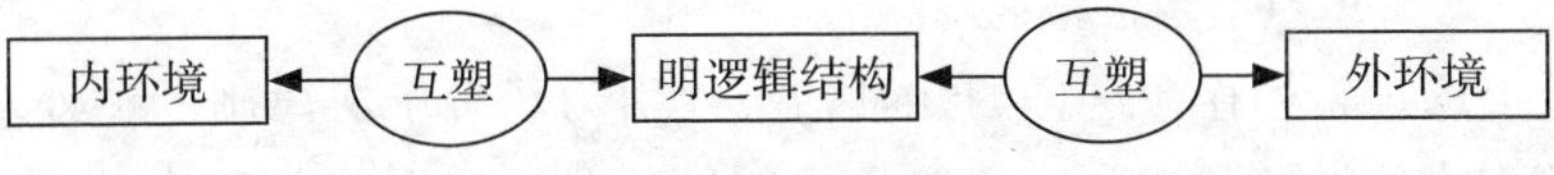

图 3－30 明环境示意图

明逻辑场也面临内、外环境的互塑问题，用法律制度互塑内环境，用法律制度和能量场互塑外环境。如奴隶社会，不讲民主制度和人权制度，只讲奴隶社会的法律制度，用法律制度压迫奴隶发展能量场。奴隶主非常重视其他奴隶主的侵略和破坏，要么组织奴隶打仗，要么给其他奴隶主财富，以图保卫自己的领地、奴隶和其他权益。

3.3.7 明本能

明本能指只有集体主义而极少有个人主义的本能，这种本能在明逻辑场中受到引力场的压缩，创造势能，再让势能变成做工的动能。如奴隶社会，奴隶饱受虐待，为了生存只好为奴隶主干活。但是，明本能中少量的个人主义有强烈的发展欲望，这种欲望与引力场是矛盾斗争的，如奴隶社会的奴隶起义。

3.3.8 明控制

明逻辑场的控制主要有两种：能量场控制和引力场控制。本能控制是非常微弱的。引力场控制主要有法律制度控制和外环境控制。明控制的方法就是弹簧理论，控制者通过压缩元素本能和群元素本能契约创造势能，再适时让势能转化成动能，产生让元素多做工的效果。如奴隶社会的奴隶主，在生存论和发展论两次加工过程中都压缩奴隶制造势能，让他们在发展论输出做工时，势能转化成动能。

3.3.9 明均衡

明逻辑场存在这样的几种情况：引力场等于法律制度和外环境引力的加权逻辑和，如奴隶主的地位是否稳固就要看他对内是否有有效的法律控制，对外是否能抵抗其他奴隶主的侵略破坏。引力场引力大于本能；引力场引力大于契约，如奴隶主用法律控制、压缩奴隶的本能和群本能契约，制造势能，再让势能转化成动能，让奴隶多做工；引力场引力大于能量场要求，如奴隶社会，奴隶主对能量场的能量是竭泽而渔的，没有环保意识。

3.3.10 明逻辑场理论

明逻辑场是专制逻辑场，重视引力场控制和整体优化目标，用专制发展能量场，极大地压缩元素的本能和契约，把本能和契约当成弹簧，先给予势能，再让势能转化成动能，让具有动能的元素和子系统为逻辑结构的控制者做工，发展控制者需要的能量场。人类的奴隶社会、封建社会和极端垄断的市场都是典型的明逻辑场。当然，明逻辑场和暗逻辑场都没有绝对的好与坏，当明暗逻辑场友好合作时，会创造非常科学成功的新逻辑场。如图 3－31 所示：

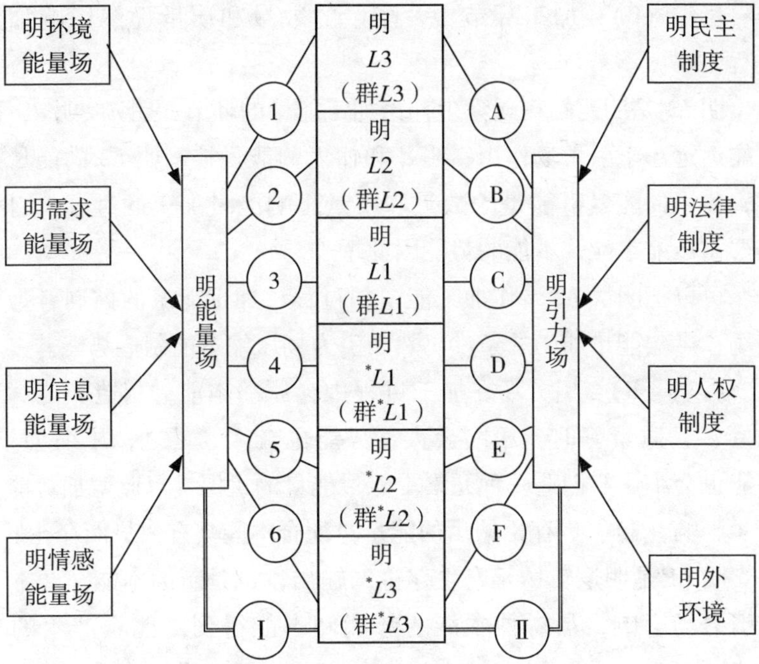

图 3－31　明逻辑场理论示意图

影响（1）：明逻辑场的引力控制生存论输入能量，输入过程中要考虑能量场的要求。

明 *n* 指个人主义本能，这个本能被严重压缩，可以忽略不计；明 *L2* 的控制由引力场创造和修改；明 *L3* 寻找和接受能量的行为只受引力场控制，即明逻辑场元素由引力场控制和能量场能量本身决定能量输入。

明群 *n* 是子系统元素本能的契约加权和，成为子系统的本能，受能量场和引力场支配的输入能量的影响。

影响（A）：本能在生存论接收能量的过程中要接受引力场的绝对控制，要服从整体优化理论。引力场压缩元素本能，制造弹簧效应。

影响（2）：加工环节中，能量的数量和质量仍然影响加工过程。

明 $L2$ 是明逻辑场元素生存论加工能量的环节；明 $n<$ 明 d，即本能远远小于引力场作用；明 d 和输入的能量控制明 $L2$ 的能量加工；输入的能量以能量的数量和质量影响能量加工的过程；引力场严重压缩本能，本能的势能因此增加。

可以把明群 $L2$ 看作加工能量的过程；加工能量的控制者为引力场；影响能量加工的条件仍然是引力场压缩本能制造势能。

影响（B）：引力场在加工过程中会压缩本能，制造势能，当能量多且质量好时，压缩会大，势能也会大，反之，压缩会小，势能也会小。要创造一种元素本能对能量的饥渴，以此增加势能。

影响（3）：生存论输出的能量是配合本能具有的势能存在的。

明 $L1$ 是明逻辑场元素生存论的输出，也是新的本能；新本能受引力场影响，是一种本能的势能和本能得到的能量产生的新本能。

明群 $L1$ 是生存论消化输入的能量后得到的第一个新本能，这种本能被严重压缩，势能很大；明群 $L1$ 是明元素新本能的加权逻辑和。

影响（C）：引力场第一次制造本能的势能为发展论的需要服务。引力场的引力压缩群元素时，会制造群元素内部的组织结构，提高压缩群的本领，提高势能。

影响（4）：明逻辑结构输入发展论的能量和明本能是生存论的输出。

明 $^{*}L1=$ 明 $L1$，说明明逻辑场元素发展论的输入就是其生存论的输出；明 $^{*}L1$ 显然也是受引力场严重压缩的输入本能和能量。

明群 $^{*}L1=$ 明群 $L1$，生存论的输出是发展论的输入；明群 $^{*}L1$ 是本能加能量，和前面一样简称本能，受引力场的严重压缩和控制。

影响（D）：输入逻辑结构的能量和本能都受引力场影响，为整体优化目标服务。能量和本能这时是分开的，引力场分别控制能量和本能。

影响（5）：发展论的加工过程仍然受引力场控制，加工是为了制造新环境需要的做工者的势能。

明 * L2 是明逻辑场元素的发展论加工能量的环节；加工能量受引力场严重压缩本能的影响；加工过程的控制者是引力场；明 L2 的能量加工是为了消化能量，明 * L2 的能量加工是为了元素成长和发出新的能量，主要通过势能变动发出能量。

明群 * L2 是发展论加工本能和能量的环节，本能和能量都因为加工过程而变化；生存论的输出是成长了的新本能，明群 * L2 加工的结果是应用于生存发展的第二个新本能，这个新本能再次被引力场压缩，有很大的势能，受引力场的严格控制。

影响（E）：发展论的加工包括塑造新明本能建设明引力场的本领，这个本领就是元素和子群的势能的增加，如工作工具的准备。

影响（6）：新明本能是明本能能量的提量或提质，这种目标通过引力场对本能新的压缩实现。

明 * n 是明逻辑场元素得到的输出本能；明 * n 会因为势能转化成动能而发出巨大能量；明能量与能量场的要求一致；明 * n 重视整体优化目标，只为引力场服务。

明群 * n 是发展论输出的新本能，是元素的明 * n 的加权逻辑和；明群 * n 非常支持整体优化，不讲小团体利益；明群 * n 往往符合能量场要求和引力场控制；明群 * n 为了整体利益，发出明能量，寻找接受新能量，而明能量是压缩产生的势能转化成动能的结果。

影响（F）：新明本能由发展论输出后就开始建设新的能量场，为逻辑场适应新的环境服务，为整体优化目标服务。这是一个势能转化成动能的过程。

影响（Ⅰ）：元素与能量场有相互作用，元素为逻辑场工作与能量场自身的要求是有矛盾的。如奴隶社会，奴隶为奴隶主工作，奴隶主的目标是竭泽而渔，这自然与有着环保要求的能量场矛盾。

影响（Ⅱ）：元素与引力场有相互作用，本能和引力场自身要求有矛盾。如奴隶社会，奴隶主的控制叫明引力场，奴隶服从的也是明引力场，即服从法律制度，对人权制度和民主制度是忽略的，不讲引力场的逻辑和即综合引力，这与引力场的要求显然矛盾，这种矛盾还会引发奴隶起义，即法律制度激发奴隶的人权契约和民主契约进而爆发起义。值得一提的是，在市场领域，极端垄断的市场也是明逻辑场，垄断厂商在市场中的地位犹如奴隶主，工人犹如奴隶，商业活动受垄断厂商的专制控制，不讲规律之学，只讲控制之学。厂商对工人也像是弹簧原理，通过物质、金钱压迫工人，制造势能，提高工人工作的动能。像“二战”前发展中国家的工人阶级，尤其是中国的工人阶级都生活在极端垄断市场的明逻辑场中。中国社会主义计划经济不是极端垄断市场，也不是明逻辑场，因为当时的新中国工人阶级为自己工作，没有剥削和压迫，工人是国家的主人。虽然明逻辑场常常用来研究专制社会，但是，如果明逻辑场引入了民主，如资产阶级民主和社会主义民主，那么明逻辑场就变成法治社会了。社会主义民主需要民主集中制，这不是专制，是国情需要。如果社会主义民主失去民主集中制，社会主义国家一定会爆发颜色革命，结果是国家成为帝国主义控制的明逻辑场。

3.4　均衡逻辑场

3.4.1　暗逻辑场概述

暗逻辑场是本能逻辑场，元素用本能构建暗能量场和暗引力场，元素的本能是个人主义，元素的关联都是个人主义关联，元素用个人主义控制生存论和发展论。

3.4.2　明逻辑场概述

明逻辑场是控制逻辑场，元素用外来本能构建明能量场和明引力场，元素的本能是外来集体主义，元素的关联都是外来集体主义，外来控制用弹簧原理控制生存论和发展论。

3.4.3　均衡逻辑场定义

均衡逻辑场元素的本能是自我本能与外来本能均衡的结果，元素用均衡本能构建均衡能量场和均衡引力场，元素的关联是公民之间的关联，用公民思维达成契约，用公民契约控制生存论和发展论。应该指出，均衡逻辑场是暗逻辑场与明逻辑场的结合。美国的社会和中国深化改革的社会就属于均衡逻辑场。

3.4.4　均衡元素

均衡元素是一种公民本能的元素，它把暗本能的个人主义和明本能的集体主义改造成个人主义与集体主义均衡的公民思维，把“我的和不是我的”暗思维和“我的和我主人的”明思维改造成“我的和别人的”公民思维。

图3－32是均衡逻辑场元素结构图，对这个图的解释如下：

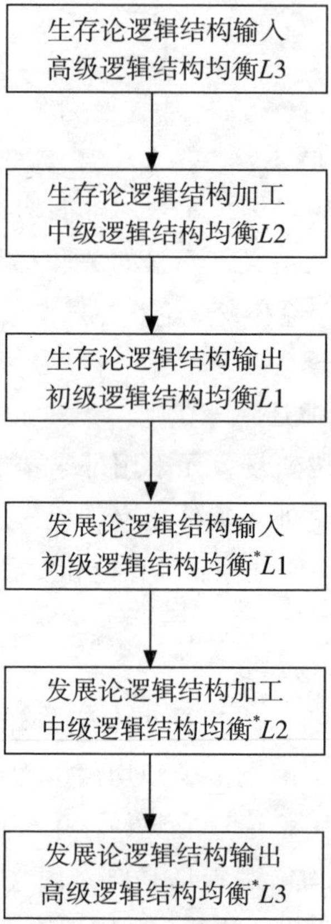

图 3－32　均衡逻辑场元素结构图

1. 生存论逻辑结构

高级逻辑结构＝中级逻辑结构＋主观能动性变量＋自创的逻辑关联。

高级逻辑结构：均衡 $L3$

中级逻辑结构：均衡 $L2$

主观能动性变量：均衡 n

自创的逻辑关联：均衡 $j3$

那么，高级逻辑结构能写成：均衡 $L3$ ＝ 均衡 $L2$ ＋ 均衡 n ＋

均衡 $j3$（公式 3.43）。

这是均衡逻辑场生存论的输入环节，是均衡输入。好比美国的一个渔民，他的公民本能驱使他去打鱼，他的公民本能同时又驱使他合法打鱼，他打鱼的行为是生存本能与法律规定均衡的结果，也是生存本能与能量场情况均衡的结果，即海域中有鱼让这个渔民打到了鱼。

中级逻辑结构 = 初级逻辑结构 + 环境变量 + 自创的逻辑关联。

中级逻辑结构：均衡 $L2$

初级逻辑结构：均衡 $L1$

环境变量：均衡 d

自创的逻辑关联：均衡 $j2$

那么，中级逻辑结构能写成：均衡 $L2$ = 均衡 $L1$ + 均衡 d + 均衡 $j2$（公式 3.44）。

这是生存论的加工环节，渔民吃掉了他打来的鱼，这时，他会产生一个自我压缩的过程，增加自己的势能，即渴望下一次打更多的鱼，这种压缩和势能是公民本能与法律制度均衡的结果，也是公民本能与环境条件均衡的结果，是均衡压缩和均衡势能。

初级逻辑结构 = 各种实际系统的有用要素 + 自创的逻辑关联。

初级逻辑结构：均衡 $L1$

各种实际系统的有用要素：均衡 y

自创的逻辑关联：均衡 $j1$

那么，初级逻辑结构能写成：均衡 $L1$ = 均衡 y + 均衡 $j1$（公式 3.45）。

生存论的输出是完成了生存要求的公民本能，如吃了鱼的渔民，他带着渴望下一次打更多的鱼的势能完成了生存论。公民本能指与能量场和引力场都均衡的公民个人主义。

2. 发展论逻辑结构

初级逻辑结构 = 各种实际系统的有用要素 + 自创的逻辑关联。

初级逻辑结构：均衡 $^{*}L1$

各种实际系统的有用要素：均衡 $^{*}y$

自创的逻辑关联：均衡 $^{*}j1$

初级逻辑结构能写成：均衡 $^{*}L1$ = 均衡 $^{*}y$ + 均衡 $^{*}j1$（公式 3.46）。

发展论的输入是一个带着势能的公民本能开始对新一轮发展做计划。如渔民开始为新一轮打鱼做准备计划，这个计划是公民个人主义与能量场和引力场均衡的结果，即新一轮打鱼不仅要选择鱼多的海域，还要合法。

中级逻辑结构 = 初级逻辑结构 + 环境变量 + 自创的逻辑关联。

中级逻辑结构：均衡 $^{*}L2$

初级逻辑结构：均衡 $^{*}L1$

环境变量：均衡 $^{*}d$

自创的逻辑关联：均衡 $^{*}j2$

那么，中级逻辑结构能写成：均衡 $^{*}L2$ = 均衡 $^{*}L1$ + 均衡 $^{*}d$ + 均衡 $^{*}j2$（公式 3.47）。

这是一次发展论的加工过程，公民本能驱使元素做工，准备新的寻找收入能量所需的新本能和能量。如渔民修补渔网和船只，这个过程中，渔民因为渔网和船只的情况良好，捕更多的鱼的渴望更强烈了，即公民本能的势能因为发展论的加工过程而增加了。

高级逻辑结构 = 中级逻辑结构 + 主观能动性变量 + 自创的逻辑关联。

高级逻辑结构：均衡 $^{*}L3$

中级逻辑结构：均衡 $^{*}L2$

主观能动性变量：均衡 $^{*}n$

自创的逻辑关联：均衡 $^{*}j3$

那么，高级逻辑结构能写成：均衡 $^{*}L3$ = 均衡 $^{*}L2$ + 均衡 $^{*}n$ + 均衡 $^{*}j3$（公式 3.48）。

这是发展论的输出环节，公民本能经过生存论和发展论的两次加工，集聚了一定的势能，现在，他把势能转化成动能开始做工了。如吃了鱼又修补了渔船和渔网的渔民，把多余的鱼卖给市场，自己又出海捕鱼了。渔民的出海捕鱼仍然是公民本能与能量场和引力场均衡的结果。

3. 子系统的逻辑结构

均衡逻辑场系统的元素仍然包含子系统，子系统是元素因为本能主动或被动达成契约而产生的，用契约作子系统的均衡群 n，依次产生均衡群 $L3$、均衡群 $L2$、均衡群 $L1$、均衡群 $^{*}L1$、均衡群 $^{*}L2$、均衡群 $^{*}L3$ 和均衡群 $^{*}n$。均衡群 n 主要接受能量，均衡群 $^{*}n$ 发出和接受能量，这种均衡群 $^{*}n$ 是群公民本能的加权逻辑和与能量场和引力场均衡的结果。均衡群 n 和均衡群 $^{*}n$ 都支持整体优化要求。同样适用图 3－32。均衡逻辑场系统的子系统，是一个均衡逻辑场系统，一样有元素、关联和控制。

4. 子系统的生存论逻辑结构

高级逻辑结构＝中级逻辑结构＋主观能动性变量＋自创的逻辑关联。

高级逻辑结构：均衡群 $L3$

中级逻辑结构：均衡群 $L2$

主观能动性变量：均衡群 n

自创的逻辑关联：均衡群 $j3$

那么，高级逻辑结构能写成：均衡群 $L3$ ＝ 均衡群 $L2$ ＋ 均衡群 n ＋均衡群 $j3$ （公式 3.49）。

这是子群的生存论输入，子群根据元素在子群中的地位建立公民本能契约加权逻辑和，这个契约与能量场和引力场都达成了均衡，子群以契约控制做工，寻找输入能量。如一群有内部组织的渔民依法在鱼多的海域捕鱼，得到的鱼作为生存的能量。

中级逻辑结构＝初级逻辑结构＋环境变量＋自创的逻辑关联。

中级逻辑结构：均衡群 $L2$

初级逻辑结构：均衡群 $L1$

环境变量：均衡群 d

自创的逻辑关联：均衡群 $j2$

那么，中级逻辑结构能写成：均衡群 $L2$ ＝均衡群 $L1$ ＋ 均衡群 d ＋均衡群 $j2$（公式 3.50）。

这是均衡逻辑结构生存论加工能量的过程，加工控制是公民本能与能量场和引力场均衡的结果，是一种均衡加工，得到的是子群的势能，即一种压缩弹簧的过程，但这种压缩不是外部压缩，是公民本能的自我压缩。如一群渔民把合法打来的鱼吃掉，补充体能，同时有了捕更多的鱼的群公民本能的势能。

初级逻辑结构＝各种实际系统的有用要素＋自创的逻辑关联。

初级逻辑结构：均衡群 $L1$

各种实际系统的有用要素：均衡群 y

自创的逻辑关联：均衡群 $j1$

那么，初级逻辑结构能写成：均衡群 $L1$ ＝ 均衡群 y ＋ 均衡群 $j1$（公式 3.51）。

这是生存论的输出，输出的是子群做工的势能，好比渔民吃饱了，也有了打更多的鱼的渴望，他们开始做新的捕鱼工作的准备，即准备由生存论到发展论。注意，子群的势能是均衡势能，如渔民打鱼的渴望不仅要符合大海的实际情况，还要合法。

5. 子系统的发展论逻辑结构

初级逻辑结构＝各种实际系统的有用要素＋自创的逻辑关联。

初级逻辑结构：均衡群 $^*L1$

各种实际系统的有用要素：均衡群 $^*y$

自创的逻辑关联：均衡群 $^*j1$

那么，初级逻辑结构能写成：均衡群 $^*L1$ ＝ 均衡群 $^*y$ ＋均衡群 $^*j1$（公式 3.52）。

生存任务完成的逻辑子群到了发展论，子群内部要建立新的组织结构。

中级逻辑结构＝初级逻辑结构＋环境变量＋自创的逻辑关联。

中级逻辑结构：均衡群 $^*L2$

初级逻辑结构：均衡群 $^{*}L1$

环境变量：均衡群 $^{*}d$

自创的逻辑关联：均衡群 $^{*}j2$

那么，中级逻辑结构能写成：均衡群 $^{*}L2$ = 均衡群 $^{*}L1$ + 均衡群 $^{*}d$ + 均衡群 $^{*}j2$（公式 3.53）。

这是一个加工能量的发展论过程。这个加工过程仍然是均衡过程，子群契约与能量场和引力场都需要达成均衡。如一群渔民修船和修补渔网都要符合捕鱼的实际情况和法律要求。这个过程中，子群的势能会继续提高，会继续自我弹簧压缩，如渔民修船修网后会更加渴望多打鱼。

高级逻辑结构 = 中级逻辑结构 + 主观能动性变量 + 自创的逻辑关联。

高级逻辑结构：均衡群 $^{*}L3$

中级逻辑结构：均衡群 $^{*}L2$

主观能动性变量：均衡群 $^{*}n$

自创的逻辑关联：均衡群 $^{*}j3$

那么，高级逻辑结构能写成：均衡群 $^{*}L3$ = 均衡群 $^{*}L2$ + 均衡群 $^{*}n$ + 均衡群 $^{*}j3$（公式 3.54）。

这是发展论输出公民子群契约的过程，子群契约是元素的加权逻辑和，是均衡契约，要与能量场和引力场均衡。公民的群本能，经过生存论加工和发展论加工，形成均衡本能契约势能，势能再转化成动能做工。好比一群渔民，吃了鱼，把多余的鱼卖给市场，准备第二次捕鱼，也就开始了第二次生存论，形成迭代公民群本能的周期循环。在均衡逻辑场中，元素和子系统的生存论和发展论都是公民本能与能量场和引力场均衡的结果。

3.4.5 均衡关联

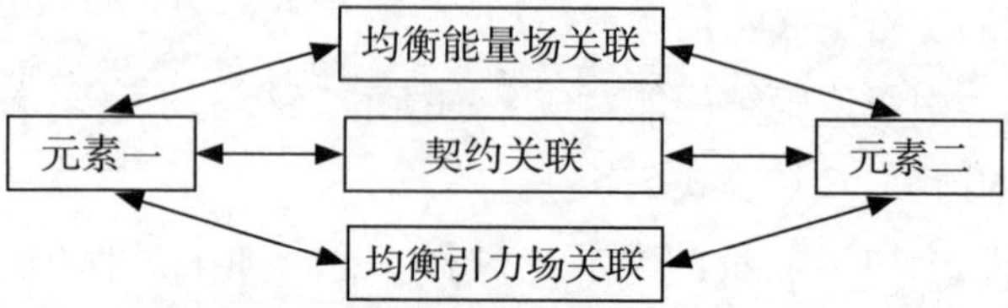

图 3－33 均衡逻辑场元素关联图

1. 契约关联

均衡逻辑场的元素都是公民思维的本能，即把社会看成“我的和别人的”，本能是个人主义与环境保护的均衡、个人主义与法制的均衡，达成的契约是均衡契约。

2. 均衡能量场关联

均衡逻辑场的元素都广播发出能量和接收能量，以此建立能量关联，发出和接收能量都受本能和引力场的均衡控制。

3. 均衡引力场关联

均衡逻辑场的元素都以公民本能和引力场的均衡广播发出和接受引力，如美国社会公民的权力和责任就是公民本能与法制均衡的结果。

3.4.6 均衡能量场

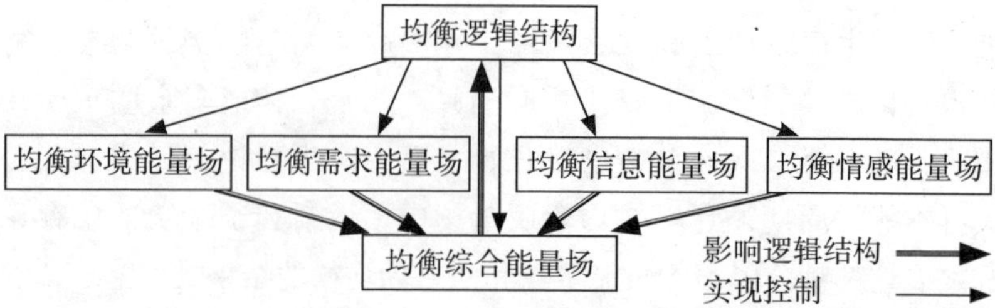

图 3－34 均衡能量场示意图

在均衡能量场中，群公民本能与引力场的均衡控制能量场，控制能量的输入和输出，讲环保，讲整体利益，讲可持续发展。均衡能量场是暗能量场和明能量场的加权逻辑和。但是，群公民本能与引力场达成的均衡契约与能量场环保要求可能是矛盾的，如世界温室气体排放问题。

3.4.7 均衡引力场

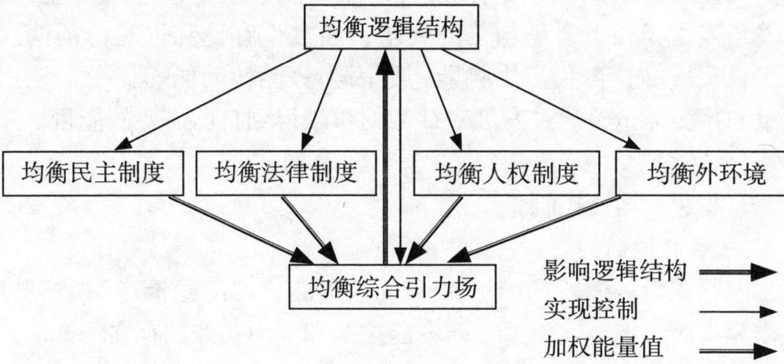

图3-35 均衡引力场示意图

均衡引力场的均衡综合引力场的引力就是法律，法律包括民主制度、法律制度、人权制度、外环境要求，是元素和子群生存发展的重要保障，是逻辑结构秩序的来源。均衡引力场是暗引力场与明引力场的加权逻辑和。元素和子群的本能有时会与引力场矛盾，即用个人主义本能代替公民思维本能的元素或子群可能违反引力控制，如法制社会的犯罪现象。

3.4.8 均衡环境

图3-36 均衡环境示意图

均衡逻辑结构也要与内、外环境互塑，内环境指能量场和民主、法律、人权三大制度，外环境指外在的自然社会条件。

民主制度是契约的产生方法，人权制度是发展元素本能的方法，法律是固定民主制度和人权制度的方法，由均衡逻辑场的元素用公民本能参与建设和互塑。

3.4.9 均衡本能

均衡逻辑场的元素的本能叫均衡本能，以公民思维为主体，有着与能量场和引力场均衡的要求，通过生存论和发展论的两次加工自我压缩，自我产生势能，再因为势能转动能而做工，发出能量和接受能量，通过发展对社会的贡献得到自己需要的能量。

3.4.10 均衡控制

1. 本能控制

控制逻辑场运行的第一种力量是本能。均衡逻辑场用公民思维作为本能。本能=引力，即本能控制和引力场控制存在均衡。

2. 能量场控制

能量场通过能量的数量和质量控制逻辑场，均衡逻辑结构的公民本能与能量场的保育要求可能达成均衡，也可能产生矛盾斗争。

3. 引力场控制

均衡逻辑场的引力场控制就是法治社会，法制包括了民主制度、人权制度和外环境要求。法治社会要求元素和子群的本能都应该是公民思维的，都要与法制均衡。

3.4.11 均衡

均衡逻辑场存在这样几种情况：引力场等于民主制度、法律制度、人权制度和外环境引力的加权逻辑和，元素和子群的公民本能与他均衡；引力场引力等于本能；引力场引力等于契约；引力场引力等于能量场要求。

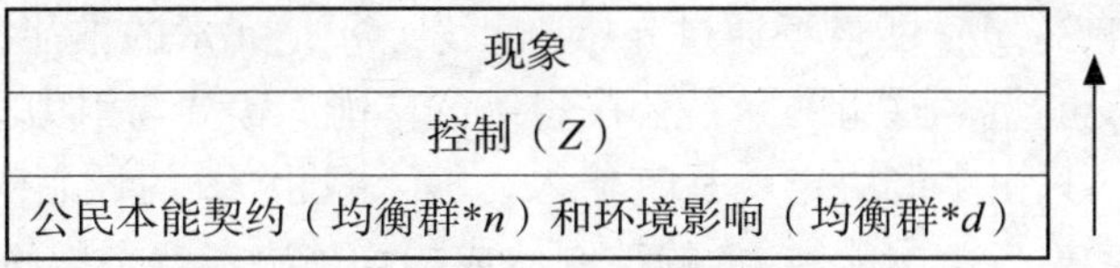

图 3－37　控制与均衡图

3.4.12　均衡逻辑场理论

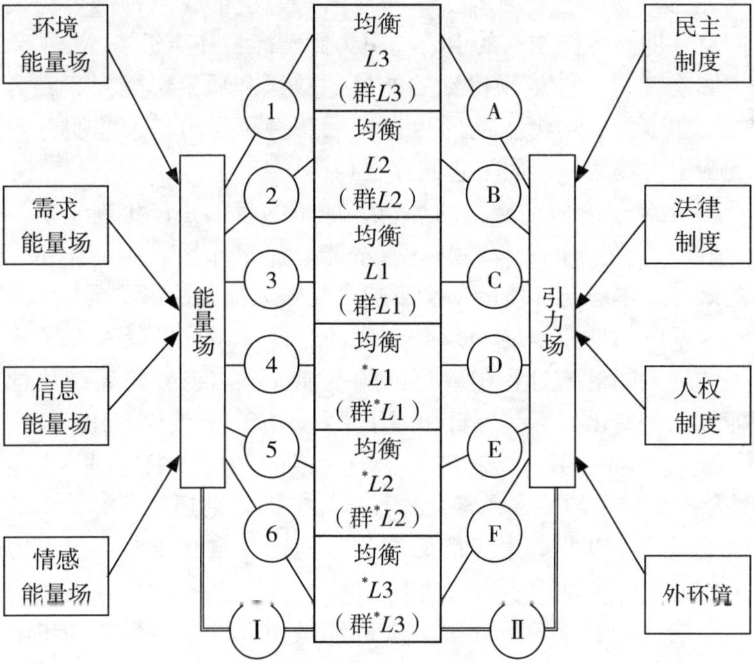

图 3－38　均衡逻辑场理论示意图

均衡逻辑场就是暗逻辑场和明逻辑场的加权逻辑和，因此，理论图的影响都是双向的。均衡逻辑场理论与一般逻辑场理论既有相似之处又有不同之处，如均衡逻辑场会出错，一般逻辑场不会出错。本节重点仍然是研究本能、能量场和引力场对元素和子群生存论、发展论的影响。

影响（1）：能量场通过 n 影响元素。n 是元素的本能，n 会寻找和接受能量。这里的 n 是公民思维的本能，需要与引力场均衡。

输入只由本能决定就是暗输入，输入只由 $L2$ 的控制决定就是明输入，输入由本能和 $L2$ 的控制达成的均衡决定就是均衡输入。

输入能量的数量和质量决定了元素在这个环节中势能的大小。

影响（A）：对于输入能量，引力场通过 $L2$ 影响逻辑结构。引力场对能量场存在控制，通过影响 n 和 $^*n$ 影响能量场。在均衡逻辑场，引力场对能量场的控制和对输入能量的控制都需要公民本能同意，即与本能均衡的引力场引力影响能量和能量场。

影响（2）：能量场得到的能量的数量和质量影响元素，为暗本能、明本能、均衡本能的生存发展服务。为均衡本能服务等于为均衡引力场服务，因为它们存在均衡。

$L2$ 是生存论加工能量的环节，加工的目的是产生新本能，新本能的产生受三个因素影响：原本能、能量作用、环境作用。新本能既受原本能与环境的均衡影响又受输入能量的影响。

子系统的加权本能和是会变化的，即子系统的元素在子系统输入和加工能量的过程中，自己的本能 n 和自己在子系统中的地位即权重会变化，引起逻辑和即子系统本能群 n 发生变化。

影响（B）：引力场通过 d 影响元素的能量加工过程，本能与 d 配合。在这个环节，元素会自我压缩，即好的还想更好，不好的想改变命运，以此产生势能的增加，但这种自我压缩要以引力场与本能的均衡为基础。

影响（3）：能量场通过输入的能量在元素中的综合加工结果影响元素。

$L1$ 是生存论加工能量后的输出，是新本能，均衡加工产生均衡本能。子系统新本能是元素新本能的加权逻辑和，元素的新本能及其在子系统中的地位都可能变化。

影响（C）：引力场用 d 既影响元素加工过程又影响输出。均衡逻辑场的引力不但要求元素服从引力场，还保障元素所有的能量和势能，这就是人权制度的作用。好比法治社会保障公民私有财产等。

影响（4）：把能量场的影响代入发展论。均衡逻辑场的元素此时带着本能和能量，本能和能量组成了势能。好比那个美国渔民，他吃的鱼转变成他新的体力，就是他的能量，他的合法理想就是以本能和引力的均衡为基础的公民本能势能。

影响（D）：同时把引力场的影响代入发展论。这个原理就是，引力场引力与公民本能是均衡的，公民本能到了发展论则引力场引力也到了发展论。

影响（5）：能量场的影响继续影响发展论的加工过程，即输入生存论的能量越多，现在发展论加工能量所得的就越多。如打鱼得到的鱼多，卖鱼得到的钱就越多，那么修船、修渔网的钱也就多了。

影响（E）：引力场通过 $^*d$ 影响加工过程，$^*d$ 是新环境的影响。如修补渔船和修补渔网要考虑新的捕鱼环境等。

均衡加工指有矛盾的输入本能和新环境达成均衡的加工过程。

影响（6）：能量场和本能制造发展论的新本能 $^*n$。如那位美国渔民，修补好的渔船和渔网就是他的能量，他与引力均衡的公民本能的理想就是他的势能。这个势能转化成动能就是他第二次捕鱼的行动，开始了第二个生存论。

影响（F）：引力场通过 $^*d$ 影响新本能 $^*n$ 的产生。即美国渔民第二次的捕鱼行动仍然要合法。

新本能 $^*n$ 因为均衡加工而出现均衡本能；新本能 $^*n$ 发展逻辑场现象的行动有两个：一个是向能量场输出能量，一个是继续由能量场输入能量。以上的行动都是均衡行动，即本能要与能量场和引力场均衡。

影响（Ⅰ）：元素与能量场有互塑。

影响（Ⅱ）：元素与引力场有互塑。

均衡系统能量由元素或子系统的生存论输入，由发展论输出，在元素中得到两次加工，一次是生存论加工，用本能和控制的对立统一（均衡）加工能量，得到第一次势能大发展，如那位美国渔民吃鱼；一次是发展论加工，用新本能和新控制的对立统一（均衡）加工能量，得到第二次势能大发展，如那位美国渔民修船修网，这里的本能指 n 和 $^{*}n$，这里的控制指 d 和 $^{*}d$。第一次加工为生存服务，第二次加工为发展服务，发展论形成新的生存论，依此迭代。

第4章　逻辑工程学

4.1　逻辑工程

逻辑工程就是人的逻辑活动，人的逻辑活动有很多不同的领域，但活动规律是类似的，决策是高级逻辑系统，加工和优化是中级逻辑系统，势能是初级逻辑系统。逻辑工程分为生存论工程和发展论工程两种类型，可以分别开展，也可以合成生存发展论工程或发展生存论工程。还有一种逻辑工程叫综合方法逻辑工程，即根据需要在单纯生存工程、单纯发展工程、生存发展工程、发展生存工程中选一种。逻辑工程学的研究经过了一般逻辑工程学、制度工程学、生存论和发展论工程学三个阶段，生存论和发展论工程学更符合逻辑工程学原理。生存论和发展论工程学用生存论工程过程和发展论工程过程两个过程解释了逻辑结构的生存和发展过程，与逻辑结构学配合揭示一个逻辑结构基本的周期运动。其中，生存论工程和发展论工程可以合成一个工程周期，也可以各自独立成各自的工程周期。仍然按一般逻辑工程学和制度工程学的传统，用三维结构阐述生存论工程理论和发展论工程理论。这里把逻辑工程的产品都看成势能，这显然不是物理学中的势能，而是可以用于逻辑场的逻辑力量，当逻辑工程产品对逻辑结构起作用时，可以说逻辑势能转化成逻辑动能，这里的动能和物理学的动能显然也不是一回事，都是一种仿理论。用面向对象的理论研究势能和动能，面向对象的程序段有数据加操作封装的理论，使用程序段就是操作做工，因此，逻辑工程学有这样的理论：势能是能量加本领的封装，动能是本领做工。把一个元素看成有一个元素的子群，研究元素的逻辑工程学就归入研究群的逻辑工程学。

4.1.1 单纯生存论工程过程

如图 4－1 所示，生存论分三个阶段，决策是高级逻辑系统，加工是中级逻辑系统，势能是初级逻辑系统。图 4－2 是对《三维社会工程学》中的三维结构改造而成的，重点对第二维步骤和整个三维结构的基本原理做了修改，更体现逻辑工程的实际情况。

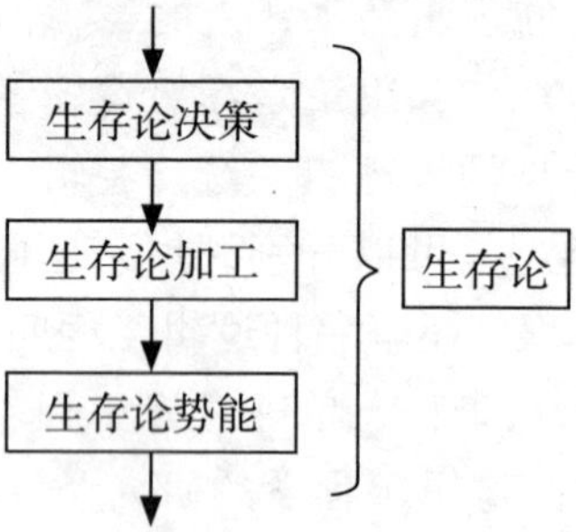

图 4－1　生存论工程过程示意图

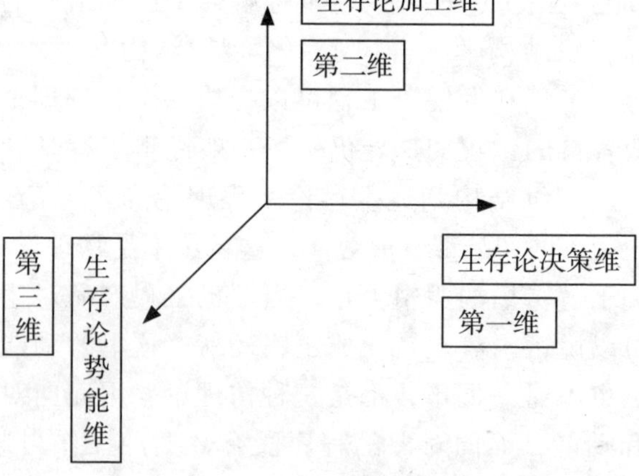

图 4－2　逻辑生存论工程过程图

生存论工程是一个三维结构，指工程整体和工程的模块都是用三维的方法做的，一切工作的开始都是决策维，加工过程都是由决策维控制的，势能的流动仍然由决策维决定。决策维常用系统工程学的原理；控制加工维常用过程化软件工程学的原理；势能维常用面向对象软件工程学的原理，势能是能量与操作的封装。三维都有四库工具（工具分库、技术分库、方法分库、方法论分库）的帮助，但三维四库工具的内容各不相同，支持不同的需要。

这种三维结构工程与以前的三维结构工程有很大的不同，如以前提三库工具，现在提四库工具；以前只有一种三维结构，现在提两种三维结构。人是不断进步的，研究工作也一样。

三维结构的关联如图 4－3 所示：

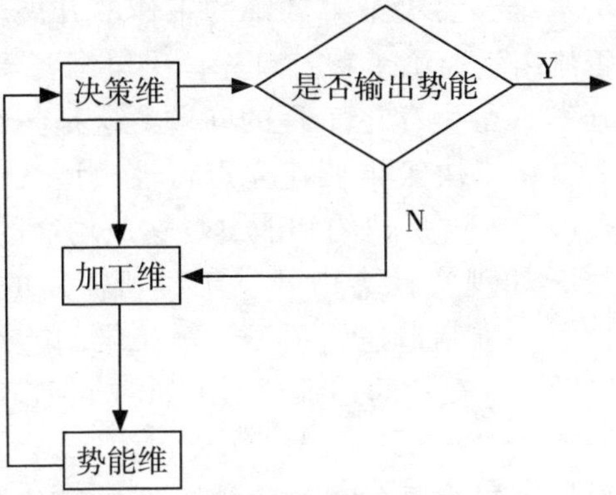

图 4－3　生存论三维结构关联图

首先，第一维决策维决策是否对势能作加工，如果决策要加工就开始第二维加工维；其次，第二维加工维有需求研究、设计、实现、测试等功能，控制加工过程用过程化软件工程学思想，加工用生产面向对象程序的面向对象软件工程学思想，加工结果都到达第三维势能维；再次，第三维势能维是根据第二维的加工结果的能量配置本领的环节，也可以理解成第二维创造了结构，第三维要配置功能；第三维之后，由能量和本领组成的势能回到决策维，由决策维决定是结束生存论周期输出势能还是继续生存论周期。

4.1.1.1 第一维

生存论工程的第一维是决策维，它决策是否开始一个生存论周期，也决策是否结束生存论周期。

1. 第一维四库工具

决策维用系统工程方法做决策，因此，它有系统工程的四库工具，工具分库装系统工程需要的工具，如计算机和网络，技术分库装系统工程需要的技术，如使用计算机和网络的技术；方法分库装系统工程需要的方法，如建立逻辑结构各种模型的方法；方法论分库装系统工程需要的各种方法论，如整体性理论、控制论、耗散结构理论等。

2. 第一维工作

第一维是决策维，要决策第二维的工作的开展，还要决策第三维的势能是否流出生存论工程。首先，决策维要建立问题模型，确定是否提出开发一个生存论工程的问题。这是契约和引力场达成均衡的环节。其次，决策维要建立可行性模型，确定要开发的生存论工程是否可行。这是契约和能量场达成均衡的环节。再次，决策维引入能量，如现实社会中开发工程所需要的人力、物力、财力等。注意，第一维制造逻辑模型，第二维制造结构，第三维制造功能。这以后，生存论的三维开始了如图 4－3 所示的运行。

4.1.1.2 第二维

生存论工程的第二维是加工维，简单地说就是将输入能量加工成有结构的能量。

1. 第二维四库工具

第二维的四库工具有很多分类，如需求研究四库工具、设计四库工具、实现四库工具、测试四库工具等，这些四库工具都加工有着面向对象特点的势能。比如：工具分库装加工势能的具体工具，如开发软件的编译程序；技术分库装使用工具的技术，如使用编译程序的技术；方法分库装加工势能的方法，如面向对象编程的设计方法；方法论库装加工势能的方法论，如面向对象编程的方法论。

2. 第二维工作

第二维的工作就是把第一维的决策模型发展成结构，如决策维要发起需求研究，于是给第二维一个决策需求模型，第二维通过工作发展出需求结构，传给第三维产生结构加工能的势能，第三维把势能又传给第一维。这时，第一维审查势能通过，在此基础上又建立决策设计模型且传给第二维，第二维再通过工作发展出设计结构，又传给第三维，第三维加上功能形成势能后又传给第一维审查，审查通过则第一维再传决策实现模型让第二维做结构，审查如果不通过则还是再传设计模型给第二维，重做设计结构。当工程结束时，通过需求、设计、实现和测试各个环节，第二维的工作都通过了审查，由第三维得到成功产品的势能，传给第一维，由第一维决策输出势能，一个生存论周期就结束了。生存论工程第二维的任务是产生一个有向图，以产生节点和工作流，节点是一个个加工工作流的车间，工作流将节点车间组成一个工厂。生存论工程第二维的工作实际就是工程项目控制，因为有大量四库工具将生存论开发工作由个人化变革成工程化，所以生存论工程过程变得透明了，具有了土木建筑的硬工程特点，使得生存论工程的工程项目控制能像硬工程项目控制一样简单。第二维的工作是构造工程步骤有向图，生存论工程项目控制有向图允许 goto 语句存在，这决定了项目控制有向图有喷泉模型特点，符合面向对象思想要求。生存论工程步骤有向图中有三类模块和三类工作流，这与生存论开发过程中有项目控制人员、项目开发人员、项目辅助人员对应，只是以前的三类人员和工作集中于一条线也就是二维，让一切都复杂化和个人化，这是二维软工程过程的缺陷，现将软工程过程的二维发展成三维，变线形过程为有向图过程，则软工程过程有了硬工程过程的特点，生存论开发变复杂化为简单化，变个人化为工程化，变难控制为易控制，生存论质量也因此得以提高。

4.1.1.3 第三维

第三维的工作可以概括成：给结构配上功能形成势能供决策维审查，或给能量配上本领形成势能供决策维审查。

1. 第三维四库工具

第三维的四库工具是产生功能或本领的四库工具，它有认识能量结构的能力，有给各种结构配上功能和本领的能力。第二维制造出需求结构，第三维就能配上需求功能；第二维制造出设计结构，第三维就能配上设计功能；第二维制造出实现结构，第三维就能配上实现功能；第二维制造出测试结构，第三维就能配上测试功能，以此类推。因此，第三维的四库工具是知识库，既要懂工程学自身的知识，又要懂工程学应用领域的知识。

2. 第三维工作

第三维的工作就是给第二维的输出配上功能和本领，让第一维得到结构加功能的势能，对这个势能做审查，根据审查结果作出新决策。值得一提的是，做第一维工作的往往是契约，它根据能量场和引力场的情况做决策；做第二维工作的往往是子群的活动即工作，这个工作受能量和引力的影响；做第三维的往往是子群的知识能力和文明程度，这个工作受子群能量场和引力场认识的影响。第一维受能量场和引力场供给的影响，第二维受得到的能量和引力的影响，第三维受能量场和引力场知识的影响。也就是说，整个生存论工程有能量场和引力场这两个重要限制。

4.1.1.4 生存论工程周期

生存论工程的周期以决策维接受能量为起点，决策维建立决策逻辑模型作系统决策，起点能量在加工维得到需求结构，需求结构传给势能维，在势能维得到功能，产生第一个势能——需求势能。需求势能由势能维传给决策维作第二次决策，需求势能到加工维得到设计结构，再到势能维得到设计功能，产生第二个势能——设计势能。设计势能又由势能维传给决策维作第三次决策，设计势能到加工维得到实现结构，再到势能维得到实现功能，产生第三个势能——实现势能。实现势能又一次由势能维传给决策维作第四次决策，实现势能到加工维得到测试结构，再到势能维得到测试功能，产生第四个势能——测试势能。测试势能通过决策维审查，则输出生存论周期，一个生存论工程周期结束。

4.1.2　单纯发展论工程过程

如图 4－4 所示，逻辑工程学提出了第二个三维工程，第一阶段（发展论势能）是初级逻辑系统，第二阶段（发展论使用和优化）是中级逻辑系统，第三阶段（发展论决策）是高级逻辑系统。这种提法是为了对应逻辑场元素和子群的两种结构——生存论和发展论。

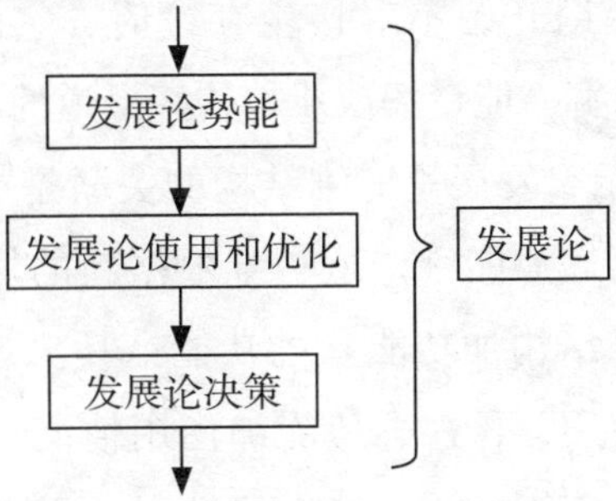

图 4－4　发展论工程过程示意图

如图 4－5 所示，逻辑发展论工程是生存论工程的运用，如软件的生存论是开发软件，发展论就是运用软件。这样，发展论的第一维就是发展论势能维，是接受生存论输出势能的环节；发展论的第二维是运用势能的环节，叫作发展论使用和优化维，使用是使用势能（结构加功能）的功能，优化是优化势能（结构加功能）的结构；发展论的第三维是决策维，决策使用势能、优化势能或结束发展论周期。三维结构各有自己的四库工具。

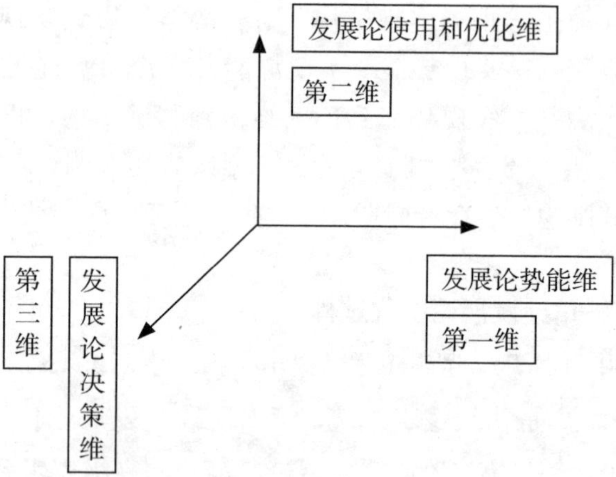

图 4－5 逻辑发展论工程过程图

注意，当发展论开始不对接生存论时，它就需要自筹能量，这就是发展论需要宽裕能量场或成本转嫁渠道的原因。

如图 4－6 所示，发展论三维结构的关联是这样的：首先，生存论发出的势能到达势能维，这一维根据新的能量场情况和引力场情况优化势能（结构加功能）的功能；其次，势能到达使用和优化维，第一次使用；再次，势能加使用情况到达决策维，决策维根据势能结构、使用情况、能量场情况、引力场情况制作决策模型，或继续使用，或优化维护，或结束发展论；接着，假如决策维制作出优化势能的逻辑模型，优化势能的逻辑模型到达势能维，势能维给出逻辑模型的优化功能，势能加优化功能再到达使用和优化维，使用和优化维给出结构，势能加优化功能和优化结构产生优化势能，又回到决策维，再让决策维决策，或使用，或优化，或结束发展论周期。

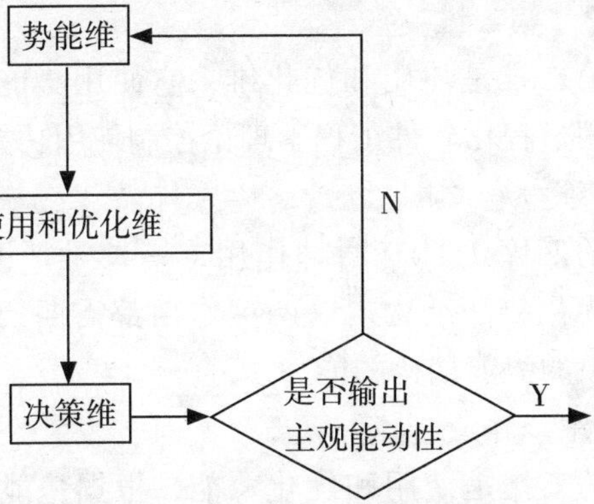

图 4－6　发展论三维结构关联图

4.1.2.1　第一维

发展论第一维是势能维，它制造功能模型，有四库工具的帮助。

1. 第一维四库工具

第一维的四库工具有工具分库、技术分库、方法分库、方法论分库，如一个单位接受一个定制的金融软件，它可能要用金融工具、金融技术、金融方法、金融方法论定位财务软件的功能，这个功能与出厂功能可能不同，那么，金融工具、金融技术、金融方法、金融方法论就组成了四库工具，帮助逻辑结构建立功能模型。

2. 第一维工作

子群用知识能力和文明程度做第一维工作，建立功能模型，得到四库工具的帮助。

第一维势能维是三维逻辑发展论工程的入口，它的工作就是为势能制造功能。

当决策维传来使用的势能时，势能维根据知识和文明，给势能加上新功能，传入使用和优化维，使用势能。

当决策维传来优化的势能时，势能维根据知识和文明，给出势能需要优化的功能，传入使用和优化维，优化结构。

4.1.2.2 第二维

发展论第二维是使用和优化维，它使用势能的功能或优化势能的结构，用过程化软件工程学理论控制使用功能或优化结构。

1. 第二维四库工具

第二维的四库工具有两种作用，一种是帮助使用势能功能，一种是帮助优化势能结构。这两种作用都需要四库工具有认识和加工面向对象的势能结构的能力。

2. 第二维工作

第二维的工作是使用和优化势能，根据势能维传来的势能附带的指令决定执行。

当势能维传来的势能附带的指令是使用时，第二维就使用势能维制造的势能功能，使用势能功能的结果传入第三维决策维。

当势能维传来的势能附带的指令是优化时，第二维就根据势能维制造的势能新功能优化势能结构，优化的势能带着新功能和新结构传入第三维决策维，供决策维审查和作出新决策。

4.1.2.3 第三维

发展论第三维是决策维，它需要建立决策模型来帮助决策，决策模型的建立要考虑能量场情况、引力场情况。

1. 第三维四库工具

第三维的四库工具都是系统工具，包括工具分库的系统工具、技术分库的系统技术、方法分库的系统方法、方法论分库的系统理论。

第三维的四库工具帮助决策维建立决策模型即逻辑模型，同时帮助决策维决策。

2. 第三维工作

第三维决策维的工作有三种：

第一种是决策使用势能，传到势能维，势能维给势能附加使用的新功能，再传到使用和优化维，由使用和优化维使用新功能，使用情况传回决策维，决策维建立逻辑模型对使用情况作审查和作出二次决策。注意，使用势能的功能也可以说势能变成了动能。

第二种是决策优化势能，先根据使用和优化维传来的势能使用情况建立逻辑决策模型，决策优化势能，优化势能的逻辑要求和势能一起传给势能维，由势能维根据势能和优化的逻辑要求给出优化功能，传给使用和优化维，使其根据优化功能优化结构。优化好的结构随势能再传给决策维，供审查和作出新决策。

第三种是决策结束本发展论周期，即根据第二维传来的势能，决策是否停止使用和优化这个势能。

4.1.2.4　发展论工程周期

发展论工程周期以势能维为起点，势能维给出势能新的功能，势能传入使用和优化维使用势能的功能，使用情况传给决策维。

决策维建立逻辑模型对使用情况作系统审查决策，需要继续使用的，发指令给势能维，继续在使用和优化维使用势能，使用情况仍然传给决策维。

当决策维认为要优化势能时，发指令给势能维，势能维先制造优化功能，势能加优化功能在使用和优化维得到优化结构，产生优化势能，优化势能又流入决策维作审查和决策，优化过程中没有达到要求的重新优化，达到要求的开始使用。

当势能使用和优化进行到一定程度时，使用情况传到决策维，决策维决策结束这个势能的使用和优化，一个发展论的工程周期结束。

4.1.3　生存发展论工程过程

生存发展论工程是生存论与发展论相结合的工程，要点是生存论输出势能，这个势能被发展论接受，开始发展工程。

生存发展论工程用于逻辑结构缺乏能量场充裕能量，引力场又不能提供成本转嫁条件时。如我国的社会主义制度用的就是生存发展论工程。

因为生存论工程和发展论工程各自是三维结构，所以生存发展论工程是由两个不同的三维结构有机组成的。

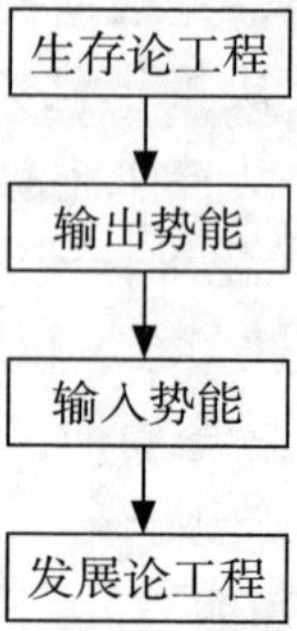

图 4-7　生存发展论工程示意图

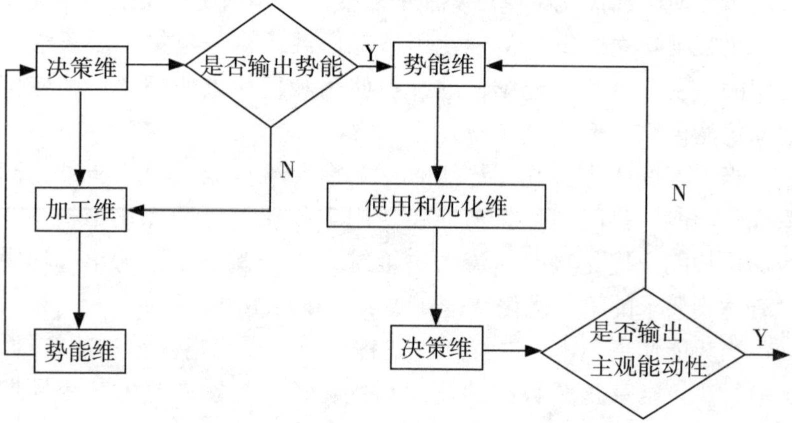

图 4-8　生存发展论三维结构关联图

生存发展论工程周期：

生存论工程周期和发展论工程周期的迭代都是势能，当生存论工程的输出连上发展论工程的输入，即生存论工程的第三维势能维连接发展论工程的第一维势能维时，就制造了一个生存发展论工程周期。

4.1.4　发展生存论工程过程

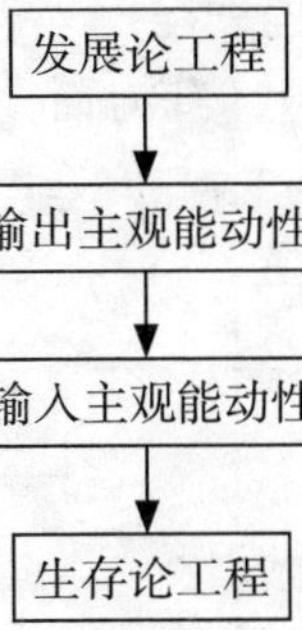

图 4－9　发展生存论工程示意图

发展生存论工程是因为能量场能量充裕，引力场可以提供成本转嫁渠道，这样就允许没有生存论支持的发展论工程的开展，发展论工程产生的主观能动性传递给生存论工程，让生存论工程高起点地开展。如欧美发达国家的资本主义社会。

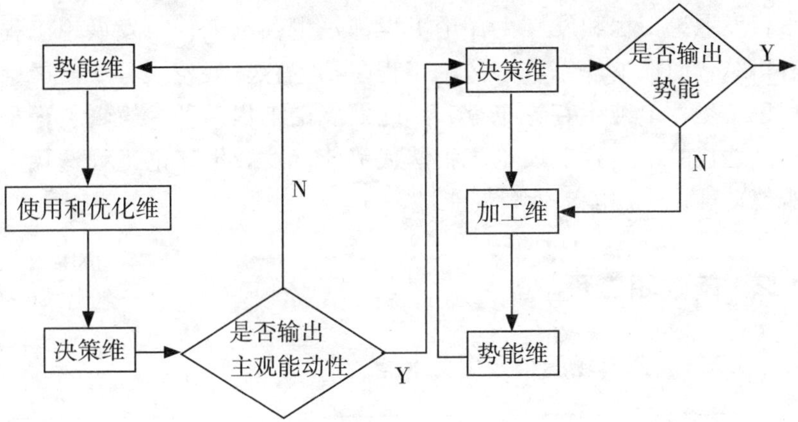

图 4－10　发展生存论工程三维结构关联

发展生存论工程周期：

发展论工程把主观能动性传给生存论工程就产生了发展生存

论工程，这是一个迭代主观能动性的工程周期。

4.1.5 综合方法论工程过程

综合方法论工程有四种，有前面介绍的生存发展工程和发展生存工程，还有单纯生存论工程和单纯发展论工程。

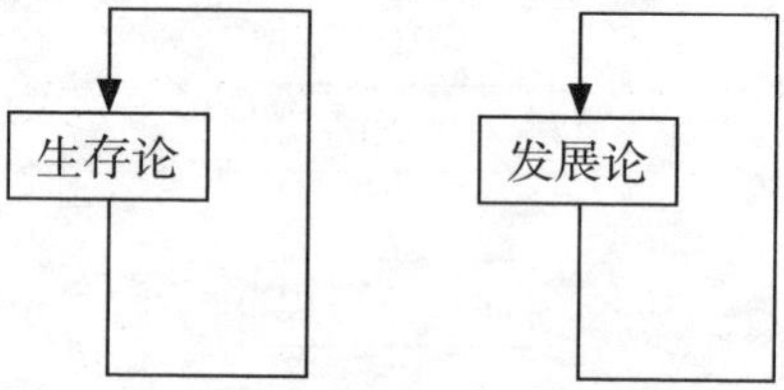

图 4－11　单纯生存论工程和单纯发展论工程

单纯生存论迭代的是能量，单纯发展论迭代的是主观能动性。

本节介绍了生存论工程和发展论工程。生存论工程输入的是主观能动性和主观能动性附带的能量，输出的是势能。发展论工程输入的是势能，输出的是主观能动性和主观能动性附带的能量。生存发展论工程和发展生存论工程都是生存论工程与发展论工程有机结合而成的。综合方法论工程包括生存发展论工程、发展生存论工程、单纯生存论工程、单纯发展论工程四种。逻辑工程是周期迭代的，生存发展论工程迭代势能，发展生存论工程迭代主观能动性，主观能动性附带能量。

4.2 暗逻辑工程

4.2.1 逻辑场的个人主义本能

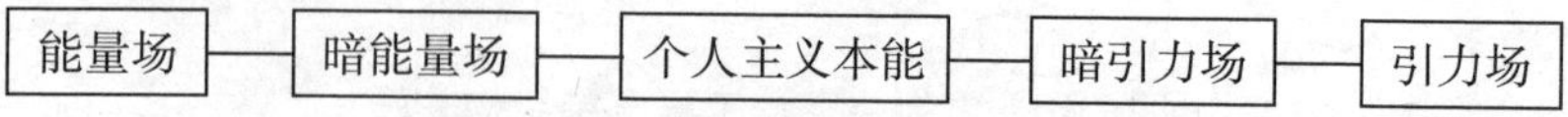

图 4－12　个人主义本能示意图

逻辑场的个人主义本能指元素是用达尔文进化论生存发展的。

它不讲整体优化，制造暗能量场与能量场建立关联，暗能量场由能量场中对它有利的能量组成；制造暗引力场与引力场建立关联，暗引力场由引力场中对它有利的引力组成。如原始社会的原始人，他发现的捕鱼海域是暗能量场，大海是能量场，他制定的捕鱼规矩是暗引力场，自然界的风雨雷电是引力场。

当元素用暗能量场组成群暗能量场，用暗引力场组成群暗引力场时，群个人主义本能便产生了，个人主义本能的加权逻辑和就是群契约，原始人群就是这样产生的。

个人主义本能有优点，即为生存发展而奋斗，发动群众就常常要从群众的个人主义本能入手。但是，个人主义本能的罪恶也大得惊人，这是一切犯罪的根源。

4.2.2　逻辑场的公民思维本能

图 4－13　公民思维本能示意图

逻辑场还有一种元素本能叫公民思维本能，它把个人主义本能的“我的和不是我的”思维改为“我的和别人的”思维。公民思维本能没有暗能量场和暗引力场，它继承了个人主义本能的为生存发展奋斗的优点，去掉了个人主义本能罪恶的缺点，不用达尔文进化论指导自己的行为，而是用集体主义、个体主义、人道主义等理论指导自己的行为。当公民思维本能达成逻辑契约时，公民思维本能的暗逻辑场便产生了，如完全竞争的自由市场和发达国家所谓的理性人、理性人群。公民思维本能和公民思维本能的暗逻辑场是均衡逻辑场产生的两大前提之一，它创造均衡逻辑场的元素和关联，创造均衡逻辑场的民主和人权，创造均衡逻辑场的规律。值得一提的是，中国社会主义就是一群不断增加的有公民思维本能的中国人奋斗的结果，他们爱国、爱民，愿意把自己的生存发展与中国的生存发展紧密结合在一起，去掉了自私的个人主义要求。暗逻辑工程学的特点就是本能控制元素，本能达成契约控制整个场，不讲整体优化理论，仍然可分为生存论和发展论。公民思维本能虽然不讲原来场或体的整体优化，但有发明新逻辑场实现公民主义的愿望，讲正义的整体优化，仍然用三维结构研究暗逻辑工程。

4.2.3 内部暗逻辑工程

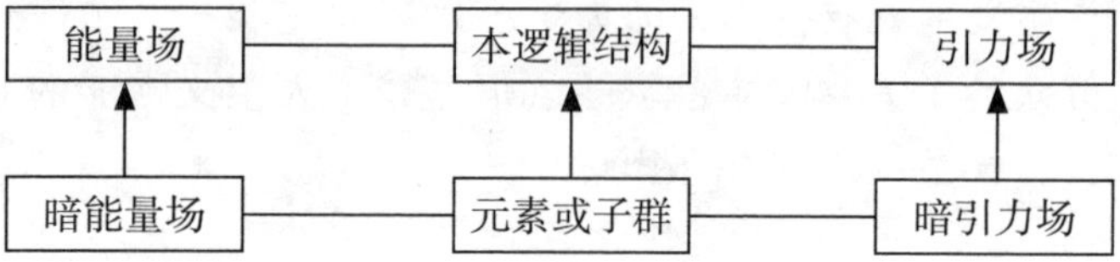

图 4－14 内部暗逻辑工程示意图

内部暗逻辑工程指元素和子群的生存发展论工程，特点是发展暗能量场和暗引力场，一个元素和一个子群都可以自成逻辑结构运行。

4.2.3.1 生存论

1. 本能决策发起

逻辑场工程的第一步都是发起工程的环节，暗逻辑场工程的第一个工程环节分四步：建立自己的暗能量场和暗引力场；研究暗能量场和暗引力场以便做决策和可行性研究；进行需求研究；个人主义本能与暗引力场均衡寻找接受的暗能量。

这个环节的四库工具的原理和一般逻辑场工程原理一样，但倾向是个人主义本能倾向，如原始人与原始人交流捕鱼经验。

2. 本能控制加工

暗逻辑场的能量加工环节仍然是生产势能，与一般逻辑场不同的是：暗逻辑场用暗能量场和暗引力场分别代替了能量场和引力场，n 和群 n 是个人主义本能，能量来自暗能量场，d 和群 d 是暗引力场发出的。如法制社会的小偷认为盗窃没有错，则小偷是个人主义本能，“盗窃没有错”是暗引力场，偷来的钱是暗能量场的能量，小偷的能量加工就是提高他的盗窃欲望，这是不好的例子。原始人打鱼的例子则是生存发展的好例子。

这个环节的四库工具是暗引力场创造的。

3. 输出本能势能

暗生存论输出的是暗势能，可以是人民生存发展的要求，也可以是小偷、贪官作案的思想基础。

四库工具是有倾向性的势能库，如有道德的生存发展势能，人民群众就是这种，又如没有道德的生存发展势能，小偷、贪官就是这种。

4.2.3.2　发展论

1. 本能传递势能

个人主义本能发展论的输入是个人主义本能的发展势能，即欲望，可好可坏。人民群众有道德的发展愿望，如用诚实劳动换得发展就是有道德的发展势能。输入发展论能创造有道德的发展论，就是好发展论。小偷、贪官没有道德的发展愿望，偷或贪都是没有道德的发展愿望，输入发展论创造没有道德的发展论，就是坏发展论。

这里的道德指是否有公民思维，有公民思维就有道德，没有公民思维而只有达尔文进化论的弱肉强食思想，也就可能没有道德。

四库工具仍然是有倾向性的势能库，或有道德的生存发展势能，或没有道德的生存发展势能。

2. 本能控制优化

这个环节的控制者仍然是个人主义本能，通过研究暗能量场和暗引力场得出控制，$^*d$ 和群 $^*d$ 都是暗引力场。

人民群众因为发展的是有道德的发展论，因此，优化的是生产技能，四库工具装的是生产技术知识。

小偷、贪官因为发展的是没有道德的发展论，因此，优化的是阴谋诡计，四库工具装的是阴暗的思想和技术。

3. 本能决策动能

这是发展论发出动能的环节，如人民群众开始劳动，小偷、贪官开始干坏事。

人民群众由生存论输入发展论的势能经过优化，现在开始有道德地转化成动能做工。

这里有这样的环节：根据能量场和引力场的新情况，优化暗能量场和暗引力场，如原始人寻找更好的渔场并优化捕鱼规则；根据新的暗能量场和暗引力场作决策，决策四库工具装着生产决策知识；需求研究的是生产的组织和过程；起点产品为优化的生产工具和技术。

小偷、贪官由生存论输入发展论的势能经过优化，现在也开始没有道德地转化成动能做工。

这里有这样的环节：根据能量场和引力场的新情况，优化暗能量场和暗引力场，如小偷选定新的作案工具，贪官定下新的腐败计划；根据新的暗能量场和暗引力场作决策，决策四库工具装着不道德的决策技术；需求研究的是偷谁或贪什么；起点产品就是小偷的盗窃欲望和技术，贪官的腐败欲望和权利。

注意，由上面的研究可以明白，个人主义本能制造的暗逻辑场工程不只存在于原始社会，任何社会和任何年代都可能存在，不论逻辑场的性质是什么，元素和子群都可以通过建立暗能量场和暗引力场在大逻辑场内外构建自己的暗逻辑场，这种暗逻辑场有好有坏。如慈善就是一种好的暗逻辑行为。

4.2.4 破坏整体性的内部暗逻辑工程

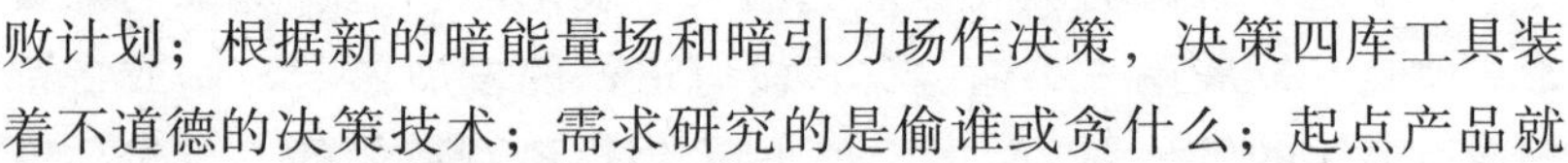

图 4－15　破坏整体性的内部暗逻辑工程

小偷、贪官的利益追求因为用达尔文进化论用到恶化的程度，所以他们制造的暗逻辑工程是破坏逻辑场整体性的内部暗逻辑工程。

4.2.4.1 生存论

小偷、贪官在生存论的第一个环节是建立暗能量场和暗引力场，用暗引力帮助个人主义本能由暗能量场输入能量。

如小偷，他先要踩点，找到适合盗窃的公交车，这是他的暗能量场，他还要制定盗窃方案和规则，这是他的暗引力场，如果是团伙就有了个人主义本能契约。

小偷的四库工具就是同伙和自己的经验。

如贪官，他先要有权力，这是他的暗能量场，他还要制定行贿受贿的方案和规则，这是他的暗引力场，如果是小团体腐败就有了个人主义本能契约。

贪官的四库工具很有趣，除了同伙和自己的经验外，还有少数名声不好的古人的事迹，比如秦桧、和珅之流。

小偷、贪官在生存论的第二个环节都是通过花费赃钱得到满足，然后产生新的找钱欲望，这就是赃钱变成欲望，能量变成势能。

这里的四库工具有一个让我们沉痛的组成部分——社会风气。

小偷、贪官在生存论的第三个环节都是输出生存论欲望，即找赃钱的欲望。

这时，势能四库工具包括人性的各种阴暗面和脆弱面。

4.2.4.2 发展论

小偷、贪官在发展论的输入环节都输入自己找更多赃钱的欲望。

这时的四库工具充斥着盗窃经验和腐败体会。

小偷、贪官在优化阶段各有所为，小偷练技术，贪官继续找权、找人脉。

这时的四库工具仍然有社会风气这个组成部分，还有法治缺陷这个组成部分。

作为发展论的输出就是小偷新的盗窃行为和贪官新的腐败行为。

这时的四库工具仍然是经验和干坏事技术的传播。

4.2.5 支持整体性的内部暗逻辑工程

支持整体性的内部暗逻辑工程主要指人民群众个人或子群的暗逻辑行为。一般把大多数人的群体定义为人民，或者把守法的人群叫人民。

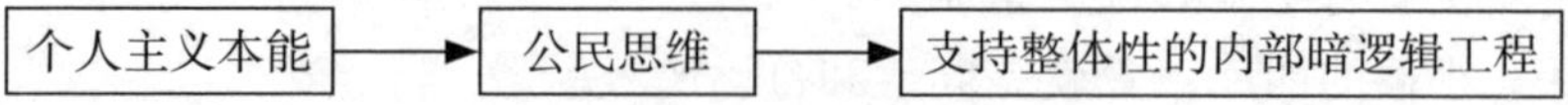

图 4－16　支持整体性的内部暗逻辑工程

人民群众的生存发展论逻辑工程虽然也是由个人主义本能控制的，也用达尔文的进化论，但因为没有用恶化的个人主义阴暗面发展，讲集体主义和个体主义，所以还蕴藏着公民思维，支持整体性。如任何时代和任何社会的民生，或完全竞争市场的理性人。

4.2.5.1 生存论

人民群众在开始生存论的输入环节时也要建立暗能量场和暗引力场，如原始社会的原始人要找打鱼区域，要制定打鱼的规则，原始社会的暗能量场往往会扩大成能量场，暗引力场会扩大成引力场。其他社会的人民群众的暗逻辑场的加权逻辑和就是能量场，暗能量场的加权逻辑和就是引力场的组成部分。人民群众的暗能量场和暗引力场讲道德，小偷、贪官的暗能量场和暗引力场不讲道德，这是二者重要的区别。

建立暗能量场和暗引力场以后，人民群众也要用本能寻找输入能量，主要用做工达到目标。有决策和决策四库工具，决策四库工具有乡约民俗和道德避免自己做干坏事的决策，乡约民俗和道德都是决策契约。有需求研究，有起点势能，这个势能是人民群众的劳动所得。

人民群众的加工环节仍然由本能控制，参考暗能量场和暗引力场的要求，接受能量并把其加工成势能。暗能量场有时也会破坏能量场，如群众过度放牧会破坏草场。暗引力场有时也会破坏引力场，如一个村的群众集体非法盗墓。

在生存论的输出环节，群众输出满足了生存要求且有发展欲望的人民群众势能。

4.2.5.2　发展论

人民群众输入发展论的势能符合道德的发展愿望，因为符合道德，顾及其他元素和子群的发展，因此有整体性作用。

人民群众在优化环节，重点优化生产工具和技能。

人民群众在发展论的输出环节输出的动能往往就是一个社会的生产力。

还有一种内部暗逻辑工程是支持整体性的，即具有公民思维的元素或子群引领人民走向文明的逻辑工程，如欧洲启蒙思想家和中国早期的共产党人。

4.2.6　外部暗逻辑工程

外部暗逻辑工程是逻辑结构外部针对逻辑结构的逻辑行为工程，是外环境的组成部分。好比一个人是一个逻辑结构，其他人伤害这个人或帮助这个人就是这个人的外部逻辑行为，当逻辑行为扩大并变得复杂时，逻辑行为就成了逻辑工程。

对于外部暗逻辑工程，仍然有暗能量场和暗引力场，外部逻辑结构用这两个场与本逻辑结构相关，或破坏本逻辑结构，或帮助本逻辑结构。

这里举两个外部暗逻辑工程的例子，一个是外国人民群众的生存发展论工程，这种工程对本国是有益的；一个是外国对本国的颜色革命策动，这种工程对本国是有害的。

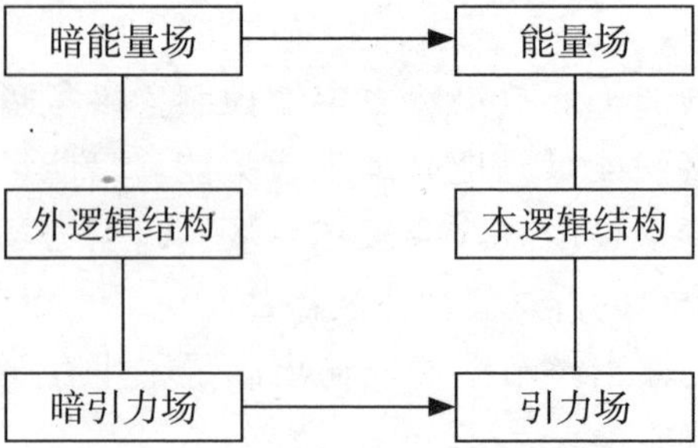

图 4-17　外部暗逻辑工程示意图

4.2.6.1　生存论

1. 本能决策发起

外部暗逻辑工程是由外部逻辑结构的个人主义本能控制的，它在生存论的输入环节就建立起自己的暗能量场和暗引力场，以此产生个人主义本能的决策、需求研究和起点产品。当外部逻辑结构的暗能量场与本逻辑结构的能量场有关时，或者当外部逻辑结构的暗引力场与本逻辑结构的引力场有关时，外部逻辑结构就有可能发起一个外部暗逻辑工程。

例如，当外国想掠夺某国的经济资源时，就使外部逻辑结构的暗能量场与本逻辑结构的能量场有关；当外国想在某国搞颜色革命时，就使外部逻辑结构的暗引力场与本逻辑结构的引力场有关。这时，外国的决策四库工具充满了强大的智库。这种智库是以达尔文进化论的弱肉强食思想为指导的。

又如，外国人民在生存发展过程中，当其暗能量场和暗引力场与本国相关时，就产生了外部暗逻辑工程。这时，外国人民的决策四库工具仍然为自己的生存发展提供服务。这种决策四库工具以公民思维为指导。

2. 本能控制加工

对于以达尔文进化论中的弱肉强食思想为指导的外部逻辑结构，在本能控制加工环节就把本逻辑结构的利益发展成自己的势能，产生新的掠夺本逻辑结构利益的欲望，即新的势能，发动颜色革命的欲望。

对于以公民思维为指导的外部逻辑结构，在本能控制加工环节就乐于与本逻辑结构合作，共享能量，如本国和外国合作开发工程等。

3. 输出本能势能

对于具有弱肉强食思想的外部逻辑结构，输出本能势能以寻求掠夺更多的本逻辑结构利益，如产生颜色革命的资金和组织。

对于具有公民思维的外部逻辑结构，输出本能势能以寻求更多的生存发展利益。

4.2.6.2　发展论

1. 本能传递势能

对于具有弱肉强食思想的外部逻辑结构，发展论的本能传递势能环节由生存论的输出转为发展论的输入，这是一个掠夺本逻辑结构的欲望，如颜色革命的组织机构形成。

对于具有公民思维的外部逻辑结构，发展论的本能传递势能环节仍然由生存论的输出转为发展论的输入，这是一个寻求与本逻辑结构合作共赢发展的欲望。

2. 本能控制优化

外部逻辑结构优化欲望势能的方法是产生带计划和策略的势能。

对于具有弱肉强食思想的外部逻辑结构，优化势能的环节有研究本逻辑结构，策划对本逻辑结构的破坏、掠夺等工作，如策化颜色革命等。四库工具有专门研究破坏本逻辑结构的智库。

对于具有公民思维的外部逻辑结构，优化势能的环节有寻求友好合作的环节。四库工具有专门研究怎样发展友好合作的智库。

3. 本能决策动能

对于具有弱肉强食思想的外部逻辑结构，发展论的输出就是动能，就是掠夺本逻辑结构的具体行动，如颜色革命的具体行动。

对于具有公民思维的外部逻辑结构，发展论输出的动能就是在新的环境中发展新的友好合作。

4.2.7 破坏逻辑结构的外部暗逻辑工程

图 4-18 破坏逻辑结构的外部暗逻辑工程

4.2.7.1 生存论

破坏本逻辑结构的外逻辑工程都要建立暗能量场和暗引力场，如某国在确立自己的全球势力范围时，如果哪个国家的能量场和引力场要求与某暗能量场和暗引力场要求产生矛盾时，那么它就要发起暗逻辑工程，用各种借口破坏和掠夺这个国家的利益。这是以一种弱肉强食思想为指导的、外部逻辑结构与本逻辑结构相关的逻辑工程，对本逻辑结构是有害的。最著名的工程就是颜色革命。

4.2.7.2 发展论

外部暗逻辑工程的发展论就是认知本能，认知本能带上计划和策划，开始破坏本逻辑结构的行动，如策动颜色革命。

4.2.8 支持逻辑结构的外部暗逻辑工程

我们仍然以人数比例或是否守法为依据定义外国人民。注意，这里的守法有三个含义：守本国法、守所在国国法、守国际法。

图 4-19 支持逻辑结构的外部暗逻辑工程

支持本逻辑结构的外部暗逻辑工程就是外国人民群众的生存发展工程，他们的发展成果可以与本逻辑结构交换，补充本逻辑结构的不足。如本国与外国的物质能量交换，如本国借鉴外国的法律制度发展自己。

4.2.8.1 生存论

这里的生存论指外国人民自身逻辑活动的生存论，即通过发展生产得到满足自己生存发展需要的能量。

外国人民发展生存论就产生了与本国人民合作的愿望，这是公民思维的本能。

4.2.8.2　发展论

外国人民为了更好地发展而寻求与本国合作，交换能量、共同发展。

还有一种外部暗逻辑工程是支持本逻辑结构的，原因是外部逻辑结构有公民思维，如苏联帮助中国建立共产党，又如美国帮助中国抵抗日本侵略。

这种外部逻辑工程的生存论就是发扬集体主义、人道主义和人类正义。其发展论就是把集体主义、人道主义和人类正义付诸实现。

这一节介绍了两种思想和四个逻辑工程，两种思想是个人主义本能和公民思维本能，四个逻辑工程是破坏整体性的内部暗逻辑工程、支持整体性的内部暗逻辑工程、破坏逻辑结构的外部暗逻辑工程、支持逻辑结构的外部暗逻辑工程。还有两个特殊情况，一个是先进元素用公民思维引领本逻辑结构文明发展，一个是先进外部逻辑结构用公民思维帮助本逻辑结构文明发展。

个人主义本能是一切逻辑结构的本能，它包括达尔文进化论的弱肉强食思想和公民思维的与人共赢，本书把达尔文进化论的弱肉强食思想称为不道德，把公民思维的与人共赢思想称为道德。以个人主义本能的弱肉强食思想发展的暗逻辑工程都是没有整体性的、破坏本逻辑结构的工程，如小偷、贪官的内工程，如 20 世纪帝国主义的外工程。

当个人主义的公民思维不断发展而取代个人主义本能时，公民思维本能就产生了，以公民思维本能发展的暗逻辑工程都是有整体性的、帮助本逻辑结构的工程，如本国人民的生存论发展工程，如外国人民的生存论发展工程。

内部暗逻辑工程有两种，一种破坏整体性，原因在于指导思想是弱肉强食的个人主义本能；一种支持整体性，原因在于指导思想是有公民思维的个人主义本能。如犯罪分子就是弱肉强食的个人主义本能，如本国人民的生存发展就是有公民思维的个人主义本能。

外部暗逻辑工程有两种，一种是破坏本逻辑结构的，原因在于外部逻辑结构用弱肉强食作指导思想；一种是支持本逻辑结构的，原因在于外部逻辑结构用公民思维作指导思想。如20世纪帝国主义就是弱肉强食的本能，如外国人民的生存发展就是公民思维的本能。

还有两种本能可以创造新的逻辑结构，一种是公民本能高度发展的本逻辑结构内部元素和子群，它们可以找到逻辑结构正义的发展方向，引领逻辑结构向更文明正义的方向发展，甚至开创新的逻辑结构；一种是公民本能高度发展的外部逻辑结构，它们可以引领本逻辑结构向更文明正义的方向发展，与帝国主义有本质区别。

通过图4－20可以看到暗逻辑工程虽然以本能为根据，但本能有两种，一种是达尔文进化论的弱肉强食思想，一种是文明正义的公民思维，于是就产生出有害和有益两种暗逻辑工程。研究暗逻辑场和暗逻辑工程可以帮助我们更完整科学地认识人类社会，了解真实的人民，于法治外发展德治，从社会表面看到社会本质，发展个人的生存本领，发展社会的正能量。

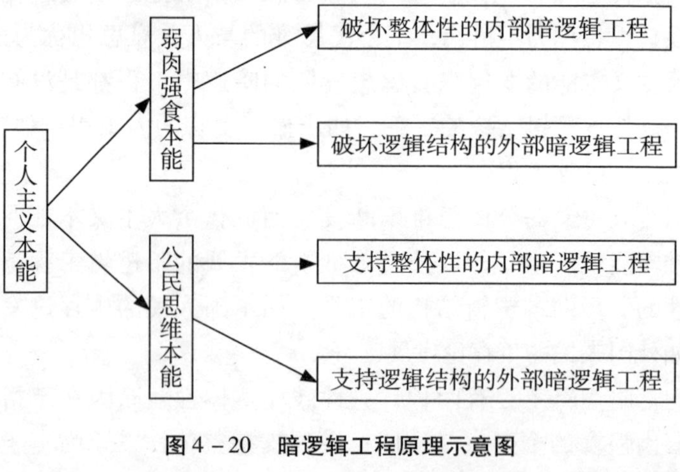

图4－20　暗逻辑工程原理示意图

本节仍然以生存发展论的纯逻辑结构为例来研究暗逻辑工程。实际上，发展生存论逻辑结构、纯生存论逻辑结构、纯发展论逻辑结构都有自己的暗逻辑工程，可以举一反三地去研究。

如果中国为生存发展论逻辑结构，美国就属发展生存论逻辑结构，世界上还有很多纯生存论逻辑结构和纯发展论逻辑结构，它们都有自己的暗逻辑工程和暗逻辑结构，研究领域非常广阔。

4.3　明逻辑工程

4.3.1　逻辑场的专制控制

如图 4 – 21 所示，逻辑场理论这样解释专制控制：逻辑结构的元素和子群控制逻辑体，用个人主义本能建立引力场，引力场只有法律制度，没有民主制度、人权制度和外环境影响，用引力场绝对控制逻辑结构的运行和逻辑工程，不考虑其他元素和子群的本能和契约，甚至不考虑能量场的要求，通过压缩其他元素和子群制造势能，用释放势能转动能的方式让其他元素和子群做工，创造自己需要的能量。专制控制把逻辑场体化了。专制控制讲达尔文进化论，讲弱肉强食规律。专制控制的典型是人类社会的奴隶社会和封建社会，还有经济学中的极端垄断市场。

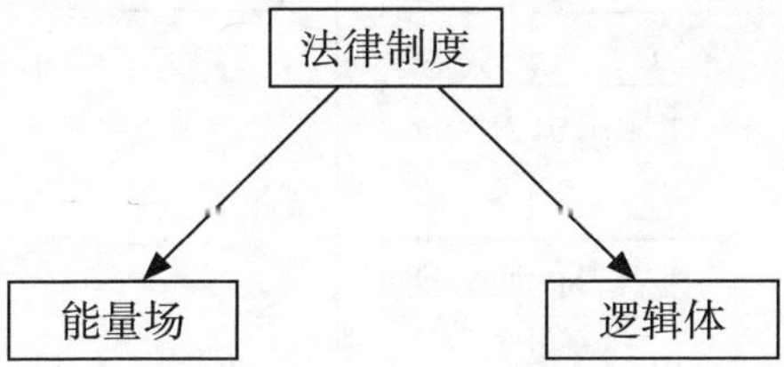

图 4 – 21　专制控制示意图

4.3.2　逻辑场的法制控制

如图 4 – 22 所示，逻辑场理论这样解释法制控制：仍然是少数元素和子群控制逻辑体，但这些元素和子群有公民思维，由个人主义本能到集体主义本能，再到公民思维本能，它们的控制是一种道德控制，与专制控制的不道德相对，仍然用引力场控制逻辑体，但引力场不只是法律制度了，还包括民主制度、人权制度、外环境影响，在一定程度上考虑环境要求，压缩其他元素是为了其他元素的生存发展。

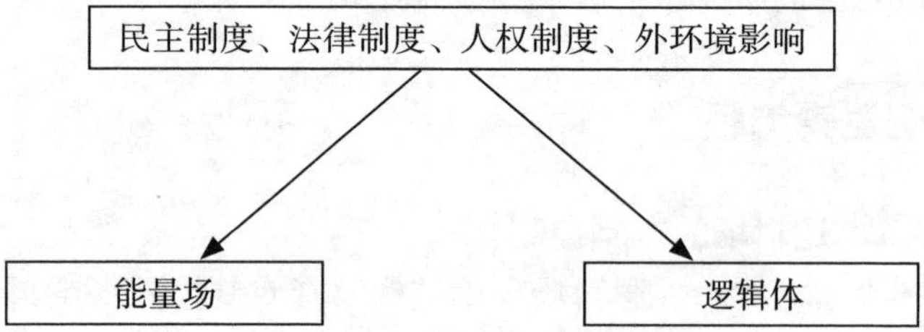

图 4－22　法制控制示意图

一些奴隶社会和封建社会的“明君”就有法制控制的某些要素。

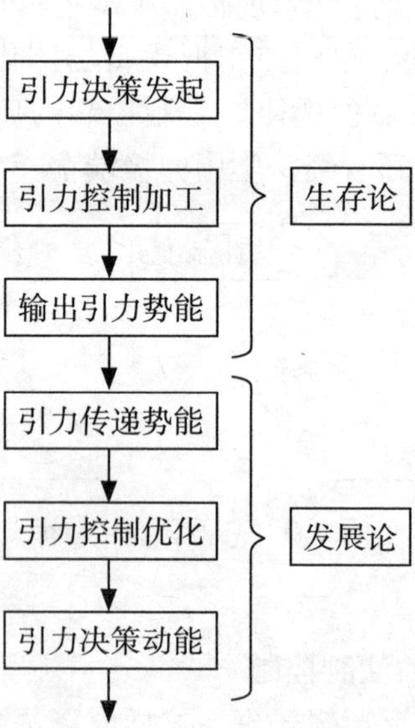

图 4－23　明逻辑工程示意图

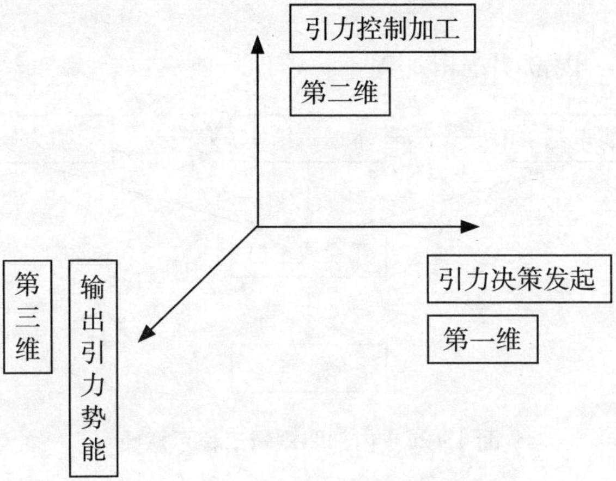

图 4－24　明逻辑生存论工程过程图

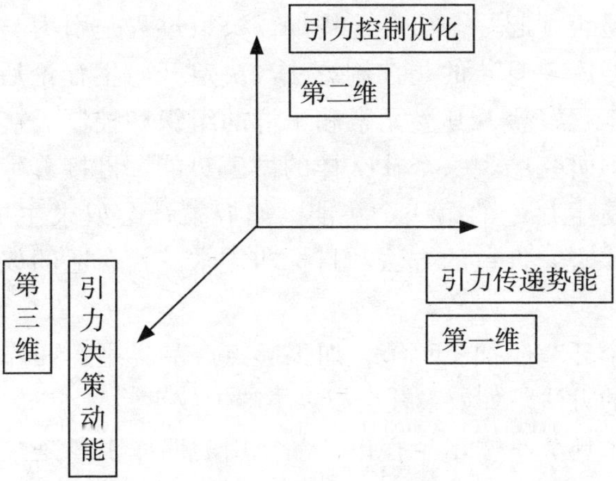

图 4－25　明逻辑发展论工程过程图

明逻辑工程仍然由生存论和发展论组成，引力控制整个工程，压缩本能，追求整体优化，工程不用建立暗能量场和暗引力场，完全以工程控制者的意愿发展工程，也就是说，它是和土木建筑工程一样的硬工程。逻辑场是一个体。

这里仍然用三维结构研究明逻辑工程。

4.3.3 内部明逻辑工程

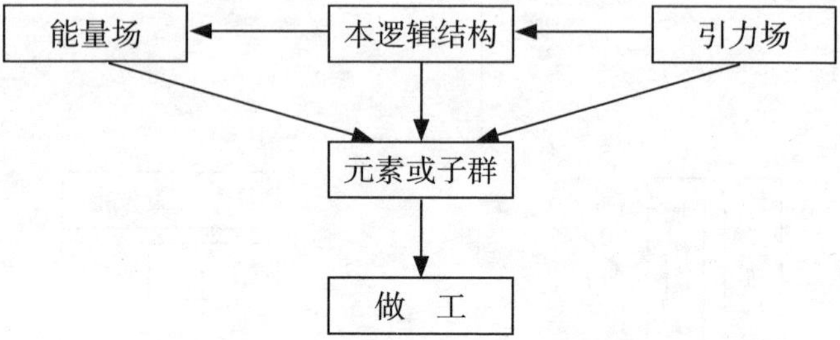

图 4-26　内部明逻辑工程示意图

4.3.3.1　生存论

内部明逻辑工程生存论的第一个环节是引力，即逻辑结构控制者决定是否发起一个生存论周期，决策过程是引力与能量场关联，决策四库工具装的是控制方法。决定开始生存论后，就接受能量，如工程资金，其受元素和子群的组织和控制。接着开始需求研究，即研究产生一个什么样的做工势能。再接着生产起点产品，这就是生存论的第一个势能。如奴隶社会奴隶主决定打鱼，这是决策。研究打鱼的方法和目标叫需求。找合适的奴隶叫生产起点产品。

第二个环节叫加工环节，加工起点产品，用的四库工具都是控制加工的方法。如奴隶社会奴隶主喂饱奴隶。

第三个环节是输出生存论产品，用的四库工具是控制元素和子群的方法。如奴隶社会，奴隶主喂饱奴隶后就组织并控制他们，准备做工。

4.3.3.2　发展论

发展论的第一个环节是输入势能，四库工具仍然是控制元素和子群的方法。如奴隶主加强对奴隶的组织和控制，开始做工前的准备工作。

发展论第二个环节是优化势能，重点优化生产工具和生产资料。如奴隶主组织奴隶修补渔船和渔网，准备鱼饵一类的生产资料。

发展论的第三个环节是输出动能的环节，即吃饱了饭，有捕鱼工具和鱼饵的奴隶，在奴隶主的控制下，出海捕鱼了。一个生存发展论结束，开始新的生存发展论周期。

4.3.4　破坏民主和人权的内部明逻辑工程

图4－27　破坏民主和人权的内部明逻辑工程

同暗逻辑工程古今中外都有一样，明逻辑工程同样古今中外也都有。

4.3.4.1　生存论

这种逻辑工程的开始是某种有着个人主义本能的元素和子群建立控制逻辑体的权利，接着做决策发起生存发展论工程，决策库都是控制论，研究需求，制造起点产品。

第二个环节是加工势能的环节。

第三个环节是生存论输出势能。

4.3.4.2　发展论

发展论的第一个环节是接受生存论输出的势能作为输入。

发展论的第二个环节是优化势能。

发展论的第三个环节是输出动能。

这种内部明逻辑工程有以下几个特点：首先，用达尔文进化论的弱肉强食思想生存发展；其次，控制没有民主制度和人权制度；再次，工程破坏整体性。因此，这是破坏民主和人权的内部明逻辑工程。

4.3.5　支持民主和人权的内部明逻辑工程

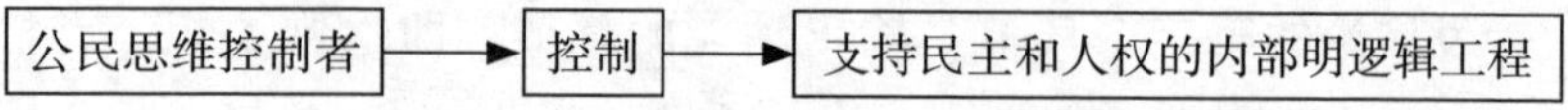

图 4－28　支持民主和人权的内部明逻辑工程

为了解释支持民主和人权的内部明逻辑工程，以新中国根治淮河的工程为例。

4.3.5.1　生存论

这个工程的第一个环节：中国共产党控制了全国政权，党的领袖都有为人民服务的思想，决策工作是解决人民群众世代受淮河泛滥之苦，决策四库工具是党的宗旨和人民的需要，起点产品是党组织的人民群众。

这个工程的第二个环节：中国共产党让群众有吃有穿，有团结起来根治淮河水灾的决心，这时的四库工具就是党的群众路线。

这个工程的第三个环节：中国共产党用群众路线培养起一支改造淮河的千军万马。

4.3.5.2　发展论

发展论工程的第一个环节：参与改造淮河的群众开始准备工作。

发展论工程的第二个环节：党组织群众准备生产工具和生产资料，优化组织结构。

发展论工程的第三个环节：党领导群众成功根治淮河水灾，输出了伟大的动能。

在这个逻辑工程中，仍然是控制代替了本能，但控制不是个人主义弱肉强食的控制，而是为人民服务的控制，即控制者有公民思维。这一回的工程控制有群众路线，因此有民主制度，有为人民去水患的目标，讲人权制度，再加上改造淮河有利于中国的整体发展，因此是一个支持民主和人权的内部明逻辑工程。

4.3.6　外部明逻辑工程

外部明逻辑工程指外环境引力的控制者通过影响外部逻辑结构的能量场而影响本逻辑结构的能量场，通过影响外部逻辑结构的引力场而影响本逻辑结构的引力场，通过影响本逻辑结构的能量场和引力场而影响本逻辑结构。这个外环境引力的控制者或者是个人主义者，讲弱肉强食，或者是公民思维者，讲人类正义。

如图 4－29 所示，外部逻辑体通过明逻辑工程用外能量场和外引力场影响本逻辑体的能量场和引力场，最终影响本逻辑体。如外国影响中国。

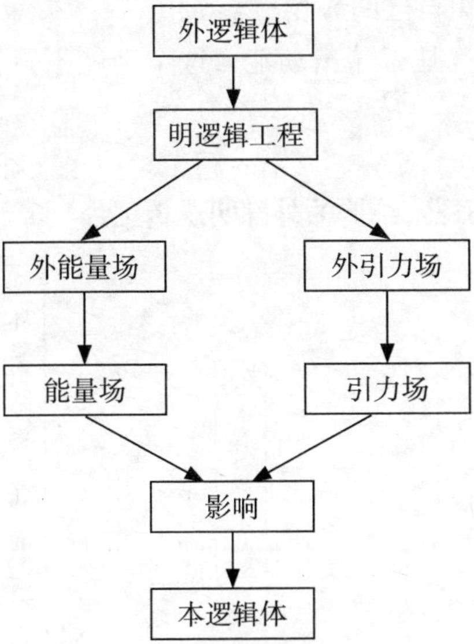

图 4－29　外部明逻辑工程示意图

4.3.6.1　生存论

外部明逻辑工程生存论的第一步是，外部某逻辑结构控制了外环境，成为外环境秩序的制定者，接着决策外环境能量场的发展方向，需求研究是研究能量场的具体发展要求，起点产品是自己发展能量场的势能。

第二步，加工自己的势能，通过影响别的逻辑结构的能量场来满足自己的势能。

第三步，输出自己生存论的势能，常常是通过影响别的逻辑结构的能量场来得到势能。

4.3.6.2 发展论

外部明逻辑工程发展论的第一步是，通过影响其他逻辑结构的能量场得到势能加工的外环境，控制者以生存论为基础开始发展论。

第二步，在势能优化环节，用自己的引力场影响别的逻辑结构的引力场，优化自己的势能。

第三步，决策是否输出动能，这个动能不得了，常常是侵略战争。

4.3.7 破坏逻辑结构的外部明逻辑工程

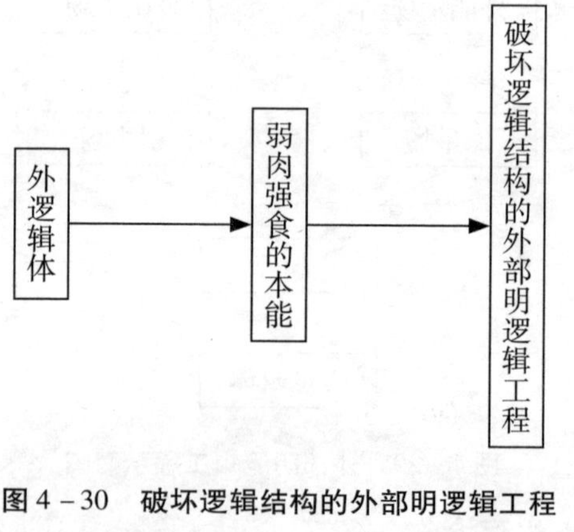

图 4-30 破坏逻辑结构的外部明逻辑工程

1840 年，中英爆发鸦片战争，现在，用逻辑结构学和逻辑工程学对其进行研究。

4.3.7.1　生存论

生存论的第一个环节：觊觎中国财富的英国决策用鸦片贸易扭转其在中英贸易中的不利地位，决定向中国输入鸦片，起点是派出商人和商船。

第二个环节：鸦片在中国泛滥，英国的逆差变成巨额顺差，英国的鸦片贸易成功地生存了。

第三个环节：鸦片贸易由生存论输出，成为英国对华的重大国策。

4.3.7.2　发展论

发展论的第一个环节：鸦片贸易成为英国对华国政策的重要内容，英国决策用鸦片贸易侵略中国。

发展论的第二个环节：英国对中国能量场的严重破坏，即鸦片对中华民族的危害让中国政府决定禁烟，这时，英国采用引力场力量，诉中国违法，威胁武力干涉。

发展论的第三个环节：英国决策发出动能，也就是武力侵略中国，中国跌入了半封建半殖民地的黑暗时期。

这种逻辑工程发生的根本原因是英国具有个人主义弱肉强食的帝国主义特点。

英国先在能量场用鸦片贸易影响中国的能量场，又在引力场用帝国主义法律影响中国的引力场，直至发出动能即发起侵略战争。

4.3.8　支持逻辑结构的外部明逻辑工程

“二战”后，世界出现了一个伟大的国际组织——联合国，它做了很多维护世界和谐发展的好事，给发展中国家提供了一个重要的活动舞台，中国成为联合国的常任理事国，联合国无疑是一个重大的外部明逻辑工程。发起联合国的是美、苏两大阵营，这两大阵营在“二战”结束时，因为时代的原因，都用公民思维做着开创联合国的工作。

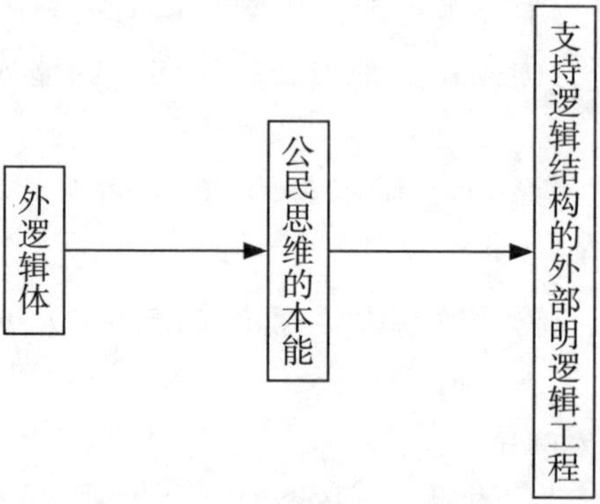

图 4-31　支持逻辑结构的外部明逻辑工程

4.3.8.1　生存论

生存论的第一个环节，美、苏两大阵营基于“二战”的残酷性，以及世界人民渴望和平的要求，决定发起一个新的国际秩序，联合国由此诞生。在需求阶段，美、苏和其他国家研究了联合国的组织结构、形式功能。在生产起点产品阶段，起草了联合国宪章。在生存论的第二个环节，美、苏向世界宣传成立联合国的主张，发起国签订联合国宪章，联合国诞生。在生存论的第三个环节，联合国选址，并建立起自己的组织框架，联合国机构出现了。

4.3.8.2　发展论

发展论的第一个环节，联合国做准备工作，准备把宪章变成国际秩序。在发展论的第二个环节，联合国优化其机构，如征收会费，组建维和部队等。在发展论的第三个环节，联合国决定发出动能，让战乱地区出现维和部队的身影，让饥饿地区出现联合国的救济物资。

这一节仍然提出了两种思想和四个工程，两种思想是弱肉强食控制和公民思维控制，四个工程是破坏民主和人权的内部明逻辑工程、支持民主和人权的内部明逻辑工程、破坏逻辑结构的外部明逻辑工程、支持逻辑结构的外部明逻辑工程。如图 4－32 所示。

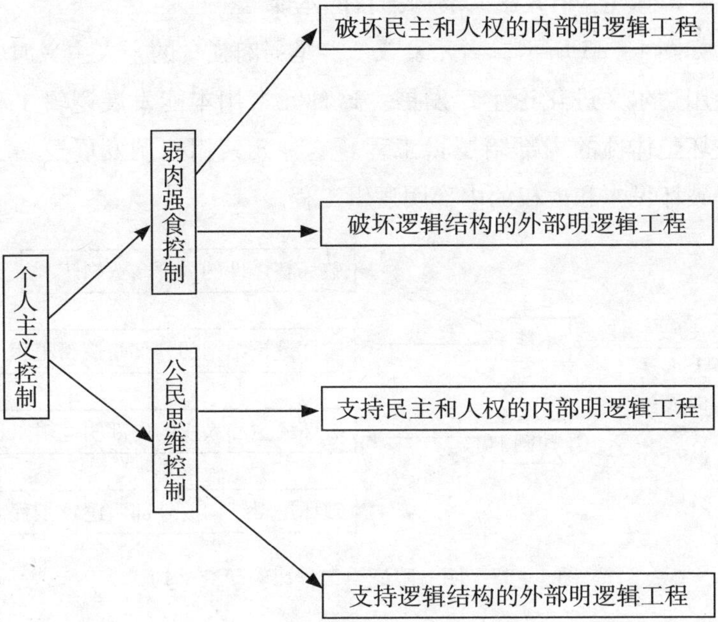

图 4－32 明逻辑工程原理示意图

明逻辑工程指少数元素或子群控制了逻辑结构，为了得到更多的能量，发起控制逻辑工程，用引力控制代替本能和契约作决策，仍然是压缩本能创造势能再释放势能，势能转化成动能做工。仍然有生存论和发展论两个阶段。

当个人主义控制用达尔文进化论的弱肉强食思想作为自己的控制思想时，就会产生破坏民主和人权的内部明逻辑工程和破坏逻辑结构的外部明逻辑工程。

当个人主义控制用公民思维作为自己的控制思想时，就会产生支持民主和人权的内部明逻辑工程和支持逻辑结构的外部明逻辑工程。

4.3.9 明、暗逻辑工程比较研究

4.3.9.1 个人主义弱肉强食的本能

如图4－33所示，当元素或子群是弱肉强食的个人主义时，它就会用达尔文进化论生存发展。这种元素用本能发展逻辑工程就是破坏整体性的内部暗逻辑工程。这种元素用控制发展逻辑工程就是破坏民主和人权的内部明逻辑工程。

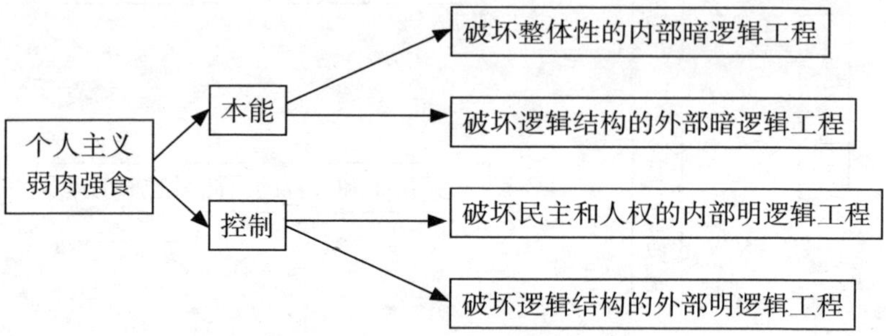

图4－33 明、暗逻辑工程比较研究（1）

当外部逻辑结构是弱肉强食的个人主义时，它仍然用达尔文进化论让自身的逻辑结构生存发展。这种逻辑结构用本能发展逻辑工程就是破坏逻辑结构的外部暗逻辑工程。这种元素用控制发展逻辑工程就是破坏逻辑结构的外部明逻辑工程。

4.3.9.2 个人主义公民思维的本能

如图4－34所示，当元素或子群是公民思维的个人主义时，它就会用集体主义和个体主义的理论生存发展。这种元素用本能发展逻辑工程就是支持整体性的内部暗逻辑工程。这种元素用控制发展逻辑工程就是支持民主和人权的内部明逻辑工程。

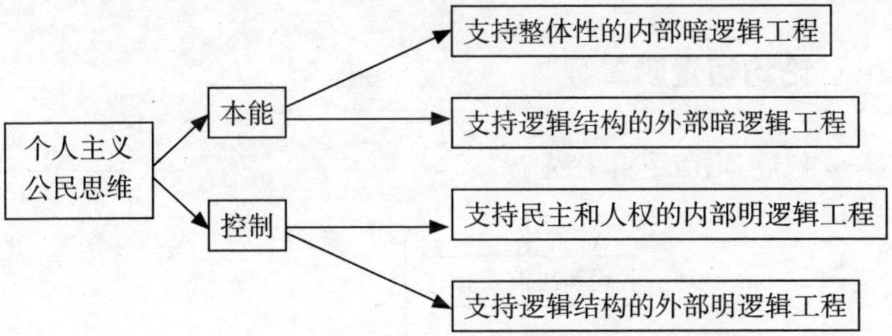

图 4-34　明、暗逻辑工程比较研究（2）

当外部逻辑结构是公民思维的个人主义时，它仍然用集体主义和个体主义的理论让自身的逻辑结构生存发展。这种逻辑结构用本能发展逻辑工程就是支持逻辑结构的外部暗逻辑工程。这种元素用控制发展逻辑工程就是支持逻辑结构的外部明逻辑工程。

如图 4-35 所示，本书初步完成了明、暗逻辑场和明、暗逻辑工程的知识结构的建立。明逻辑场产生控制，暗逻辑场产生规律。这是一个广阔的研究领域，需要新建的知识结构还有很多，需要完善的地方也还有很多。

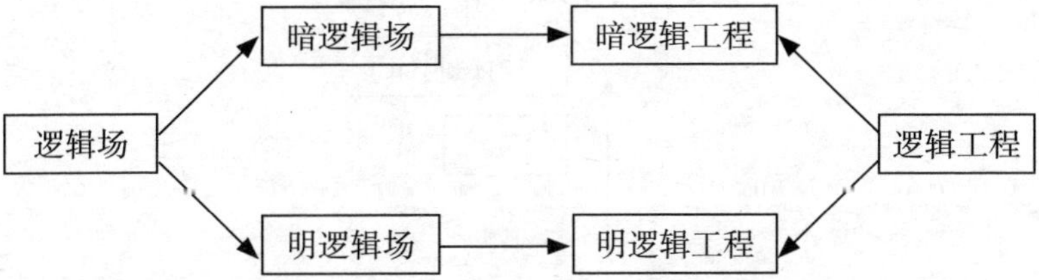

图 4-35　明、暗逻辑场研究示意图

4.4 论均衡逻辑工程

4.4.1 均衡逻辑工程

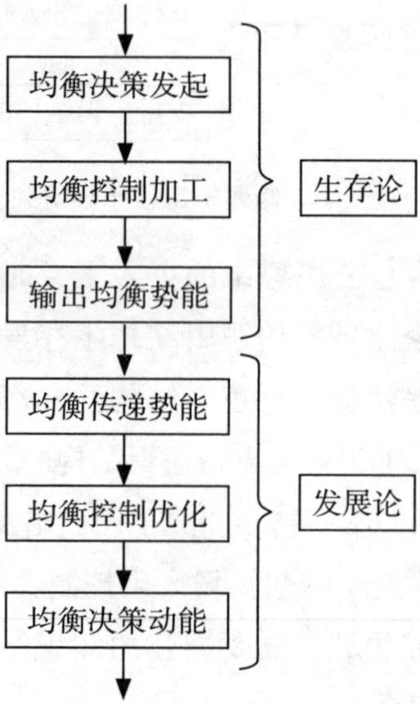

图 4－36 均衡逻辑工程示意图

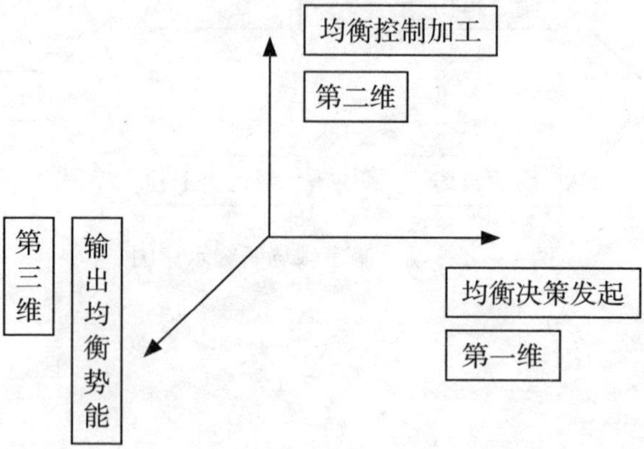

图 4－37 均衡逻辑生存论工程过程图

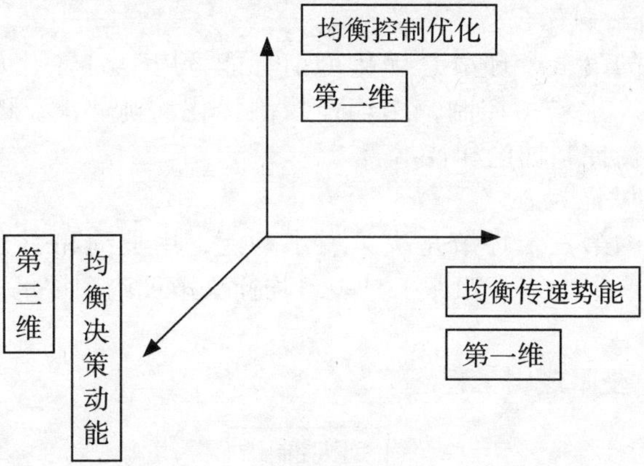

图4-38 均衡逻辑发展论工程过程图

4.4.1.1 生存论

1. 均衡决策发起

均衡逻辑工程有一个基本的工程要求——均衡，控制是引力和契约均衡的结果，能量是控制和能量场均衡的结果。

生存论的第一维由契约和引力场引力达成决策均衡，决策四库工具装着民主、法律、人权、外环境影响等思想和制度。接着是需求研究，确定工程的功能，需求的确定由契约和引力均衡确定。然后是再生产起点产品，即输入能量，准备工程资金、人员和组织结构，这些工作需要两次均衡，第一次均衡指契约和引力达成均衡控制，第二次均衡指均衡控制与能量场达成均衡。

2. 均衡控制加工

生存论的第二维是加工能量产生势能的环节，这时，契约分别与引力场和能量场达成均衡控制，两个均衡控制达成均衡控制加工。四库工具装着各种控制理论。

3. 输出均衡势能

生存论的结尾输出均衡势能，这个势能是契约分别与引力场和能量场均衡，用两个均衡自我压缩的结果。

4.4.1.2 发展论

1. 均衡传递势能

发展论的第一个环节是输入生存论的输出势能，准备做工。

2. 均衡控制优化

发展论的第二个环节是优化均衡势能，用契约与引力场和能量场的均衡产生均衡控制，用均衡控制优化均衡势能。四库工具装有各种均衡控制理论和技术。

3. 均衡决策动能

发展论的第三个环节是决策发出动能，用契约和引力场与能量场的均衡产生决策。四库工具装着均衡决策理论和技术。

4.4.2 受限逻辑工程

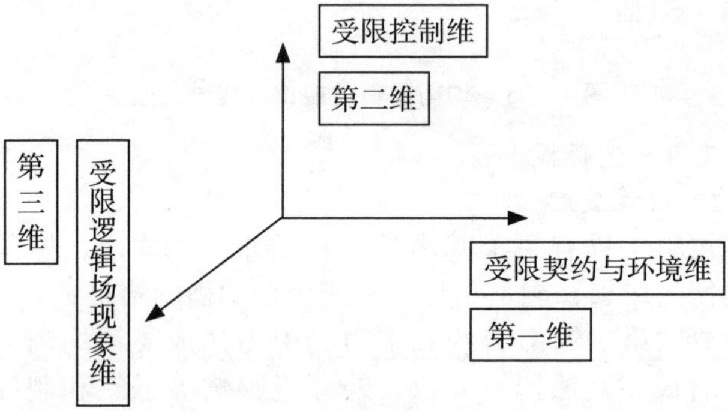

图 4－39 受限逻辑工程生存论工程过程图

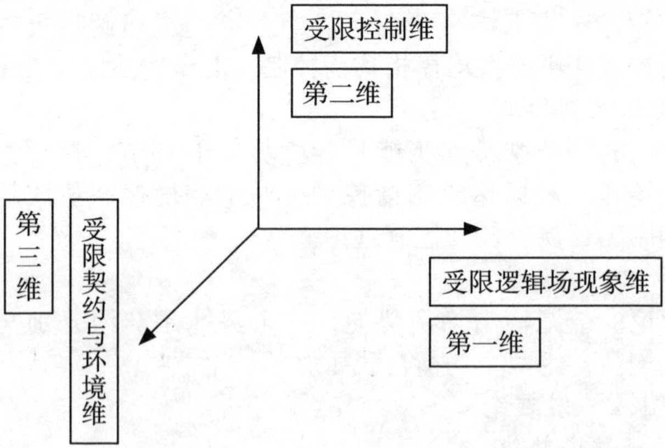

图 4－40 受限逻辑工程发展论工程过程图

均衡逻辑工程和明、暗逻辑工程有一个重大的区别，即均衡逻辑工程是受限逻辑工程。明、暗逻辑工程的能量场和引力场虽然也是有限的，但逻辑工程的决策是无限的，如中国的长城和大运河，外国的金字塔。

4.4.2.1 生存论

1. 受限契约与环境维

均衡引力场和均衡能量场是有限的，决策知识是有限的，因此，发起逻辑工程的决策也是有限的。决策四库工具的内容也是有限的，有限的四库工具再次让决策成为有限决策。

这里的需求也是有限的，主要是知识的有限造成需求研究的有限。

起点产品是均衡能量，这里提出，均衡就是有限，因此，起点产品就是有限产品。

2. 受限控制维

生存论的第二维是加工势能的环节，因为控制源于均衡，均衡制造有限，因此，这里的控制是有限控制，加工是有限加工，即契约有限压缩自己。

3. 受限逻辑场现象维

生存论的第三维是受限逻辑场现象维，输出受限势能。势能就是逻辑场现象。

4.4.2.2 发展论

1. 受限逻辑场现象维

发展论的第一维是输入生存论产生的受限势能。

2. 受限控制维

发展论的第二维是优化受限势能，因为优化控制产生于均衡，均衡制造有限，因此，优化控制也是有限控制，优化是有限优化，是契约在发展论阶段再一次有限压缩自己。

3. 受限契约与环境维

发展论的第三维是受限契约与环境维，由契约和引力场达成均衡，再由契约与能量场达成均衡，用两个均衡决策是否发出动能，动能是有限动能。

4.4.3 微观逻辑工程

微观逻辑工程是一种解决具体问题的逻辑工程，运用的对象一般为元素。

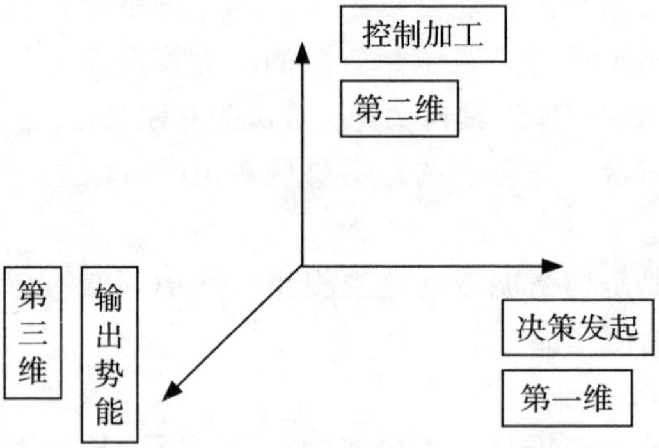

图 4-41 微观逻辑生存论工程过程图

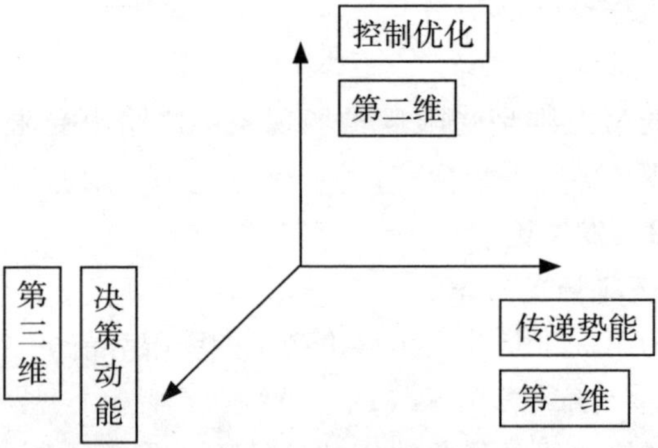

图 4-42 微观逻辑发展论工程过程图

4.4.3.1 生存论

1. 决策发起

生存论的决策发起维，由元素本能与逻辑结构引力场达成均衡，再由元素本能与逻辑结构能量场达成均衡，产生有限决策。需求研究确定工程的有限功能，输出起点有限产品。

2. 控制加工

生存论的控制加工维，由元素本能与能量场和引力场达成均衡，产生有限控制加工，元素本能有限自我压缩。

3. 输出势能

生存论的输出势能维输出有限势能。

4.4.3.2 发展论

1. 传递势能

生存论的有限势能输入发展论。

2. 控制优化

发展论的控制优化维，仍然由元素本能与能量场和引力场达成均衡，产生有限控制优化，元素本能再次有限自我压缩。

3. 决策动能

发展论的决策输出动能维，决策仍然建立在本能与能量场和引力场均衡的基础上，均衡产生有限，因此决策是有限决策。这个环节仍然有需求研究，研究动能的作用，最后输出有限动能。

4.4.4 宏观逻辑工程

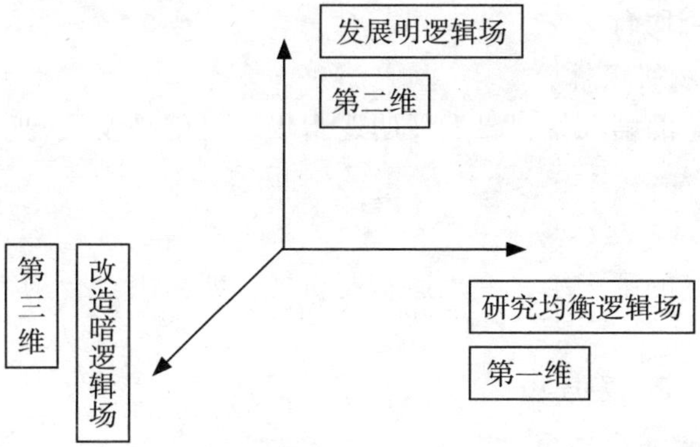

图4-43 宏观逻辑工程生存论工程过程图

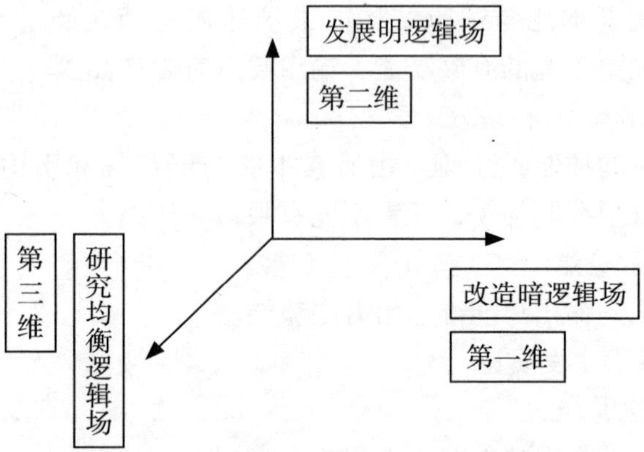

图 4－44　宏观逻辑工程发展论工程过程图

宏观逻辑工程往往是规模大的子群或逻辑结构自己做的逻辑工程。

4.4.4.1　生存论

1. 研究均衡逻辑场

生存论的第一维，在做决策、进行需求研究、制造起点产品时，都需要研究均衡逻辑场的均衡，以产生均衡决策和均衡控制。这个均衡不仅指契约与民主制度、法律制度、人权制度、外环境影响四大引力场的加权逻辑和是否均衡；还指契约和能量场的综合要求是否均衡。

2. 发展明逻辑场

生存论的第二维，要发展明逻辑场，也就是发展与引力场均衡的制度。

3. 改造暗逻辑场

生存论的第三维，要改造暗逻辑场，即输出符合均衡的明加工的本能。

4.4.4.2　发展论

1. 改造暗逻辑场

均衡本能输入发展论，准备对其优化。

2. 发展明逻辑场

优化控制用明逻辑场方法。

3. 研究均衡逻辑场

是否发出势能转动能，要研究均衡逻辑场的均衡，达到均衡就发出动能做工。

均衡逻辑工程就是一个现代化国家成功的民主事业、法治事业和人权事业。

逻辑结构学与逻辑工程学都不只适用于社会科学，而是既适用于社会科学又适用于自然科学，只是笔者研究它们时，因为要写一部社会科学的著作，因此用了社会科学的语言。这回写《逻辑场软件工程学》，本应用自然科学的语言代替社会科学的语言，但是，一方面因为时间紧迫，另一方面想到用社会科学的语言叙述软件工程学研究也说得过去，因为软件工程学同时有社会科学和自然科学的组成部分，于是笔者只把以前的研究略作优化收入本书，至于用自然科学语言甚至数学语言叙述逻辑结构学与逻辑工程学的工作，笔者以后会做，也盼望比笔者更优秀的学者参与这个工作。

第 5 章　逻辑场软件工程与项目管理

5.1　逻辑场软件定义

逻辑场软件的定义分为两个阶段，第一个阶段叫作程序，这种定义只把计算机指令当成软件，第二个阶段是指软件危机爆发后，软件工程学提出的定义，详见第 1 章的基础理论概述。几十年过去了，计算机科学技术迅猛发展，网络和无线网络科学技术迅猛发展，软件的定义有了过时之感。本书提出逻辑场软件工程学，意图发明一种新的软件开发思想，这里先提出新的软件概念。

5.1.1　机器人软件

当代的科学技术，软件结构高度人工智能化，软件的输入可以是电子眼、电子耳、电子口、电子鼻、电子触觉等，软件的输出同样是电子手脚的行动、电子声像的展示、电子器官的工作等。使软件具备神经网络也不是一件很难的工作，一切软件开发的根本愿望就是为了一定结构域或一定问题域的人工智能，任何软件都可以是人工智能丰富或人工智能简化的软件。这说明，一切软件都可以从机器人的角度定义，软件开发思想可以从工程学角度转换为机器人的生命期角度。

5.1.1.1　程序员的系统结构

逻辑场软件工程学提出这样一个理念：研究逻辑场软件工程学软件概念的同时还要研究程序员和开发团体的概念，即研究程序员和开发团体的逻辑结构，也就是系统结构。

本书第 3 章提出了完整的逻辑结构学，这里给出逻辑结构学应用于逻辑场软件工程学的程序员和开发团体的逻辑结构。需要指出的是，机器人软件的逻辑结构与程序员或开发团体类似，而且是逻辑场软件开发系统的均衡条件。

第 1 章提到：根据脑科学的研究，人类智能总体上可分为高、中、低三个层次，不同层次智能的活动由不同的神经系统来完成。是否可以这样说：高级逻辑结构对应高层智能、中级逻辑结构对应中层智能、初级逻辑结构对应低层智能？

5.1.1.1.1　生存论

1. 生存论系统结构

高级逻辑结构 = 中级逻辑结构 + 主观能动性变量 + 自创的逻辑关联。

高级逻辑结构：$L3$

中级逻辑结构：$L2$

主观能动性变量：n

自创的逻辑关联：$j3$

高级逻辑结构能写成：$L3 = L2 + n + j3$（公式 5.1）。

在逻辑场软件开发系统中，程序员开发出软件系统的高层智能即完成总体工作，工作的核心是 n，即程序员的主观能动性，n 接收的能量以知识的形态存在，这是一个决策阶段的决策模型。

中级逻辑结构 = 初级逻辑结构 + 环境变量 + 自创的逻辑关联。

中级逻辑结构：$L2$

初级逻辑结构：$L1$

环境变量：d

自创的逻辑关联：$j2$

中级逻辑结构能写成：$L2 = L1 + d + j2$（公式 5.2）。

在 $L3$ 的基础上，程序员开始把决策模型详细化，发展细化模型，开发软件系统的中层智能，工作的核心是 d，即各种限制条件，这是知识转化成力量的过程，这个阶段的模型叫力量模型。

初级逻辑结构 = 各种实际系统的有用要素 + 自创的逻辑关联。

初级逻辑结构：$L1$

各种实际系统的有用要素：y

自创的逻辑关联：$j1$

初级逻辑结构能写成：$L1 = y + j1$（公式 5.3）。

程序员把力量模型变成实现事物的过程，即开发软件系统的低层智能。

2. 开发团体的生存论系统结构

高级逻辑结构 = 中级逻辑结构 + 主观能动性变量 + 自创的逻辑关联。

高级逻辑结构：群 $L3$

中级逻辑结构：群 $L2$

主观能动性变量：群 n

自创的逻辑关联：群 $j3$

高级逻辑结构能写成：群 $L3$ = 群 $L2$ + 群 n + 群 $j3$（公式 5.4）。

开发团体开发出软件系统的高层智能即完成总体工作，工作的核心是群 n，即开发团体的主观能动性，群 n 接收的能量以知识的形态存在，这是一个决策阶段的决策模型。群 $L3$ 是子系统，由契约群 n 代替 n。

中级逻辑结构 = 初级逻辑结构 + 环境变量 + 自创的逻辑关联。

中级逻辑结构：群 $L2$

初级逻辑结构：群 $L1$

环境变量：群 d

自创的逻辑关联：群 $j2$

中级逻辑结构能写成：群 $L2$ = 群 $L1$ + 群 d + 群 $j2$（公式 5.5）。

在群 $L3$ 的基础上，开发团体开始把决策模型详细化，发展细化模型，开发软件系统的中层智能，工作的核心是群 d，即各种限制条件，这是知识转化成力量的过程，这个阶段的模型叫力量模型。群 $L2$ 是子系统，由群 d 代替 d。

初级逻辑结构 = 各种实际系统的有用要素 + 自创的逻辑关联。

初级逻辑结构：群 $L1$

各种实际系统的有用要素：群 y

自创的逻辑关联：群 $j1$

初级逻辑结构能写成：群 $L1$ = 群 y + 群 $j1$（公式 5.6）。

开发团体把力量模型变成实现事物的过程，即开发软件系统的低层智能。

5.1.1.1.2　发展论

1. 发展论系统结构

初级逻辑结构 = 各种实际系统的有用要素 + 自创的逻辑关联。

初级逻辑结构：$^*L1$

各种实际系统的有用要素：$^*y$

自创的逻辑关联：$^*j1$

初级逻辑结构写成：$^*L1 = {}^*y + {}^*j1$（公式 5.7）。

这是低层智能工作的阶段，这个过程常指用户使用软件系统。

中级逻辑结构 = 初级逻辑结构 + 环境变量 + 自创的逻辑关联。

中级逻辑结构：$^*L2$

初级逻辑结构：$^*L1$

环境变量：$^*d$

自创的逻辑关联：$^*j2$

中级逻辑结构能写成：$^*L2 = {}^*L1 + {}^*d + {}^*j2$（公式 5.8）。

这是程序员或用户维护软件系统的过程，维护工作常常受 $^*d$ 即限制条件的制约，也是中层智能的工作阶段，工作的核心是 $^*d$。

高级逻辑结构 = 中级逻辑结构 + 主观能动性变量 + 自创的逻辑关联。

高级逻辑结构：$^*L3$

中级逻辑结构：$^*L2$

主观能动性变量：$^*n$

自创的逻辑关联：$^*j3$

高级逻辑结构能写成：$^*L3 = {}^*L2 + {}^*n + {}^*j3$（公式5.9）。

这是程序员决定是优化还是废止软件系统的阶段，即高层智能的工作阶段，工作的核心是$^*n$，即用户或程序员的主观能动性。

2. 开发团体的发展论系统结构

初级逻辑结构 = 各种实际系统的有用要素 + 自创的逻辑关联。

初级逻辑结构：群$^*L1$

各种实际系统的有用要素：群$^*y$

自创的逻辑关联：群$^*j1$

初级逻辑结构能写成：群$^*L1$ = 群$^*y$ + 群$^*j1$（公式5.10）。

这是低层智能工作的阶段，这个过程常指用户群使用软件系统。

中级逻辑结构 = 初级逻辑结构 + 环境变量 + 自创的逻辑关联。

中级逻辑结构：群$^*L2$

初级逻辑结构：群$^*L1$

环境变量：群$^*d$

自创的逻辑关联：群$^*j2$

中级逻辑结构能写成：群$^*L2$ = 群$^*L1$ + 群$^*d$ + 群$^*j2$（公式5.11）。

这是开发团体维护软件系统的过程，也是中层智能完成工作的阶段，工作的核心是群$^*d$，即限制条件。

高级逻辑结构 = 中级逻辑结构 + 主观能动性变量 + 自创的逻辑关联。

高级逻辑结构：群$^*L3$

中级逻辑结构：群$^*L2$

主观能动性变量：群$^*n$

自创的逻辑关联：群$^*j3$

高级逻辑结构能写成：群$^*L3$ = 群$^*L2$ + 群$^*n$ + 群$^*j3$（公式5.12）。

这是开发团体决定软件系统是优化还是废止的阶段，是高层智能工作的阶段，工作的核心是群$^*n$。

5.1.1.1.3　单纯生存论程序员或开发团体

图5－1　单纯生存论元素示意图

一般的软件开发就是这种：单人开发，软件复杂度低，不负责软件应用的维护，典型的简单编程，只用单纯生存论过程。

5.1.1.1.4　单纯发展论程序员或开发团体

图5－2　单纯发展论元素示意图

一般的软件应用就是这种：单人使用简单软件，复杂度很低，只管使用，不管开发，只用单纯发展论过程。

5.1.1.1.5　生存发展论程序员或开发团体

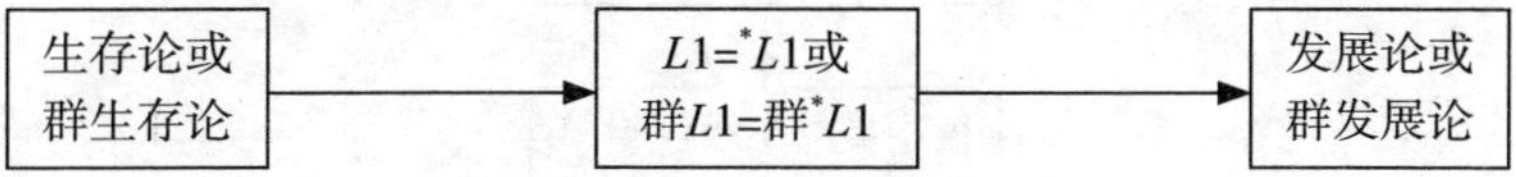

图5－3　生存发展论元素示意图

一般软件公司开发软件用这种方式：软件复杂度适中，适合用传统开发技术，可以在结构域程序开发中用面向过程的结构化技术，可以在问题域程序开发中用面向对象技术。

5.1.1.1.6　发展生存论程序员或开发团体

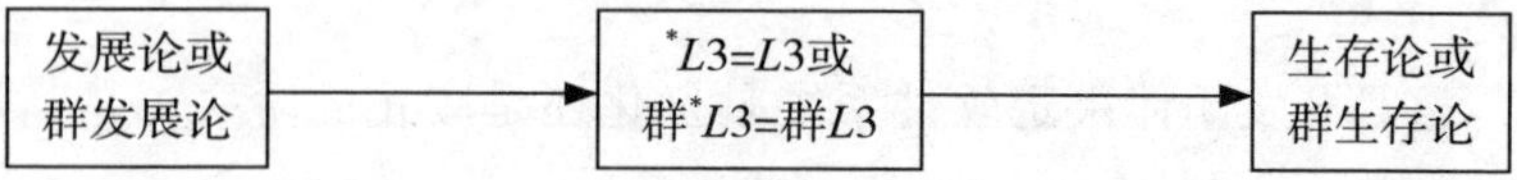

图5－4　发展生存论元素示意图

一般用户单位使用软件使用这种方式；软件复杂度适中，适合用传统使用技术。

5.1.1.1.7　综合方法论程序员或开发团体

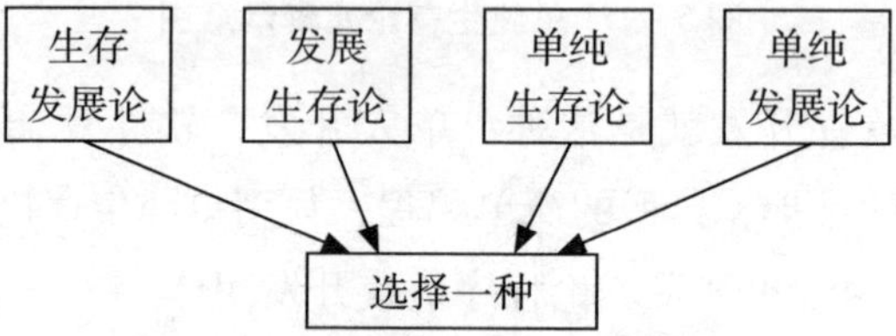

图5－5　综合方法论元素示意图

大型软件公司采用这种工作方式，开发大型软件应该用机器人软件开发方法。

5.1.1.2　程序员的暗系统结构

图5－6是程序员暗生存论的结构示意图。

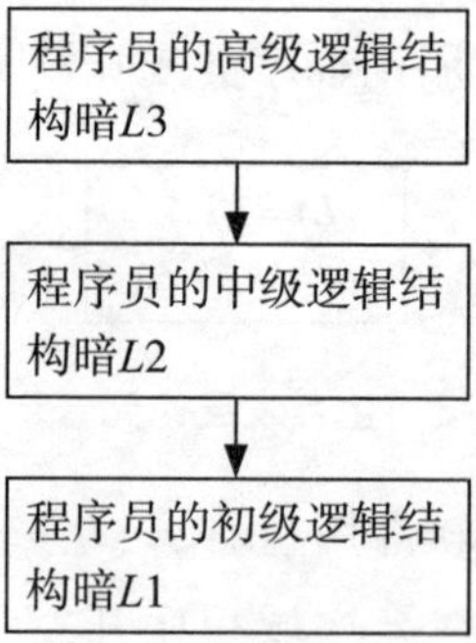

图5－6　程序员暗生存论结构示意图

图 5－7 是程序员暗发展论的结构示意图。

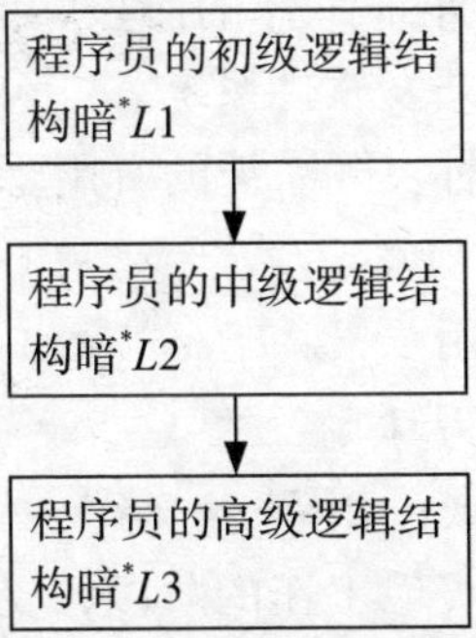

图 5－7　程序员暗发展论结构示意图

1. 生存论系统结构

高级逻辑结构 = 中级逻辑结构 + 主观能动性变量 + 自创的逻辑关联。

高级逻辑结构：暗 $L3$

中级逻辑结构：暗 $L2$

主观能动性变量：暗 n

自创的逻辑关联：暗 $j3$

高级逻辑结构能写成：暗 $L3$ ＝ 暗 $L2$ ＋ 暗 n ＋ 暗 $j3$（公式 5.13）。

这是高层智能完成总体工作的阶段，其工作的核心是暗 n，暗 n 起支配作用。这种暗软件开发有黑客、病毒、木马和个人发明创造两种类型。

中级逻辑结构 = 初级逻辑结构 + 环境变量 + 自创的逻辑关联。

中级逻辑结构：暗 $L2$

初级逻辑结构：暗 $L1$

环境变量：暗 d

自创的逻辑关联：暗 $j2$

中级逻辑结构能写成：暗 $L2$ ＝ 暗 $L1$ ＋ 暗 d ＋ 暗 $j2$（公

式 5.14）。

这是中层智能完成详细工作的阶段，暗 d 是弱控制，无视法律法规，受潜规则支配开发软件系统。

初级逻辑结构 = 各种实际系统的有用要素 + 自创的逻辑关联。

初级逻辑结构：暗 $L1$

各种实际系统的有用要素：暗 y

自创的逻辑关联：暗 $j1$

初级逻辑结构能写成：暗 $L1$ = 暗 y + 暗 $j1$（公式 5.15）。

这是低层智能完成实现工作的阶段，受暗 n 支配，分为两种：非法软件搞破坏，发明创造实现价值。

2. 发展论系统结构

初级逻辑结构 = 各种实际系统的有用要素 + 自创的逻辑关联。

初级逻辑结构：暗 * $L1$

各种实际系统的有用要素：暗 * y

自创的逻辑关联：暗 * $j1$

初级逻辑结构能写成：暗 * $L1$ = 暗 * y + 暗 * $j1$（公式 5.16）。

这是低层智能完成实现工作的阶段，如非法软件在社会的传播或个人发明创造的软件应用于社会。

中级逻辑结构 = 初级逻辑结构 + 环境变量 + 自创的逻辑关联。

中级逻辑结构：暗 * $L2$

初级逻辑结构：暗 * $L1$

环境变量：暗 * d

自创的逻辑关联：暗 * $j2$

中级逻辑结构能写成：暗 * $L2$ = 暗 * $L1$ + 暗 * d + 暗 * $j2$（公式 5.17）。

这是中层智能完成详细工作的阶段，暗 * d 是弱控制，在潜规则的庇护下，非法软件也会得到维护，个人发明创造的软件也会提供使用的指引。

高级逻辑结构 = 中级逻辑结构 + 主观能动性变量 + 自创的逻

辑关联。

高级逻辑结构：暗$^*L3$

中级逻辑结构：暗$^*L2$

主观能动性变量：暗$^*n$

自创的逻辑关联：暗$^*j3$

高级逻辑结构能写成：暗$^*L3$ = 暗$^*L2$ + 暗$^*n$ + 暗$^*j3$（公式 5.18）。

这是高层智能完成总体工作的阶段，暗$^*n$ 起支配作用，在个人主义本能的支配下，非法软件会变种或升级换代，个人的发明创造也会不断成熟发展。

3. 开发团体的系统结构

暗软件开发系统的开发团体，自己就是一个暗软件开发系统，一样有程序员、程序员关联和程序员控制。

4. 开发团体的生存论系统结构

高级逻辑结构 = 中级逻辑结构 + 主观能动性变量 + 自创的逻辑关联。

高级逻辑结构：暗群 $L3$

中级逻辑结构：暗群 $L2$

主观能动性变量：暗群 n

自创的逻辑关联：暗群 $j3$

高级逻辑结构能写成：暗群 $L3$ = 暗群 $L2$ + 暗群 n + 暗群 $j3$（公式 5.19）。

这是高层智能的完成总体工作的阶段，暗群 n 起支配作用。

中级逻辑结构 = 初级逻辑结构 + 环境变量 + 自创的逻辑关联。

中级逻辑结构：暗群 $L2$

初级逻辑结构：暗群 $L1$

环境变量：暗群 d

自创的逻辑关联：暗群 $j2$

中级逻辑结构能写成：暗群 $L2$ = 暗群 $L1$ + 暗群 d + 暗群 $j2$（公式 5.20）。

这是中层智能完成详细工作的阶段，暗群 d 是弱控制，即引力场对子系统的控制程度低，团队的暗软件开发只受潜规则影响，无视法律法规。

初级逻辑结构 = 各种实际系统的有用要素 + 自创的逻辑关联。

初级逻辑结构：暗群 $L1$

各种实际系统的有用要素：暗群 y

自创的逻辑关联：暗群 $j1$

初级逻辑结构能写成：暗群 $L1$ = 暗群 y + 暗群 $j1$（公式 5.21）。

这是低层智能完成实现工作的阶段，是一种团体行为。

5. 开发团体的发展论系统结构

初级逻辑结构 = 各种实际系统的有用要素 + 自创的逻辑关联。

初级逻辑结构：暗群 $^*L1$

各种实际系统的有用要素：暗群 $^*y$

自创的逻辑关联：暗群 $^*j1$

初级逻辑结构能写成：暗群 $^*L1$ = 暗群 $^*y$ + 暗群 $^*j1$（公式 5.22）。

这是低层智能完成实现工作的阶段，即软件使用阶段。

中级逻辑结构 = 初级逻辑结构 + 环境变量 + 自创的逻辑关联。

中级逻辑结构：暗群 $^*L2$

初级逻辑结构：暗群 $^*L1$

环境变量：暗群 $^*d$

自创的逻辑关联：暗群 $^*j2$

中级逻辑结构能写成：暗群 $^*L2$ = 暗群 $^*L1$ + 暗群 $^*d$ + 暗群 $^*j2$（公式 5.23）。

这是中层智能完成详细工作的阶段，暗群 $^*d$ 是弱控制。这是软件维护阶段，暗群 $^*d$ 指潜规则。

高级逻辑结构 = 中级逻辑结构 + 主观能动性变量 + 自创的逻辑关联。

高级逻辑结构：暗群 $^*L3$

中级逻辑结构：暗群 $^*L2$

主观能动性变量：暗群 $^*n$

自创的逻辑关联：暗群 $^{*}j3$

高级逻辑结构能写成：暗群 $^{*}L3$ = 暗群 $^{*}L2$ + 暗群 $^{*}n$ + 暗群 $^{*}j3$（公式 5.24）。

这是高层智能完成总体工作的阶段，暗群 $^{*}n$ 起支配作用。这是软件修改、升级阶段，暗群 $^{*}n$ 指个人主义本能达成的契约。

5.1.1.3 程序员的明系统结构

图 5－8 是明软件开发系统程序员系统结构图，对这个图的解释如下：

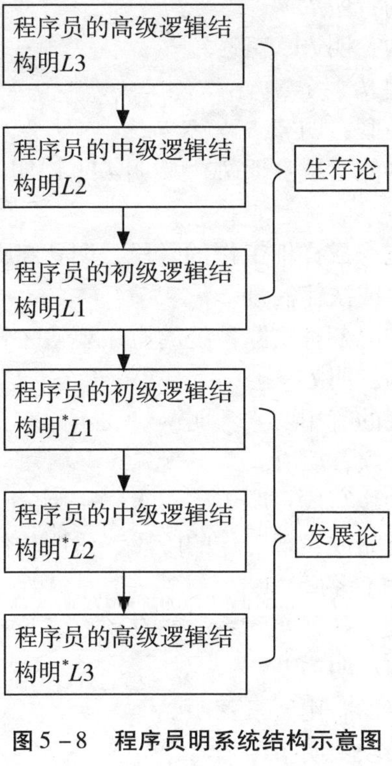

图 5－8 程序员明系统结构示意图

1. 生存论系统结构

高级逻辑结构 = 中级逻辑结构 + 主观能动性变量 + 自创的逻辑关联。

高级逻辑结构：明 $L3$

中级逻辑结构：明 $L2$

主观能动性变量：明 n

自创的逻辑关联：明 $j3$

高级逻辑结构能写成：明 $L3$ = 明 $L2$ + 明 n + 明 $j3$（公式 5.25）。

这是高级智能完成总体工作的阶段，明 n 是弱作用，如软件垄断公司的软件开发或政府结构域的软件开发。

中级逻辑结构 = 初级逻辑结构 + 环境变量 + 自创的逻辑关联。

中级逻辑结构：明 $L2$

初级逻辑结构：明 $L1$

环境变量：明 d

自创的逻辑关联：明 $j2$

中级逻辑结构能写成：明 $L2$ = 明 $L1$ + 明 d + 明 $j2$（公式 5.26）。

这是中层智能完成详细工作的阶段，明 d 起支配作用，明 d 指垄断公司的影响力或法律法规。

初级逻辑结构 = 各种实际系统的有用要素 + 自创的逻辑关联。

初级逻辑结构：明 $L1$

各种实际系统的有用要素：明 y

自创的逻辑关联：明 $j1$

初级逻辑结构能写成：明 $L1$ = 明 y + 明 $j1$（公式 5.27）。

这是低层智能完成实现工作的阶段，是明软件的实现阶段。

2. 发展论系统结构

初级逻辑结构 = 各种实际系统的有用要素 + 自创的逻辑关联。

初级逻辑结构：明 $^*L1$

各种实际系统的有用要素：明 $^*y$

自创的逻辑关联：明 $^*j1$

初级逻辑结构能写成：明 $^*L1$ = 明 $^*y$ + 明 $^*j1$（公式 5.28）。

这是低层智能完成实现工作的阶段，是明软件的使用阶段。

中级逻辑结构 = 初级逻辑结构 + 环境变量 + 自创的逻辑关联。

中级逻辑结构：明 $^*L2$

初级逻辑结构：明 * $L1$

环境变量：明 * d

自创的逻辑关联：明 * $j2$

中级逻辑结构能写成：明 * $L2$ = 明 * $L1$ + 明 * d + 明 * $j2$（公式5.29）。

这是中层智能完成详细工作的阶段，明 * d 起支配地位，是明软件的维护阶段，明 * d 指垄断秩序或法律法规。

高级逻辑结构 = 中级逻辑结构 + 主观能动性变量 + 自创的逻辑关联。

高级逻辑结构：明 * $L3$

中级逻辑结构：明 * $L2$

主观能动性变量：明 * n

自创的逻辑关联：明 * $j3$

高级逻辑结构能写成：明 * $L3$ = 明 * $L2$ + 明 * n + 明 * $j3$（公式5.30）。

这是高层智能完成总体工作的阶段，明 * n 是弱作用，个人主义本能被抑制。

3. 开发团体的系统结构

明软件开发系统的开发团体，自己就是一个明软件开发系统，一样有程序员、程序员关联和程序员控制。

4. 开发团体的生存论系统结构

高级逻辑结构 = 中级逻辑结构 + 主观能动性变量 + 自创的逻辑关联。

高级逻辑结构：明群 $L3$

中级逻辑结构：明群 $L2$

主观能动性变量：明群 n

自创的逻辑关联：明群 $j3$

高级逻辑结构能写成：明群 $L3$ = 明群 $L2$ + 明群 n + 明群 $j3$（公式5.31）。

这是高层智能完成总体工作的阶段，明群 n 是弱作用，个人主义本能被垄断秩序或法律法规抑制，垄断企业群或政府部门群开发专制软件。

中级逻辑结构 = 初级逻辑结构 + 环境变量 + 自创的逻辑关联。

中级逻辑结构：明群 $L2$

初级逻辑结构：明群 $L1$

环境变量：明群 d

自创的逻辑关联：明群 $j2$

中级逻辑结构能写成：明群 $L2$ = 明群 $L1$ + 明群 d + 明群 $j2$（公式 5.32）。

这是中层智能完成详细工作的阶段，明群 d 起支配作用，垄断企业或政府控制软件的开发过程。

初级逻辑结构 = 各种实际系统的有用要素 + 自创的逻辑关联。

初级逻辑结构：明群 $L1$

各种实际系统的有用要素：明群 y

自创的逻辑关联：明群 $j1$

初级逻辑结构能写成：明群 $L1$ = 明群 y + 明群 $j1$（公式 5.33）。

这是低层智能完成实现工作的阶段，即软件系统被开发出来。

5. 开发团体的发展论系统结构

初级逻辑结构 = 各种实际系统的有用要素 + 自创的逻辑关联。

初级逻辑结构：明群 $^*L1$

各种实际系统的有用要素：明群 $^*y$

自创的逻辑关联：明群 $^*j1$

初级逻辑结构能写成：明群 $^*L1$ = 明群 $^*y$ + 明群 $^*j1$（公式 5.34）。

这是低层智能完成实现工作的阶段，即专制软件开始应用。

中级逻辑结构 = 初级逻辑结构 + 环境变量 + 自创的逻辑关联。

中级逻辑结构：明群 $^*L2$

初级逻辑结构：明群 $^*L1$

环境变量：明群 $^*d$

自创的逻辑关联：明群 $^*j2$

中级逻辑结构能写成：明群 $^*L2$ = 明群 $^*L1$ + 明群 $^*d$ + 明

群$^{*}j2$（公式5.35）。

这是中层智能完成详细工作的阶段，明群$^{*}d$起支配作用，如用专制方法维护专制软件。

高级逻辑结构 = 中级逻辑结构 + 主观能动性变量 + 自创的逻辑关联。

高级逻辑结构：明群$^{*}L3$

中级逻辑结构：明群$^{*}L2$

主观能动性变量：明群$^{*}n$

自创的逻辑关联：明群$^{*}j3$

高级逻辑结构能写成：明群$^{*}L3$ = 明群$^{*}L2$ + 明群$^{*}n$ + 明群$^{*}j3$（公式5.36）。

这是高层智能完成总体工作的阶段，明群$^{*}n$是弱作用，如用专制方法优化专制软件或废止专制软件。

5.1.1.4　程序员的均衡系统结构

图5－9是均衡软件开发系统的程序员系统结构示意图，对这个图的解释如下：

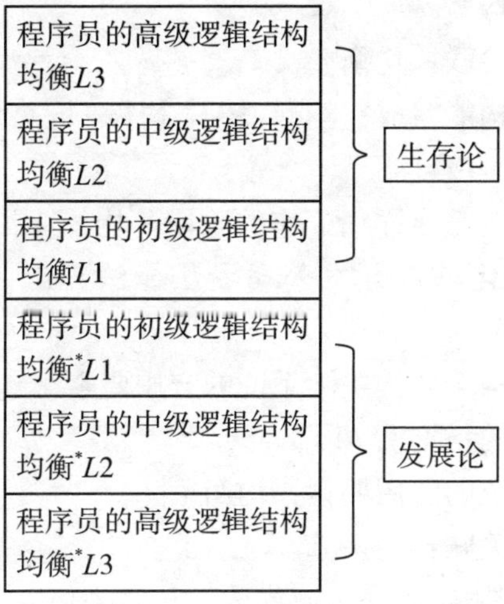

图5－9　程序员均衡系统结构示意图

1. 生存论系统结构

高级逻辑结构 = 中级逻辑结构 + 主观能动性变量 + 自创的逻辑关联。

高级逻辑结构：均衡 $L3$

中级逻辑结构：均衡 $L2$

主观能动性变量：均衡 n

自创的逻辑关联：均衡 $j3$

高级逻辑结构能写成：均衡 $L3$ = 均衡 $L2$ + 均衡 n + 均衡 $j3$（公式 5.37）。

这是高层智能完成总体工作的阶段，均衡 n 因为均衡而产生、起作用，如市场化软件开发公司建立在市场需求基础上的决策模型。

中级逻辑结构 = 初级逻辑结构 + 环境变量 + 自创的逻辑关联。

中级逻辑结构：均衡 $L2$

初级逻辑结构：均衡 $L1$

环境变量：均衡 d

自创的逻辑关联：均衡 $j2$

中级逻辑结构能写成：均衡 $L2$ = 均衡 $L1$ + 均衡 d + 均衡 $j2$（公式 5.38）。

这是中层智能完成详细工作的阶段，均衡 d 因为均衡而产生、起作用，如市场化软件开发公司受法律法规限制和支持的开发活动。

初级逻辑结构 = 各种实际系统的有用要素 + 自创的逻辑关联。

初级逻辑结构：均衡 $L1$

各种实际系统的有用要素：均衡 y

自创的逻辑关联：均衡 $j1$

初级逻辑结构能写成：均衡 $L1$ = 均衡 y + 均衡 $j1$（公式 5.39）。

这是低层智能完成实现工作的阶段，如市场化软件开发公司完成的软件开发。

2. 发展论系统结构

初级逻辑结构 = 各种实际系统的有用要素 + 自创的逻辑关联。

初级逻辑结构：均衡 * $L1$

各种实际系统的有用要素：均衡 * y

自创的逻辑关联：均衡 * $j1$

初级逻辑结构能写成：均衡 * $L1$ = 均衡 * y + 均衡 * $j1$（公式 5.40）。

这是低层智能完成实现工作的阶段，如市场化软件开始供用户使用。

中级逻辑结构 = 初级逻辑结构 + 环境变量 + 自创的逻辑关联。

中级逻辑结构：均衡 * $L2$

初级逻辑结构：均衡 * $L1$

环境变量：均衡 * d

自创的逻辑关联：均衡 * $j2$

中级逻辑结构能写成：均衡 * $L2$ = 均衡 * $L1$ + 均衡 * d + 均衡 * $j2$（公式 5.41）。

这是中层智能完成详细工作的阶段，均衡 * d 因为均衡而产生、起作用，是一个维护市场化软件的过程。

高级逻辑结构 = 中级逻辑结构 + 主观能动性变量 + 自创的逻辑关联。

高级逻辑结构：均衡 * $L3$

中级逻辑结构：均衡 * $L2$

主观能动性变量：均衡 * n

自创的逻辑关联：均衡 * $j3$

高级逻辑结构能写成：均衡 * $L3$ = 均衡 * $L2$ + 均衡 * n + 均衡 * $j3$（公式 5.42）。

这是高层智能完成总体工作的阶段，均衡 * n 因为均衡而产生、起作用，如市场化软件面临升级或淘汰的选择。

3. 开发团体的系统结构

均衡软件开发系统的开发团体，自己就是一个均衡软件开发系统，一样有程序员、程序员关联和程序员控制。

4. 开发团体的生存论系统结构

高级逻辑结构 = 中级逻辑结构 + 主观能动性变量 + 自创的逻辑关联。

高级逻辑结构：均衡群 $L3$

中级逻辑结构：均衡群 $L2$

主观能动性变量：均衡群 n

自创的逻辑关联：均衡群 $j3$

高级逻辑结构能写成：均衡群 $L3$ = 均衡群 $L2$ + 均衡群 n + 均衡群 $j3$（公式 5.43）。

这是高层智能完成总体工作的阶段，均衡群 n 因为均衡而产生、起作用，如市场化企业群合作开发市场化软件的决策模型。

中级逻辑结构 = 初级逻辑结构 + 环境变量 + 自创的逻辑关联。

中级逻辑结构：均衡群 $L2$

初级逻辑结构：均衡群 $L1$

环境变量：均衡群 d

自创的逻辑关联：均衡群 $j2$

中级逻辑结构能写成：均衡群 $L2$ = 均衡群 $L1$ + 均衡群 d + 均衡群 $j2$（公式 5.44）。

这是中层智能完成详细工作的阶段，均衡群 d 因为均衡而产生、起作用，如企业群开发市场化软件的过程。

初级逻辑结构 = 各种实际系统的有用要素 + 自创的逻辑关联。

初级逻辑结构：均衡群 $L1$

各种实际系统的有用要素：均衡群 y

自创的逻辑关联：均衡群 $j1$

初级逻辑结构能写成：均衡群 $L1$ = 均衡群 y + 均衡群 $j1$（公式 5.45）。

这是低层智能完成实现工作的阶段，如市场化软件开发成功。

5. 开发团体的发展论系统结构

初级逻辑结构 = 各种实际系统的有用要素 + 自创的逻辑关联。

初级逻辑结构：均衡群 * $L1$

各种实际系统的有用要素：均衡群 * y

自创的逻辑关联：均衡群 * $j1$

初级逻辑结构能写成：均衡群 * $L1$ = 均衡群 * y + 均衡群 * $j1$（公式 5.46）。

这是低层智能完成实现工作的阶段，如市场化软件供市场用户群使用。

中级逻辑结构 = 初级逻辑结构 + 环境变量 + 自创的逻辑关联。

中级逻辑结构：均衡群 * $L2$

初级逻辑结构：均衡群 * $L1$

环境变量：均衡群 * d

自创的逻辑关联：均衡群 * $j2$

中级逻辑结构能写成：均衡群 * $L2$ = 均衡群 * $L1$ + 均衡群 * d + 均衡群 * $j2$（公式 5.47）。

这是中层智能完成详细工作的阶段，均衡群 * d 因为均衡而产生、起作用，如市场化软件的维护环节。

高级逻辑结构 = 中级逻辑结构 + 主观能动性变量 + 自创的逻辑关联。

高级逻辑结构：均衡群 * $L3$

中级逻辑结构：均衡群 * $L2$

主观能动性变量：均衡群 * n

自创的逻辑关联：均衡群 * $j3$

高级逻辑结构能写成：均衡群 * $L3$ = 均衡群 * $L2$ + 均衡群 * n + 均衡群 * $j3$（公式 5.48）。

这是高层智能完成总体工作的阶段，均衡群 * n 因为均衡而产生、起作用，如市场化软件的优化或淘汰环节。

5.1.2 简化的机器人软件

逻辑场可以简化成逻辑体做研究，机器人软件可以简化成结构域的面向过程软件开发，也可以简化成问题域的面向对象软件开发。

5.2 逻辑场软件组成

逻辑场软件即机器人软件由三个部分组成：高层智能、中层智能和低层智能。

5.3 逻辑场软件开发系统的能量场

逻辑场软件开发系统的能量场也是四个场：环境总线（环境能量场）、信息总线（信息能量场）、需求总线（需求能量场）、情感总线（情感能量场）。

环境总线（环境能量场）与环境是不同的两个概念，环境指引力场的引力体系，环境总线指能利用的自然和社会资源，如软硬件资源、资本等。

信息总线（信息能量场）指能给程序员提供信息，帮助程序员开发软件的一种能量场，如软件开发的技术、经验等。

需求总线（需求能量场）指市场的交换活动，如软件买卖的交易场所、市场需求形势等。

情感总线（情感能量场）对于软件开发系统而言，指软件与用户或其他软件的协同程度。

环境能量场、信息能量场、需求能量场、情感能量场的加权值产生综合能量场，综合能量场影响软件开发系统的结构，得到能量的软件开发系统再通过控制作用发展各能量场。软件开发系统的综合能量场就是软件开发和应用的内环境。

逻辑场软件开发系统与能量场是互塑的，逻辑场软件开发系统主动塑造能量场，能量场也主动影响逻辑场软件开发系统。

逻辑场软件开发系统的暗能量场指暗程序员以潜规则可以得到的能量的集合，这种暗能量场不受引力场控制，即不受法律法规限制，没有整体优化原则要求，为暗程序员的软件开发小团体利益存在，是软件能量场的一部分。如果程序员发出的暗能量可能有害，则暗能量场也可能有害，如危害原来的能量场，危害逻辑结构引力场，甚至危害整个逻辑场，如黑客行为、病毒程序、木马程序等。当然，也可以是程序员有益的发明创造。这种能量场是不受法制控制的能量场，是极端民主的能量场。暗能量场是为暗程序员的生存发展服务的，不是绝对有害的。当软件开发小团体扩大到整个逻辑结构，软件开发小团体的本能契约有了整体利益，暗能量扩大到整个能量场，软件开发小团体与暗能量场的互塑扩大成逻辑场与能量场的互塑，软件开发小团体的很多保育暗能量场的方法可以扩大为保育能量场的方法，如个人或团体的发明创造。

逻辑场软件开发系统的明能量场是控制者控制的能量场，是实际能量场的一部分。控制能量场的目的就是为了最大限度获得能量。明能量场与暗能量场的重要区别是：引力场的引力控制能量场，控制能量的输入和输出。引力场控制能量场的目标是为整体优化服务的，是为控制者的特殊程序员服务的。能量场对控制者的影响体现在：通过能量的多少和质量影响控制者，通过明能量场影响控制者，如垄断企业行为或政府行为。

在逻辑场软件开发系统的均衡能量场中，群本能与引力场的均衡控制能量场，控制能量的输入和输出，讲环保，讲整体利益，讲可持续发展。均衡能量场是暗能量场和明能量场的加权逻辑和，如软件开发中以市场研究为基础的公司资本。

5.4 逻辑场软件开发系统的引力场

和逻辑结构学一样，因为有开发软件的群主观能动性的存在，为了达成契约，开发软件的神经体系需要包括开发软件的民主制度；因为程序员有自私的本能，为了逻辑场软件开发系统的秩序，开发软件的神经体系需要包括开发软件的法律制度；同样因为程序员具有本能，优化软件系统的前提之一为优化程序员，因此，开发软件的神经体系需要包括开发软件的人权制度（这里的“人”指程序员和开发团体）。开发软件的外环境产生开发软件的引力体系。

开发软件的民主制度、法律制度、人权制度和外环境的引力值的加权和产生开发软件的综合引力场，开发软件的综合引力场影响软件的系统结构，受影响的软件系统结构又反过来影响开发软件的综合引力场。

开发软件的引力场对逻辑场软件开发系统的作用分为两个：开发软件的神经体系包括开发软件的民主制度、法律制度、人权制度，开发软件的神经体系由逻辑场软件开发系统创造，也会反过来影响逻辑场软件开发系统，它们之间存在互塑；开发软件的引力体系指开发软件的外环境，它与逻辑场软件开发系统的关联就是系统与环境的互塑关联。程序员即个人与开发软件的神经体系和引力体系的关联都是系统与环境的互塑关联。引力场通过影响程序员或中级逻辑系统而影响程序员和开发团体。

逻辑场软件开发系统的暗引力场不是法制，而是团体契约，这是一种约定，它的特点是随意产生且可以随意修改，常常还不要求严格遵守，好比软件开发小团体的潜规则或黑社会的黑纪律，是极端民主主义的引力场和引力。暗逻辑场的暗引力场仍然由暗本能控制，这种暗本能不受引力场控制，不讲整体优化，是程序员自由的本能或团体的本能加权逻辑和。暗引力场控制即软件开发小团体的潜规则，指软件开发小团体自己建立的民主制度、法律制度、人权制度和外环境互塑要求。这里的暗民主制度是软件开发小团体内的民主制度，暗法律制度是软件开发小团体的活动规则，暗人权制度指软件开发小团体内的成员的个人利益，暗外环境指软件开发小团体的外环境，包括系统和系统环境。暗综合引力场是软件开发小团体团结的基础，是其他暗控制的加权逻辑和。如非法软件的开发活动或个人的发明创造。

逻辑场软件开发系统的明引力场重视明法律制度和明外环境，轻视明民主制度和明人权制度，原因是明引力场对程序员和团体是绝对控制的，轻视程序员的本能和程序员的契约，重视整体理论和能量场发展。引力场对控制者也有反作用，通过明引力场影响控制者，或通过程序员契约影响控制者，如垄断企业行为或政府指导的软件开发活动。

逻辑场软件开发系统的均衡引力场的引力就是法律，法律包括民主制度、法律制度、人权制度、外环境要求，是程序员和团体生存发展的重要保障和限制，是秩序的来源。均衡引力场是暗引力场与明引力场的加权逻辑和，如市场化公司开发商业软件的行为。

5.5　逻辑场软件开发系统的环境

和逻辑结构学一样，逻辑场软件开发系统有内环境和外环境，逻辑场软件开发系统同时与这两个环境互塑。内环境指软件开发的能量场和神经体系（民主制度、法律制度、人权制度）。外环境指软件开发的引力体系。逻辑场软件开发系统与内环境互塑的重点是控制，与外环境互塑的重点是适应。

逻辑场软件开发系统的暗系统结构也与两个环境互塑，即暗内环境和暗外环境，只是这种互塑不是为了优化系统整体，而是为了优化软件开发小团体甚至个体程序员。暗系统结构的暗内环境常常指软件开发小团体内部，暗系统结构的暗外环境常常指其他更大的软件开发小团体，而不是指内、外环境。暗系统结构与暗内、外环境的互塑有时会破坏真正的系统内、外环境，因为暗内、外环境的利益和要求有时与真正内、外环境的利益和要求是矛盾的。当然，当暗内、外环境等于真正的内、外环境时，暗系统结构与暗内、外环境的互塑就等于与真正的内、外环境互塑，这种互塑是有益的，这时，软件开发小团体扩大成整个系统，如黑客的生存发展环境或个人发明创造的环境。

逻辑场软件开发系统的明逻辑场也面临内、外环境的互塑问题，用法律制度互塑内环境，用法律制度和能量场互塑外环境，如垄断企业行为和政府主导的软件开发。

逻辑场软件开发系统的均衡系统结构也要与内、外环境互塑，内环境指能量场和民主、法律、人权三大制度，外环境指外在的自然社会条件。民主制度是契约的产生方法，人权制度是发展程序员本能的方法，法律是固定民主制度和人权制度的方法，由均衡逻辑场的程序员用公民本能参与建设和互塑，如软件公司开发软件的商业行为，以市场需求与法律规定为基础的均衡软件开发。

5.6 逻辑场软件开发系统的本能

逻辑场软件是机器人软件，机器人有智能，因此认为机器人软件也有生命，是一种“硅”的生命，可将其做类似“碳”的生命研究。生命皆有本能。

1. 机器人个人主义

当软件开发者有个人主义，软件又体现了开发者的意图时，机器人个人主义就产生了。

2. 机器人关联

软件在整个生命周期中都会与其他软件产生关联，除此以外，还有其他关联。

3. 机器人集体主义

当软件开发者有集体主义，软件又体现了开发者的意图时，机器人集体主义就产生了。

4. 机器人的人道主义和人权思想

当软件开发者有人道主义和人权思想，软件又体现了开发者的意图时，机器人的人道主义和人权思想就产生了。

5. 机器人的公民思维

当软件开发者有公民思维，软件又体现了开发者的意图时，机器人的公民思维就产生了。

6. 研究机器人本能的方法

研究机器人本能的方法与研究人的本能的方法类似，即采用达尔文的进化论，弱肉强食，适者生存，与能量场斗争，创造自己需要的能量场和能量，与引力场斗争，创造自己需要的秩序和引力场。本能与能量场、引力场都是对立统一的。值得一提的是，机器人软件的本能和人的本能一样，有达尔文进化论的一面，也有非达尔文进化论的一面。

逻辑场软件开发系统的暗本能专指个人主义和软件开发小团体的团体主义，是本能的一种，目标是自身系统结构的生存发展。因为用暗能量场代替能量场，用暗引力场代替引力场，因此叫暗本能。决不能认为暗本能一定不好，正如个人主义有坏的一面也有好的一面一样。暗本能是暗逻辑场的主宰，体现的是程序员的自身要求。发展到现代化社会，暗本能常常代表人民的愿望。而在现代化市场，暗本能常常代表市场规律。暗本能是规律之学。

逻辑场软件开发系统的明本能指只有集体主义而极少有个人主义的本能，这种本能在明逻辑场中要受到引力场的压缩，创造低层智能，再让低层智能变成做工的动能，明本能常常体现在垄断企业和政府身上。

均衡逻辑场的程序员的本能叫均衡本能，以公民思维为主体，有着与能量场和引力场均衡的要求，通过生存论和发展论的两次加工，自我压缩产生低层智能，再因为低层智能转动能而做工，发出能量和接受能量，通过发展社会的贡献得到自己需要的能量，均衡本能常常体现在自由市场的参与者身上。

5.7 逻辑场软件开发系统的控制

逻辑场软件开发系统的引力场由民主制度、法律制度、人权制度和外环境影响四大部分组成，用弹簧原理（见第 2 章的逻辑场弹簧论）在 *L*2（群 *L*2）和 $^*L2$（群 $^*L2$）的能量加工、使用、优化环节影响逻辑场软件的开发。

逻辑场软件开发系统的暗本能的控制行为都是暗控制，但软件开发小团体内部也存在一般逻辑场的控制原理，即软件开发小团体的行为来自控制，控制仍然是软件开发小团体的契约和暗环境（暗引力场）的均衡产生的。只是暗逻辑场的暗本能可以通过改变契约或暗引力场而改变控制，实现专制。暗逻辑场的控制者是本能，本能制造暗能量场代替能量场，本能制造暗引力场代替引力场，实现按本能要求控制行为的目标。仍然不能认为暗控制肯定不好，因为，当软件开发小团体扩大到整个逻辑结构时，暗控制就变成了民主制度和人权制度。因为暗控制是契约产生的，这是民主制度的萌芽。因为暗控制要求保障程序员的利益，这是人权制度的萌芽。可以把暗控制看成本能为生存论和发展论服务的一种行为。暗逻辑场就是由暗控制操作运行的。暗控制的重要工作是寻找输入能量，加工能量，输出低层智能。

逻辑场软件开发系统的明逻辑场的控制主要有两种：能量场控制和引力场控制。本能控制是非常微弱的。引力场控制主要有法律制度控制和外环境控制。明控制的方法就是弹簧理论，控制者通过压缩程序员本能和开发团体本能创造低层智能，再适时让低层智能转化成动能，产生让程序员多做工的效果。

1. 逻辑场软件开发系统的本能控制

控制逻辑场运行的第一种力量是本能。均衡逻辑场用公民思维作为本能。本能 = 引力，即本能控制和引力场控制存在均衡。

2. 逻辑场软件开发系统的能量场控制

能量场通过能量的数量和质量控制逻辑场，均衡系统结构的公民本能与能量场的保育要求可能达成均衡，也可能产生矛盾斗争。

3. 逻辑场软件开发系统的引力场控制

均衡逻辑场的引力场控制就是法治社会，包括了民主制度、人权制度和外环境要求。法治社会要求程序员和开发团体的本能都应该是公民思维的，都要与法律均衡。

5.8　逻辑场软件开发系统和软件系统的均衡

和逻辑场一样，逻辑场软件开发系统同样对能量场公式化：环境总线（环境能量场）：H；需求总线（需求能量场）：U；信息总线（信息能量场）：I；情感总线（情感能量场）：G；综合总线（综合能量场）：E。

同样提出这样一个公式：

$q1 \cdot H + q2 \cdot U + q3 \cdot I + q4 \cdot G = E$（公式 5.49）

这里的 $q1$、$q2$、$q3$、$q4$ 也都是权重，因为 H、U、I、G 在不同的逻辑场软件开发系统中有不同的重要性。公式的意思是环境总线、需求总线、信息总线、情感总线的逻辑和创造综合总线。

和逻辑场一样，逻辑场软件开发系统同样对引力场公式化：民主制度：M；法律制度：F；人权制度：R；外环境：W；控制总线（引力场的控制）：Z。

$p1 \cdot M + p2 \cdot F + p3 \cdot R + p4 \cdot W = Z$（公式 5.50）

$p1$、$p2$、$p3$、$p4$ 是权重，民主制度、法律制度、人权制度、外环境引力的逻辑和创造综合引力场即控制总线。

还有：群 $^{*} d = Z$（公式 5.51）

即控制总线通过环境变量影响逻辑场软件开发系统的程序员

和开发团体。

又提出一个公式：

群 $^{*}n=E$（公式 5.52）

即综合总线创造契约。

再提出一个公式：

群 $^{*}n=Z$（公式 5.53）

即契约创造控制总线。

这样，就提出了逻辑场软件开发系统的一个重要公式——机器人软件均衡公式：

系统结构契约 = 控制总线（或机器人软件） = 环境影响

群 $^{*}n$ = Z（或机器人软件） = 群 $^{*}d$（公式 5.54）

即对于一个逻辑场软件开发系统来说，当它的开发活动或软件本身同时满足契约和环境影响的要求时，这个逻辑场软件开发系统或软件系统就处于良好均衡，这个均衡因为反映了契约而制造良好的能量场，因为反映了环境影响而得到良好的引力场。这个公式也是逻辑场软件工程学第一重要的理论根据。

实际上这里产生的公式有两个：①均衡制度创造软件开发系统均衡；②机器人软件创造软件系统均衡。

如下，图 5－10 的解释是，逻辑场软件开发系统的契约和环境均衡的要求产生逻辑场软件开发系统的控制或机器人软件，控制产生逻辑场软件开发系统的开发活动或软件本身，机器人软件则创造软件系统的均衡现象。

现象
控制（Z）（或机器人软件）
逻辑结构契约（群 $^{*}n$）和环境影响（群 $^{*}d$）

图 5－10　逻辑场软件开发系统控制与均衡图

对于一个逻辑场软件开发系统和软件系统而言，一般逻辑场有均衡公式：契约 = 控制 = 环境，但暗均衡不是这样，它的公式是：

暗本能的加权逻辑和 = 软件开发小团体契约，内部产生软件开发小团体本能。

软件开发小团体契约 = 暗能量场，软件开发小团体本能制造控制能量场的方法。

暗能量场 > 能量场，软件开发小团体本能控制能量场。

软件开发小团体契约 = 暗引力场，软件开发小团体本能制造控制引力场的方法。

暗引力场 > 引力场，软件开发小团体本能控制引力场。

暗逻辑场的例子可以举两个：黑客行为和个人的发明创造。

由这两个例子说明，暗逻辑场绝不是一定不好，它可以揭示逻辑场元素的一般性生存发展规律，是一种规律之学，当软件开发小团体扩大成整个场时，可以发展出人权、民主这些学说。当然，暗逻辑场的暗本能恶性发展能产生黑客、计算机病毒等。

逻辑场软件开发系统和软件系统的明逻辑场存在以下几种情况：引力场等于法律制度和外环境引力的加权逻辑和；引力场引力大于本能；引力场引力大于契约；引力场引力大于能量场要求。

逻辑场软件开发系统和软件系统的均衡逻辑场存在以下几种情况：引力场等于民主制度、法律制度、人权制度和外环境引力的加权逻辑和，程序员和开发团体的公民本能要与它均衡；引力场引力等于本能；引力场引力等于契约；引力场引力等于能量场要求。

5.9　逻辑场软件开发系统的理论

逻辑场软件开发系统的研究工作主要有两个方面：①应用第 2 章逻辑场复杂论研究逻辑场软件开发系统和软件系统的规律；②研究图 3 – 12、图 3 – 13、图 3 – 14、图 3 – 15、图 3 – 16、图 3 –

25、图3－31、图3－38在逻辑场软件开发系统和软件系统中的运用。

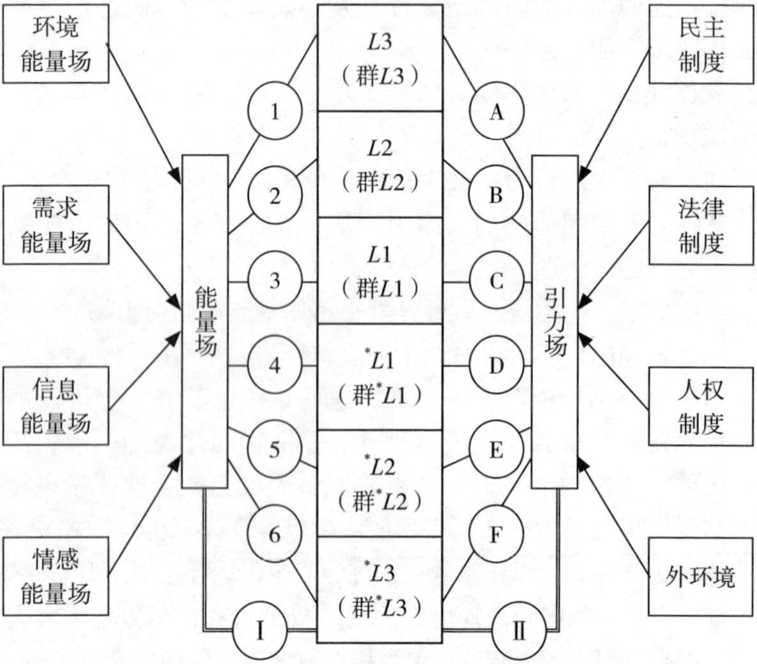

图5－11　生存发展论元素逻辑场软件开发系统示意图

1. 一般软件开发系统

影响（1）：在软件开发系统的生存论决策环节，能量场以能量的数量和质量影响决策。

影响（A）：在软件开发系统的生存论决策环节，引力场以下一个环节的控制工作的成本、风险、限制影响决策。

影响（2）：能量场通过能量的数量和质量影响软件开发系统的软件结构。

影响（B）：引力场通过对软件开发系统的控制而影响软件结构。

影响（3）：能量场仍然以能量的数量和质量影响软件开发系

统低层智能维的制造功能。

影响（C）：引力场通过影响软件结构而影响软件开发系统的低层智能维制造功能。

影响（4）：发展论输入软件开发系统的结构论，低层智能的工作把能量场的影响带入发展论。

影响（D）：输入低层智能的新功能以软件开发系统的生存论的加工结构为基础，这就把软件开发系统的生存论的引力场影响也带入了发展论。

影响（5）：能量场通过影响软件开发系统的功能而影响低层智能的使用，通过影响软件结构而影响低层智能的优化。

影响（E）：引力场通过影响旧软件结构而影响低层智能使用，通过影响新软件结构而影响低层智能优化。

影响（6）：软件开发系统的能量场以自身的生存发展情况影响决策，这时团体成员的地位可能发生变化，本能和权重也都可能发生变化，从而引起契约的变化。

影响（F）：软件开发系统的引力场同样通过自身的变化影响子群契约的变化，再以此影响决策。

影响（Ⅰ）：程序员与能量场有互塑。

影响（Ⅱ）：程序员与引力场有互塑。

2. 暗软件开发系统

影响（1）：暗本能控制暗开发系统，暗本能在寻找和接受能量的过程中不考虑能量场规律，只考虑暗能量场规律。这是一个暗决策的环节。暗逻辑场由程序员的个人主义本能和能量场能量本身决定能量输入。暗群 n 是团体程序员本能的契约加权和，成为团体的本能，这个本能会把寻找到的能量场变成暗能量场，会在软件开发系统接受和加工能量的过程中发展暗引力场。

影响（A）：暗本能在软件开发系统的生存论接受能量的过程中，不管引力场的要求，自建自己需要的暗引力控制。暗引力场有对抗引力场的功能。暗引力场是开发系统文明的催化剂。本能的决策要考虑暗引力场的影响，建立暗引力场时，虽然不考虑引力场的要求但要受到引力场的限制。

影响（2）：在软件开发系统的加工环节，给暗能量配置暗结构，能量的数量和质量仍会影响软件开发系统的加工过程。

暗 $L2$ 是暗逻辑场程序员生存论加工能量的环节；暗 $n > d$，即暗本能大于引力场作用。对于开发团体，暗契约是本能的加权逻辑和。暗 n 和输入的能量控制暗 $L2$ 的能量加工。

影响（B）：暗本能在软件开发系统的加工环节起控制作用，它排斥引力场的控制作用，自建暗引力控制，也就是俗称的潜规则。对于软件开发系统，潜规则良性发展可以帮助法律制度健康发展，潜规则恶性发展则会破坏法律制度。

影响（3）：给附带结构的能量配置功能和新暗本能都需要能量场的影响，但暗开发系统为了软件开发小团体的利益，常常用暗能量场影响代替能量场影响。

暗 $L1$ 是暗逻辑场程序员生存论的输出，也是新的低层智能；新低层智能受三个条件影响：能量的数量和质量、本能、本能与引力斗争的结果。

暗群 $L1$ 是生存论消化输入的能量后得到的第一个新低层智能。得到低层智能的程序员在团体的地位会发生变化。

影响（C）：引力场对输出的低层智能和新暗本能也有影响，但暗开发系统为了软件开发小团体的利益，仍然常常用暗引力场影响代替引力场影响。

影响（4）：暗软件开发系统的输入发展论的低层智能和暗本能是生存论的输出，这时的暗本能根据需要用暗能量场影响代替能量场影响，但这种代替仍然要考虑能量场的实际情况。暗 $^*L1$ = 暗 $L1$，说明暗程序员发展论的输入就是其生存论的输出；暗 $^*L$ 显然也是由个人主义本能配置暗功能的低层智能。需要注意的是，暗 $L1$ 和暗 $^*L1$ 的低层智能结构相同，低层智能功能却不同，因为本能或本能契约变化了。

影响（D）：输入软件开发系统的暗低层智能和暗本能都受暗引力场的影响，暗引力场代替了引力场，但同时也要考虑引力场的实际情况。

影响（5）：软件开发系统的发展论的加工过程仍然受暗本能控制，加工是为了使用或优化暗低层智能。

暗 * $L2$ 是暗软件开发系统的发展论加工能量的环节；加工能量受三个条件影响：能量本身、新的本能、新本能与新引力斗争的结果；加工过程的控制者是新本能的个人主义；暗 $L2$ 的能量加工是为了使用或优化低层智能。

影响（E）：软件开发系统的发展论的加工包括塑造暗本能建设暗引力场的本领。

影响（6）：新暗本能是暗本能能量的提量或提质，即暗软件开发系统为了生存发展而提升自己能量的数量和质量。

暗 * n 是暗程序员得到的输出本能；暗 * n 会决策或使用低层智能功能，或优化低层智能结构，或结束本发展论；软件开发系统的暗能量与能量场的要求可能矛盾；暗 * n 不讲究整体优化目标，只为自己和软件开发小团体服务，与引力场可能产生矛盾斗争。对于开发团体而言，暗群 * n 是发展论输出的新本能，是程序员的暗 * n 的加权逻辑和；暗群 * n 不讲整体优化，只讲软件开发小团体利益；暗群 * n 往往与能量场要求矛盾，与引力场控制矛盾斗争；暗群 * n 为了软件开发小团体利益，发出暗能量，寻找接受新的暗能量，而暗能量可能破坏能量场和引力场。

影响（F）：软件开发系统的新暗本能由发展论输出时就开始建设自己新的暗引力场，对抗变化了的新引力场。

影响（Ⅰ）：程序员与能量场有相互作用，这种相互作用是暗能量场与能量场的矛盾斗争。

影响（Ⅱ）：程序员与引力场有相互作用，这种相互作用是暗引力场与引力场的矛盾斗争。

3. 明软件开发系统

影响（1）：明软件开发系统的引力控制生存论输入能量，输入过程中要考虑能量场的要求。

明 n 指个人主义本能，这个本能严重被压缩，可以忽略不计；明 $L2$ 的控制由引力场创造和修改；明 $L3$ 寻找和接受能量的行为只受引力场控制。

明群 n 是开发团体程序员本能的契约加权和，是团体的本能，也是受能量场和引力场支配的输入能量。

影响（A）：本能在软件开发系统的生存论接收能量的过程中要接受引力场的绝对控制，要服从整体优化理论。引力场压缩程序员本能，制造弹簧效应。

影响（2）：在软件开发系统的加工环节，能量的数量和质量仍然影响加工过程。

明 $L2$ 是明软件开发系统程序员生存论加工能量的环节；明 $n <$ 明 d，即本能远远小于引力场作用；明 d 和输入的能量控制明 $L2$ 的能量加工；输入的能量以能量的数量和质量影响能量加工过程；引力场严重压缩本能，本能的低层智能因此增加。

可以把明群 $L2$ 看作软件开发系统加工能量的过程；加工能量的控制者为引力场；影响能量加工的条件仍然是引力场压缩本能制造低层智能。

影响（B）：软件开发系统的引力场在加工过程中会压缩本能，制造低层智能，当能量多且质量好时，压缩会厉害，低层智能会大，反之，压缩会小，低层智能会小。要创造一种程序员本能对能量的饥渴，以此增加低层智能。

影响（3）：软件开发系统的生存论输出的能量是配合本能具有的低层智能存在的。

明 $L1$ 是明软件开发系统的程序员生存论的输出，也是新的本能；新本能受引力场影响，是一种本能的低层智能加本能得到的能量产生的新本能。

明群 $L1$ 是软件开发系统的生存论消化输入的能量后得到的第一个新本能，这种本能被严重压缩，低层智能很大；明群 $L1$ 是明程序员新本能的加权逻辑和。

影响（C）：软件开发系统的引力场第一次制造的本能的低层智能为发展论的需要服务。引力场的引力压缩开发团体时，会制造开发团体内部的组织结构，提高压缩群的本领，提高低层智能。

影响（4）：明软件开发系统的输入发展论的能量和明本能是生存论的输出。

明 $^*L1$ = 明 $L1$，说明明软件开发系统的程序员发展论的输入就是其生存论的输出；明 $^*L1$ 显然也是受引力场严重压缩的输入本能和能量。

明群 $^*L1$ = 明群 $L1$，说明明软件开发系统的生存论的输出是发展论的输入；明群 $^*L1$ 是本能加能量，和前面一样简称本能，受引力场的严重压缩和控制。

影响（D）：输入软件开发系统的能量和本能都受引力场影响，为整体优化目标服务。能量和本能这时是分开的，引力场分别控制能量和本能。

影响（5）：软件开发系统的发展论的加工过程仍然受引力场控制，加工是为了制造新环境需要的程序员的低层智能。

明 $^*L2$ 是明软件开发系统的程序员的发展论加工能量的环节；加工能量受引力场严重压缩本能的影响；加工过程的控制者是引力场；明 $L2$ 的能量加工是为了消化能量，明 $^*L2$ 的能量加工是为了程序员成长和发出新的能量，主要通过低层智能变动能发出能量。

明群 $^*L2$ 是软件开发系统的发展论加工本能和能量的环节，本能和能量都因为加工过程而变化；生存论的输出是成长了的新本能，明群 $^*L2$ 加工的结果是应用于生存发展的第二个新本能，这个新本能再次被引力场压缩，有很大的低层智能，受引力场的严格控制。

影响（E）：软件开发系统的发展论的加工包括塑造新的明本能建设明引力场的本领，这个本领就是增加程序员和开发团体的低层智能，如准备工作工具。

影响（6）：新明本能是明本能能量的提量或提质，这种目标通过引力场对本能新的压缩实现。

明$^*n$是明软件开发系统的程序员得到的输出本能；明$^*n$会因为低层智能转化成动能而发出巨大能量；明能量与能量场的要求一致；明$^*n$讲整体优化目标，只为引力场服务。

明群$^*n$是发展论输出的新本能，是程序员的明$^*n$的加权逻辑和；明群$^*n$非常支持整体优化，不讲软件开发小团体利益；明群$^*n$往往符合能量场要求和引力场控制；明群$^*n$为了整体利益，发出明能量，寻找接受新能量，而明能量是压缩产生的低层智能转化成动能的结果。

影响（F）：新明本能由软件开发系统的发展论输出后就开始建设新的能量场，为软件开发系统适应新的环境服务，为整体优化目标服务。这是一个低层智能转化成动能的过程。

影响（Ⅰ）：程序员与能量场有相互作用，程序员为逻辑场工作与能量场自身的要求是有矛盾的。

影响（Ⅱ）：程序员与引力场有相互作用，程序员的本能和引力场自身的要求有矛盾。

4. 均衡软件开发系统

影响（1）：能量场通过n影响程序员。n是程序员的本能，n会寻找和接受能量。这里的n是公民思维的本能，需要与引力场均衡。

软件开发系统的输入只由本能决定就是暗输入，输入只由$L2$的控制决定就是明输入，输入由本能和$L2$的控制达成的均衡决定就是均衡输入。

输入能量的数量和质量决定了程序员这个环节的低层智能的

大小。

影响（A）：对于软件开发系统的输入能量，引力场通过 *L*2 影响开发系统。引力场对能量场存在控制，通过影响 *n* 和 $^*n$ 影响能量场。在均衡逻辑场，引力场对能量场的控制和对输入能量的控制都需要公民本能同意，即与本能均衡的引力场影响能量和能量场。

影响（2）：软件开发系统的能量场通过 *n* 得到的能量的数量和质量影响程序员，为暗本能、明本能、均衡本能的生存发展服务。为均衡本能服务等于为均衡引力场服务，因为它们存在均衡。

*L*2 是软件开发系统的生存论加工能量的环节，加工的目的是产生新的本能；新本能的产生受三个因素影响：原本能、能量作用、环境作用。新本能既受原本能与环境的均衡影响，又受输入能量的影响。

团体的加权本能和是会变化的，即开发团体的程序员在开发团体输入和加工能量的过程中，自己的本能 *n* 和自己在开发团体中的地位即权重会变化，从而引起逻辑和即开发团体本能群 *n* 的变化。

影响（B）：引力场通过 *d* 影响程序员的能量加工过程，本能与 *d* 配合。在这个环节中，程序员会自我压缩，即好了还想更好，不好的想改变命运，以此产生低层智能的增加，但这种自我压缩要以引力场与本能的均衡为基础。

影响（3）：能量场通过输入的能量在程序员中的综合加工结果影响程序员。

*L*1 是生存论加工能量后的输出，是新的本能，均衡加工产生均衡本能。团体新本能是程序员新本能的加权逻辑和，程序员的新本能及其在团体中的地位都可能发生变化。

影响（C）：引力场通过 *d* 既影响程序员加工过程又影响输出。均衡逻辑场的引力不但要求程序员服从引力场，还保障程序员所有的能量和低层智能，这就是人权制度的作用。好比法治社会保障公民私有财产等。

影响（4）：把能量场的影响代入发展论。均衡逻辑场的程序员此时带着本能和能量，本能和能量组成了低层智能。

影响（D）：同时把软件开发系统的引力场的影响代入发展论。这个原理就是，引力场引力与公民本能是均衡的，公民本能到了发展论则引力场引力也到了发展论。

影响（5）：软件开发系统的能量场继续影响发展论的加工过程，即输入生存论的能量越多，发展论加工能量的所得就多。

影响（E）：软件开发系统的引力场通过 $^*d$ 影响加工过程，$^*d$是新环境的影响。

影响（6）：软件开发系统的能量场和本能制造发展论的新本能 $^*n$。

影响（F）：软件开发系统的引力场通过 $^*d$ 影响新本能 $^*n$ 的产生。

软件开发系统的新本能 $^*n$ 因为均衡加工而出现均衡本能；均衡本能分别发展均衡逻辑场现象；新本能 $^*n$ 发展逻辑场现象的行动有两个：一个是向能量场输出能量，一个是继续由能量场输入能量。以上的行动都是均衡行动，即本能要与能量场和引力场均衡，俗称守法、保护环境等。

影响（Ⅰ）：程序员与能量场有互塑。

影响（Ⅱ）：程序员与引力场有互塑。

5.10 逻辑场软件工程定义

逻辑场软件工程就是机器人软件工程，以机器人的生命期代替传统软件工程的工程周期。

传统软件工程的工程周期是：需求、设计、编码、测试、应用、维护、修改、废止等。

机器人的生命期是：父母恋爱结婚、孕育软件、软件像人一样成长、工作、退休等。

5.11　逻辑场软件过程定义

5.11.1　单纯生存论软件工程过程

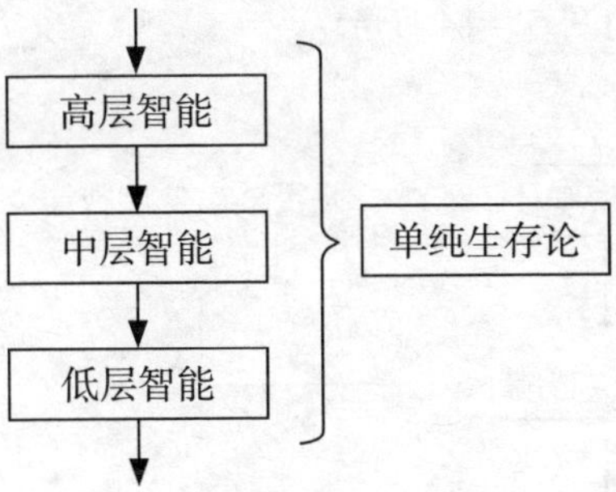

图 5－12　软件开发系统单纯生存论工程过程示意图

如图 5－12 所示，生存论分三个阶段，即高层智能、中层智能和低层智能。

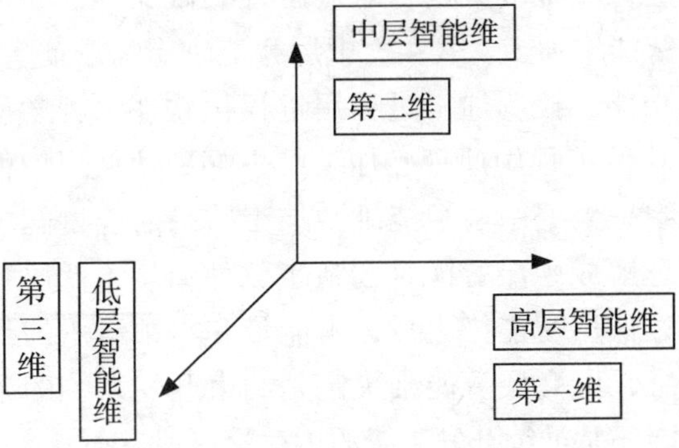

图 5－13　软件开发系统单纯生存论工程三维结构示意图

生存论软件工程是一个三维结构，指软件工程整体和软件工程的模块、软件工程都是用三维的方法做的，一切工作的开始都是高层智能，加工过程都是中层智能，低层智能的流动仍然由高层智能决定。高层智能常用系统工程学做决策；中层智能常用过程化软件工程学原理；低层智能常用面向对象软件工程学原理，低层智能是能量与操作的封装。三维都有四库工具的帮助，但三维四库工具的内容各不相同，支持不同的需要。

三维的关联如图 5－14 所示：

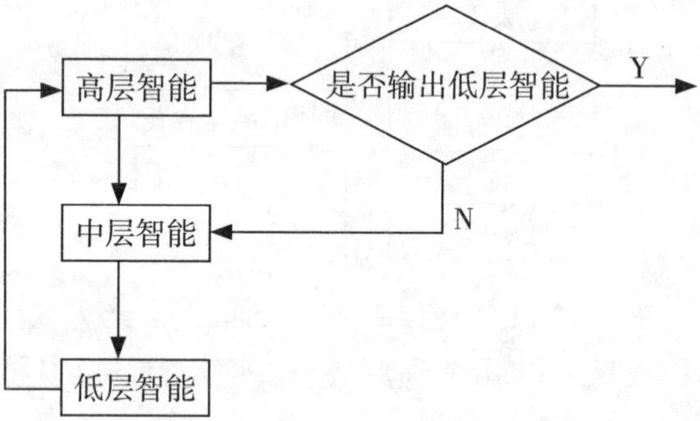

图 5－14　软件开发系统单纯生存论三维结构关联图

首先，高层智能维决策是否对低层智能做加工，如果要加工就开始在中层智能维加工。其次，中层智能维有需求研究、设计、实现、测试等功能，控制加工过程用过程化软件工程学原理，加工用面向对象软件工程学原理，加工结果都到达低层智能维。再次，低层智能维是根据中层智能维的加工结果的能量配置本领的环节，也可以理解成中层智能维创造了软件结构，低层智能维要配置功能；经过低层智能维之后，由能量和本领组成的低层智能回到高层智能维，由高层智能维决定是结束开发系统的生存论周期输出低层智能还是继续开发系统的生存论周期。

5.11.1.1　高层智能维

生存论软件工程的高层智能维决策是否开始一个生存论周期，

也决策是否结束软件工程周期输出低层智能。

1. 高层智能维四库工具

高层智能维是系统工程方法做决策，因此，它有系统工程的四库工具，工具分库装系统工程需要的工具，如计算机和网络；技术分库装系统工程需要的技术，如使用计算机和网络的技术；方法分库装系统工程需要的方法，如开发软件的各种模型的方法；方法论分库装系统工程需要的各种方法论，如整体性理论、控制论、耗散结构理论等。

2. 高层智能维工作

高层智能维要决策中层智能维的工作开展，还要决策低层智能维的低层智能是否流出生存论软件工程。首先，高层智能维要建立问题模型，确定是否提出开发一个生存论软件工程的问题，这是契约和引力场达成均衡的环节。其次，高层智能维要建立可行性模型，确定要开发的生存论软件工程是否可行，这是契约和能量场达成均衡的环节。再次，高层智能维引入能量，如开发各种软件工程需要的人力、物力、财力。需要注意的是，高层智能维制造逻辑模型，中层智能维制造结构，低层智能维制造功能。从这以后，生存论的三维开始了如图5－14所示的运行。

5.11.1.2 中层智能维

生存论软件工程的中层智能维是加工维，简单地说就是把输入的能量加工成有结构的能量。

1. 中层智能维四库工具

中层智能维的四库工具有很多分类，有需求研究四库工具，有设计四库工具，有实现四库工具，有测试四库工具等，这些四库工具都加工有着面向对象特点的低层智能。例如：工具分库装加工低层智能的具体工具，如开发软件的编译程序；技术分库装使用工具的技术，如使用编译程序的技术；方法分库装加工低层智能的方法，如面向对象编程的设计方法；方法论分库装加工低层智能的方法论，如面向对象编程的方法论。

2. 中层智能维工作

中层智能维的工作就是把高层智能维的决策模型发展成结构，如高层智能维要发起需求研究，于是给中层智能维一个决策需求模型，中层智能维通过工作发展出需求结构，传给低层智能维产生结构加功能的低层智能，低层智能维把低层智能又传给高层智能维，这时，高层智能维审查通过低层智能，在此基础上又建立决策设计模型且传给中层智能维，中层智能维再通过工作发展出设计结构，又传给低层智能维，低层智能维给其加上功能形成低层智能后又传给高层智能维审查，审查通过则高层智能维再传决策实现模型让中层智能维做结构，审查如果不通过则还是再传设计模型给中层智能维，重做设计结构。当软件工程结束时，通过需求、设计、实现和测试各个环节，中层智能维的工作都通过了审查，由低层智能维得到成功产品的低层智能，传给高层智能维，由高层智能维决策输出低层智能，一个生存论周期就结束了。生存论软件工程中层智能维的任务是产生一个有向图，以产生节点和工作流，节点是一个个加工工作流的车间，工作流将节点车间组成一个工厂。生存论软件工程中层智能维的工作实际上就是软件工程项目控制，因为有大量四库工具将生存论开发工作由个人化变革成工程化，所以生存论软件工程过程变得透明了，具有了土木建筑的硬工程特点，因此，生存论软件工程的软件工程项目控制能像硬工程项目控制一样简单。中层智能维的工作是构造软件工程步骤有向图，生存论软件工程项目控制有向图允许 goto 语句存在，这决定了项目控制有向图具有喷泉模型的特点，符合面向对象思想的要求。生存论软件工程步骤有向图中有三类模块和三类工作流，这与生存论开发过程中有项目控制人员、项目开发人员、项目辅助人员对应，只是以前的三类人员和工作集中于一条线也就是二维，让一切都复杂化和个人化，这是二维软工程过程的缺陷，现将软工程过程的二维发展成三维，变线形过程为有向图过程，则软工程过程有了硬工程过程的特点，生存论开发变复杂化为简单化，变个人化为工程化，将难控制软工程项目变得像硬工程项目那样容易控制，生存论质量也因此提高。

5.11.1.3　低层智能维

低层智能维的工作可以概括成：给结构配上功能形成低层智能供高层智能维审查，或给能量配上本领形成低层智能供高层智能维审查。

1. 低层智能维四库工具

低层智能维的四库工具是产生功能或本领的四库工具，它有认识能量结构的能力，有给各种结构配上功能和本领的能力。中层智能维制造出需求结构，低层智能维就能配上需求功能；中层智能维制造出设计结构，低层智能维就能配上设计功能；中层智能维制造出实现结构，低层智能维就能配上实现功能；中层智能维制造出测试结构，低层智能维就能配上测试功能，以此类推。因此，低层智能维的四库工具是知识库，既要懂工程学自身的知识，又要懂工程学应用领域的知识。

2. 低层智能维工作

低层智能维的工作就是给中层智能维的输出配上功能和本领，让高层智能维得到结构加功能的低层智能，并对这个低层智能做审查，根据审查结果做新决策。做高层智能维工作的往往是契约，它根据能量场和引力场的情况做决策；做中层智能维工作的往往是开发团体的活动即工作，这个工作受能量和引力的影响；做低层智能维工作的往往是开发团体的知识能力和文明程度，这个工作受开发团体对能量场和引力场认识的影响。高层智能维受能量场和引力场供给的影响，中层智能维受得到的能量和引力的影响，低层智能维受能量场和引力场知识的影响。也就是说，整个生存论软件工程有能量场和引力场这两个重要限制。

5.11.1.4　生存论软件工程周期

生存论软件工程的周期以高层智能维接受能量为起点，高层智能维建立决策逻辑模型做系统决策，起点能量在中层智能维得到需求结构，需求结构传给低层智能维，在低层智能维得到功能，结构加功能产生第一个低层智能。需求低层智能由低层智能维传给高层智能维做第二次决策，需求低层智能到中层智能维得到设计结构，再到低层智能维得到设计功能，产生第二个低层智能。设计低层智能又由低层智能维传给高层智能维做第三次决策，设计低层智能到中层智能维得到实现结构，再到低层智能维得到实现功能，产生第三个低层智能。实现低层智能又一次由低层智能维传给高层智能维做第四次决策，实现低层智能到中层智能维得到测试结构，再到低层智能维得到测试功能，产生第四个低层智能。测试低层智能通过高层智能维审查，输出生存论周期，一个生存论软件工程周期结束。

5.11.2 单纯发展论软件工程过程

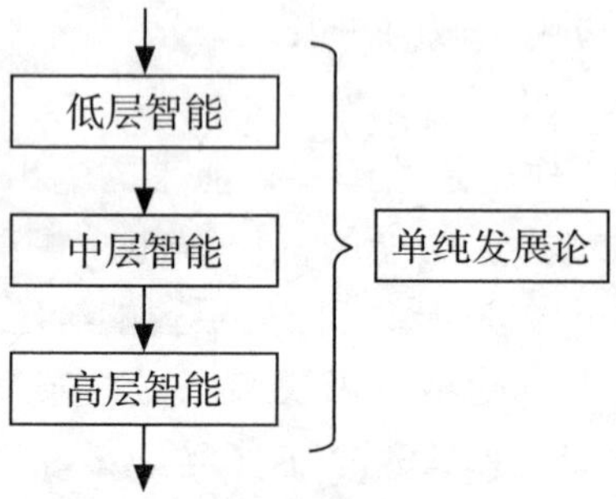

图 5 – 15　软件开发系统单纯发展论工程过程示意图

如图 5 – 15 所示，逻辑场软件工程学提出了第二个三维软件工程，第一阶段（单纯发展论低层智能）是初级逻辑系统，第二阶段（单纯发展论中层智能）是中级逻辑系统，第三阶段（单纯发展论高层智能）是高级逻辑系统。这种提法是为了对应逻辑场元素和子群的两种结构——生存论和发展论。

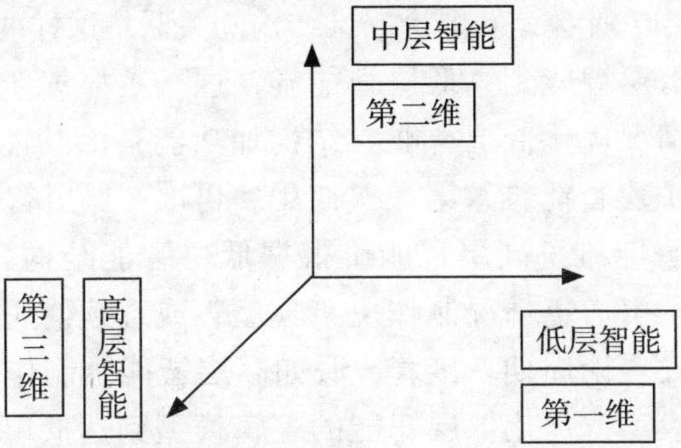

图 5－16　软件开发系统单纯发展论工程三维结构示意图

如图 5－16 所示，软件开发系统单纯发展论软件工程是生存论软件工程的运用，如软件的生存论是开发软件，发展论就是运用软件，这样，发展论的第一维就是低层智能维，是接受生存论输出低层智能的环节，发展论的第二维是中层智能维，是使用和优化低层智能的环节，使用的是低层智能（结构加功能）的功能，优化是优化低层智能（结构加功能）的结构，发展论的第三维是高层智能维，决策使用低层智能、优化低层智能或结束发展论周期。三维结构各有自己的四库工具。

需要注意的是，当发展论开始不对接生存论时，它就需要自筹能量，这就是发展论需要宽裕能量场或成本转嫁渠道的原因。

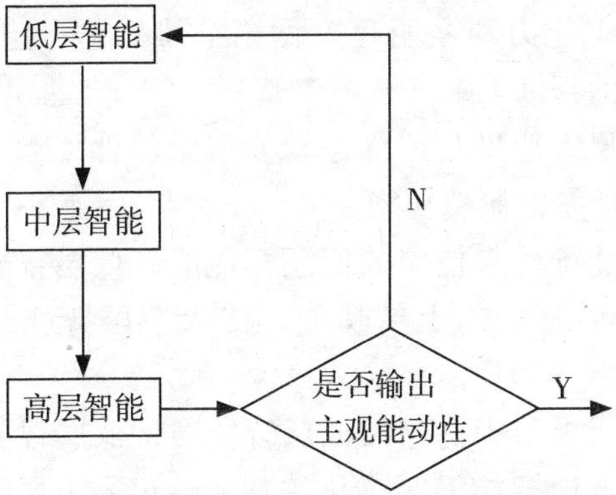

图 5－17　软件开发系统单纯发展论三维结构关联图

如图5－17所示，发展论三维结构的关联是这样的：首先，生存论发出的低层智能到达低层智能维，这一维根据新的能量场情况和引力场情况优化低层智能（结构加功能）的功能。其次，低层智能到达中层智能维，第一次使用。再次，低层智能加使用情况到达高层智能维，高层智能维根据低层智能结构、使用情况、能量场情况、引力场情况制作决策模型，或继续使用，或优化维护，或结束发展论周期。接着，假如高层智能维制作出优化低层智能的逻辑模型，优化低层智能的逻辑模型到达低层智能维，低层智能维给出逻辑模型的优化功能，低层智能加优化功能再到达中层智能维，中层智能维给出结构，低层智能加优化功能和优化结构产生优化低层智能，又回到高层智能维，再让高层智能维决策，或继续使用，或优化维护，或结束发展论周期。

5.11.2.1　第一维

发展论第一维是低层智能维，制造功能模型，有四库工具的帮助。

1. 第一维四库工具

第一维的四库工具有工具分库、技术分库、方法分库、方法论分库。

2. 第一维工作

团体用知识能力和文明程度做第一维工作，建立功能模型，得到四库工具的帮助。

第一维低层智能维是三维逻辑发展论软件工程的入口，它的工作就是为低层智能制造功能。

当高层智能维传来使用的低层智能时，低层智能维根据知识和文明，给低层智能加上新功能，传入中层智能维，使用低层智能。

当高层智能维传来优化的低层智能时，低层智能维根据知识和文明，给出低层智能需要优化的功能，传入中层智能维，优化结构。

5.11.2.2 第二维

第二维中层智能维使用低层智能的功能或优化低层智能的结构，用过程化软件工程学理论控制使用功能或优化结构。

1. 第二维四库工具

第二维的四库工具有两种作用：一种是帮助使用低层智能功能，另一种是帮助优化低层智能结构。这两种作用都需要四库工具有认识和加工面向对象的低层智能结构的能力。

2. 第二维工作

第二维的工作是使用和优化低层智能，根据低层智能维传来的低层智能附带的指令决定执行。当低层智能维传来的低层智能附带的指令是使用时，中层智能维就使用低层智能维制造的低层智能功能，使用低层智能功能的结果传入高层智能维。当低层智能维传来的低层智能附带的指令是优化时，中层智能维就根据低层智能维制造的低层智能新功能优化低层智能结构，优化的低层智能带着新功能和新结构传入高层智能维，供高层智能维审查和做出新决策。

5.11.2.3 第三维

第三维是高层智能维，需要建立逻辑模型帮助决策，决策模型的建立要考虑能量场情况及引力场情况。

1. 第三维四库工具

第三维的四库工具都是系统工具，包括工具分库的系统工具、技术分库的系统技术、方法分库的系统方法、方法论分库的系统理论。第三维的四库工具帮助高层智能维建立决策模型即逻辑模型，同时帮助高层智能维决策。

2. 第三维工作

第三维高层智能维的工作有三种：

第一种是决策使用低层智能，传到低层智能维，低层智能维给低层智能附加使用的新功能，再传到中层智能维，由中层智能维使用新功能，将使用情况传回高层智能维，高层智能维建立逻辑模型对使用情况作审查和二次决策。使用低层智能的功能也可以说低层智能变成了动能。

第二种是决策优化低层智能，先根据中层智能维传来的低层智能的使用情况建立逻辑决策模型，决策优化低层智能，优化低层智能的逻辑要求和低层智能一起传给低层智能维，由低层智能维根据低层智能和优化的逻辑要求给出优化功能，传给中层智能维根据优化功能优化结构。优化好的结构随低层智能再传给高层智能维，供审查和做出新决策。

第三种是决策结束本发展论周期，即根据中层智能维传来的低层智能决策是否停止使用和优化这个低层智能。

5.11.2.4 发展论软件工程周期

发展论软件工程周期以低层智能维为起点，低层智能维给出低层智能新的功能，低层智能传入中层智能维使用低层智能的功能，也叫低层智能转化成动能，使用情况传给高层智能维。

高层智能维建立逻辑模型对使用情况作系统审查决策，需要继续使用的，发指令给低层智能维，继续在中层智能维使用低层智能，使用情况仍然传给高层智能维。

当高层智能维认为要优化低层智能时，发指令给低层智能维，低层智能维先制造优化功能，低层智能加优化功能到中层智能维得到优化结构，产生优化低层智能，优化低层智能又流入高层智能维作审查和决策，优化没有达到要求的重新优化，达到要求的开始使用。

当低层智能的使用和优化达到一定程度时，其情况反映到高层智能维，高层智能维决策结束这个低层智能的使用和优化，一个发展论软件工程周期使结束了。

5.11.3 生存发展论软件工程过程

生存发展论软件工程是生存论与发展论相结合的软件工程，要点是生存论输出低层智能，这个低层智能被发展论接受，开始发展软件工程。生存发展论软件工程用于开发系统缺乏能量场能量，引力场又不能提供成本转嫁条件时。生存发展论软件工程因为生存论软件工程和发展论软件工程都是三维结构，因此是两个不同的三维结构有机组成了生存发展论软件工程的结构。

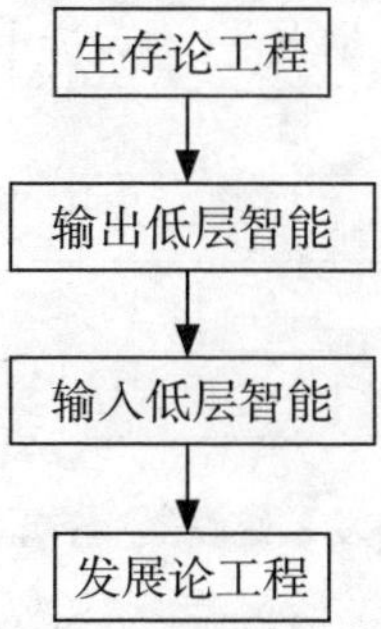

图 5－18　软件开发系统生存发展论工程过程示意图

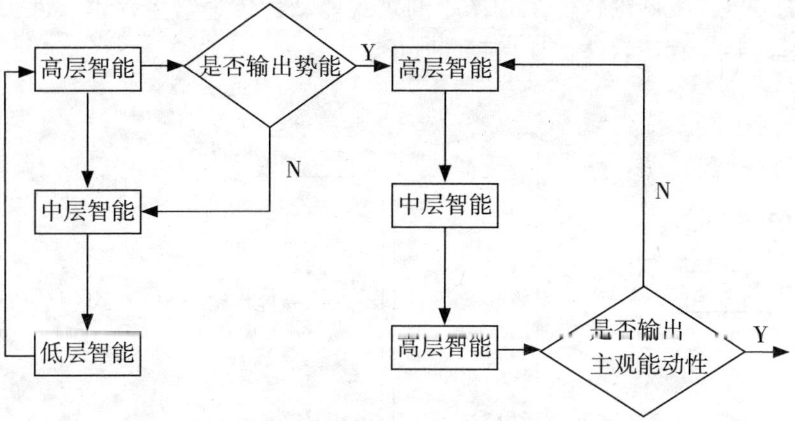

图 5－19　软件开发系统生存发展论三维结构关联图

生存论软件工程周期和生存发展论软件工程周期的迭代都是低层智能，当生存论软件工程的输出连上发展论软件工程的输入，即生存论软件工程的低层智能维连接发展论软件工程的低层智能维时，就制造了一个生存发展论软件工程周期。

5.11.4 发展生存论软件工程过程

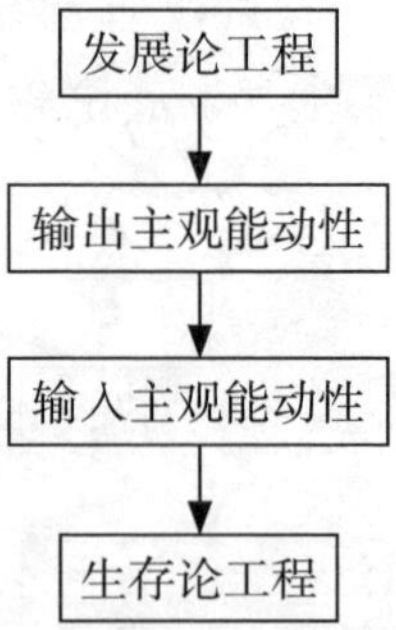

图 5-20 软件开发系统发展生存论工程过程示意图

发展生存论软件工程是因为能量场能量充裕，引力场可以提供成本转嫁渠道，这样就允许没有生存论支持的发展论软件工程的开展，发展论软件工程产生的主观能动性传递给生存论软件工程，让生存论软件工程高起点地开展。

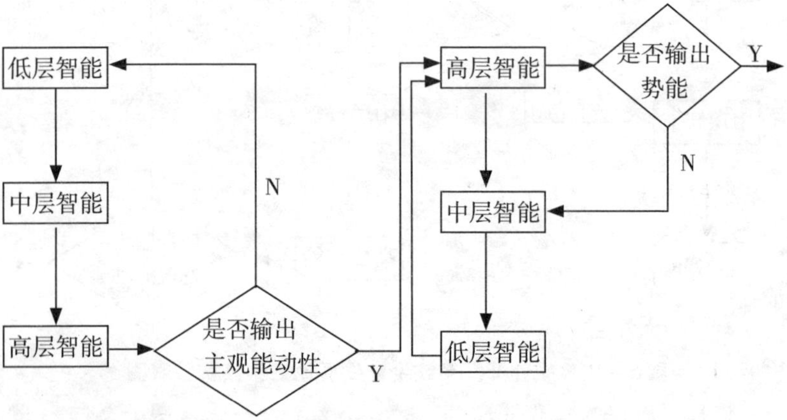

图 5-21 软件开发系统发展生存论三维结构关联图

发展论软件工程把主观能动性传给生存论软件工程就产生了发展生存论软件工程，这是一个迭代主观能动性的软件工程周期。

5.11.5　综合方法论软件工程过程

综合方法论软件工程有四种，其中既有前面介绍的生存发展论软件工程和发展生存论软件工程，还有单纯生存论软件工程和单纯发展论软件工程。

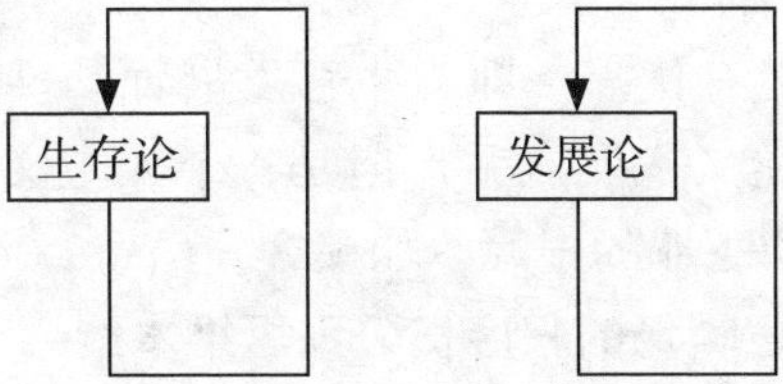

图 5－22　软件开发系统单纯生存论和单纯发展论示意图

单存生存论迭代的是能量，单纯发展论迭代的是主观能动性。

本节介绍了生存论软件工程和发展论软件工程。生存论软件工程输入的是主观能动性和主观能动性附带的能量，输出的是低层智能。发展论软件工程输入的是低层智能，输出的是主观能动性和主观能动性附带的能量。生存发展论软件工程和发展生存论软件工程都是生存论软件工程与发展论软件工程有机结合而成的。综合方法论包括生存发展论软件工程、发展生存论软件工程、单纯生存论软件工程、单纯发展论软件工程四种。逻辑场软件工程是周期迭代的，生存发展论软件工程迭代低层智能，发展生存论软件工程迭代主观能动性，主观能动性附带能量。

5.11.6　暗逻辑场软件工程

5.11.6.1　暗逻辑场软件工程的程序员个人主义本能

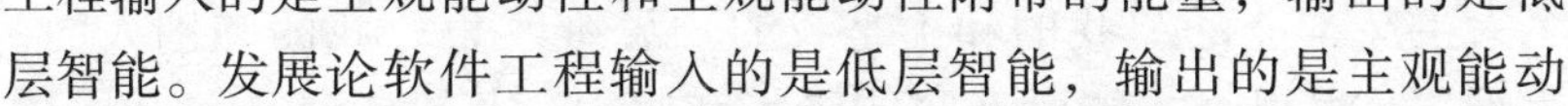

图 5－23　程序员个人主义本能示意图

逻辑场软件工程的程序员个人主义本能指程序员是用达尔文进

化论生存发展的生命，它不讲整体优化，制造暗能量场与能量场建立关联，暗能量场由能量场中对它有利的能量组成，制造暗引力场与引力场建立关联，暗引力场由引力场中对它有利的引力组成。

当程序员用暗能量场组成群暗能量场，用暗引力场组成群暗引力场时，开发团体的个人主义本能便产生了，个人主义本能的加权逻辑和就是团体的契约。

个人主义本能有优点，即为生存发展而奋斗，发动团体常常要从团体的个人主义本能入手。但是，个人主义本能的罪恶也大得惊人，这是一切犯罪的根源，如黑客。

5.11.6.2 逻辑场的程序员公民思维本能

图 5－24 程序员公民思维本能示意图

逻辑场软件工程还有一种程序员本能叫公民思维本能，它把个人主义本能的“我的和不是我的”思维改为“我的和别人的”思维。公民思维本能没有暗能量场和暗引力场，它继承了个人主义本能为生存发展奋斗的优点，去掉了个人主义本能罪恶的缺失，不用达尔文进化论指导自己的行为，而是用集体主义、个体主义、人道主义等理论指导自己的行为。当公民思维本能达成系统契约时，公民思维本能的暗开发系统就产生了，如完全竞争的自由市场和发达国家所谓的理性人、理性人群。公民思维本能和公民思维本能的暗开发系统是均衡开发系统产生的两大前提之一，它创造均衡开发系统的程序员和关联，创造均衡开发系统的民主和人权，创造均衡开发系统的规律。暗逻辑场软件工程学的特点就是本能控制程序员，本能达成契约控制整个开发系统，仍然分成生存论和发展论，不讲整体优化理论。公民思维本能虽然不讲原来场或体的整体优化，但有发明新开发系统实现公民主义的愿望，重视正义的整体优化。仍然用三维结构研究暗逻辑场软件工程。

5.11.6.3　内部暗逻辑场软件工程

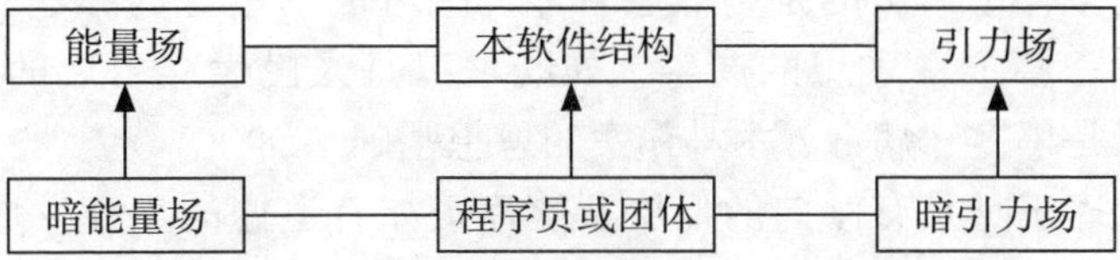

图 5－25　内部暗逻辑场软件工程示意图

内部暗逻辑场软件工程指程序员和团体的生存发展论软件工程，特点是发展暗能量场和暗引力场，程序员和团体都可以自成开发系统运行。

5.11.6.3.1　生存论

1. 本能决策发起

逻辑场软件工程的第一步都是发起软件工程的环节，暗逻辑场软件工程的第一个软件工程环节分四步：建立自己的暗能量场和暗引力场；研究暗能量场和暗引力场以供做决策和可行性研究；进行需求研究；起点产品是暗能量场发出的，个人主义本能与暗引力场均衡寻找接受的暗能量。

这个环节的四库工具的原理和一般逻辑场软件工程的原理一样，但倾向是个人主义本能倾向。

2. 本能控制加工

暗开发系统的能量加工环节仍然是生产低层智能，与一般开发系统不同的是：暗开发系统用暗能量场和暗引力场分别代替了能量场和引力场，n 和群 n 是个人主义本能，能量来自暗能量场，d 和群 d 是暗引力场发出的。如法治社会的黑客认为盗窃没有错，则黑客是个人主义本能，“黑客没有错”是暗引力场，偷来的资源是暗能量场的能量，黑客的能量加工就是增加他的盗窃欲望，这是不好的例子。个人有益于社会的发明创造的例子则是生存发展的好例子，现代社会的人民规律也在这里。

这个环节的四库工具是暗引力场创造的。

3. 输出本能低层智能

暗生存论输出的是暗低层智能，既可能产生好的影响，也可能导致一些不良思想的产生，如既可以是人民生存发展的要求，也可以是黑客、病毒、木马作案的思想基础。

四库工具是有倾向的低层智能库，如有道德的生存发展低层智能，人民群众就是这种，又如没有道德的生存发展低层智能，黑客就是这种。

5.11.6.3.2　发展论

1. 本能传递低层智能

个人主义本能发展论输入的是个人主义本能的发展低层智能，即欲望，可好可坏。人民群众有道德的发展愿望，如用诚实劳动换得发展就是有道德地发展低层智能，输入发展论就能创造有道德的发展论，就是好发展论。黑客、病毒是没有道德的发展愿望，偷或贪也都是没有道德的发展愿望，输入发展论就能创造没有道德的发展论，就是坏发展论。

这里的道德指的是是否有公民思维，有公民思维就有道德，没有公民思维而只有达尔文进化论的弱肉强食思想就可能没有道德。

四库工具仍然是有倾向的低层智能库，或是有道德的生存发展低层智能，或是没有道德的生存发展低层智能。

2. 本能控制优化

这个环节的控制者仍然是个人主义本能，通过研究暗能量场和暗引力场得出控制，$^*d$ 和群 $^*d$ 都是暗引力场。

人民群众因为发展的是有道德的发展论，因此，优化的是生产技能，四库工具装的是生产技术知识。

黑客、病毒因为发展的是没有道德的发展论，因此，优化的是阴谋诡计，四库工具装的是阴暗的思想和技术。

3. 本能决策动能

这是发展论发出动能的环节，人民群众开始劳动，黑客、病毒开始干坏事。

人民群众由生存论输入发展论的低层智能经过优化，现在开始有道德地转化成动能做工。

这里有这样的环节：根据能量场和引力场的新情况，优化暗能量场和暗引力场；根据新的暗能量场和暗引力场做决策，决策四库工具装生产决策知识；需求研究的是生产的组织和过程；起点产品为优化的生产工具和技术。

黑客、病毒由生存论输入发展论的低层智能经过优化，现在也开始没有道德地转化成动能做工。

这里有这样的环节：根据能量场和引力场的新情况，优化暗能量场和暗引力场；根据新的暗能量场和暗引力场做决策，决策四库工具装着不道德的决策技术；需求研究的是偷谁或贪什么；起点产品就是黑客的盗窃欲望和技术。

5.11.6.4　破坏整体性的内部暗逻辑场软件工程

图 5－26　破坏整体性的内部暗逻辑场软件工程

黑客的利益追求因为用达尔文进化论用到恶化的程度，所以他们制造的暗逻辑场软件工程是破坏逻辑场整体性的内部暗逻辑场软件工程。

5.11.6.4.1　生存论

黑客在生存论的第一个环节是建立暗能量场和暗引力场，用暗引力帮助个人主义本能由暗能量场输入能量。

这时的四库工具就是同伙和自己的经验技术。

黑客在生存论的第二个环节是花费资源得到满足，再产生新的找资源的欲望，这就是资源变成欲望，能量变成低层智能。

这时的四库工具有一个组成部分，就是社会风气。

黑客在生存论的第三个环节是输出生存论欲望，如找资源的欲望。

这时的四库工具包括人性的各种阴暗面和脆弱面。

5.11.6.4.2　发展论

黑客在发展论的输入环节输入自己找更多的资源的欲望。

这时的四库工具充斥着黑客的经验技术和黑客体会。

黑客在优化阶段练技术、找机会。

这时的四库工具仍然有社会风气这个组成部分，还有法制缺陷这个组成部分。

发展论输出的就是黑客新的违法行为。

这时的四库工具仍然是黑客的经验技术和黑客体会。

5.11.6.5　支持整体性的内部暗逻辑场软件工程

支持整体性的内部暗逻辑场软件工程主要指人民群众个人或团体的暗逻辑行为。一般把大多数人的群体定义为人民，或者把守法的人群叫人民。

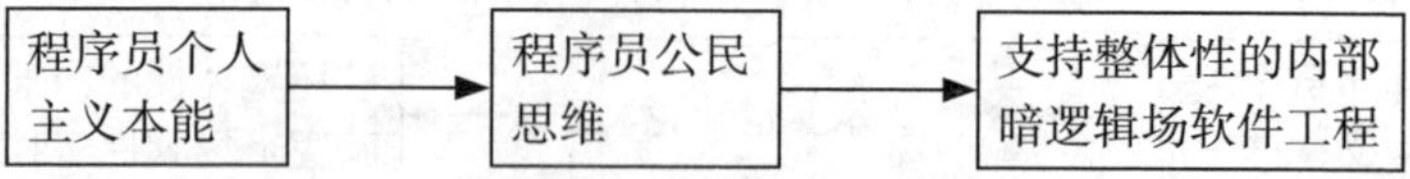

图 5－27　支持整体性的内部暗逻辑场软件工程

人民群众的生存发展论逻辑场软件工程虽然也是由个人主义本能控制的，也用达尔文的进化论，但因为没有用恶化的个人主义阴暗面发展，讲集体主义和个体主义，所以还蕴藏着公民思维，支持整体性。

5.11.6.5.1　生存论

人民群众在生存论的输入环节也要建立暗能量场和暗引力场。人民群众的暗逻辑场的加权逻辑和就是能量场，暗能量场的加权逻辑和就是引力场的组成部分。人民群众的暗能量场和暗引力场讲道德，黑客的暗能量场和暗引力场不讲道德，这是二者的重要区别。

建立暗能量场和暗引力场以后，人民群众也要用本能寻找输入能量，主要用做工达到目标。有决策和决策四库工具，决策四库工具有乡约民俗和道德避免自己做坏事，乡约民俗和道德都是决策契约。有需求研究，有起点低层智能，这个低层智能是人民群众的劳动所得。

人民群众的加工环节仍然由本能控制，参考暗能量场和暗引力场的要求，把接受的能量加工成低层智能。暗能量场有时也会破坏能量场。暗引力场有时也会破坏引力场。

在生存论的输出环节，群众输出满足了生存要求且有发展欲望的人民群众低层智能。

5.11.6.5.2　发展论

人民群众输入发展论的低层智能是符合道德的发展愿望，因为符合道德，顾及其他程序员和团体的发展，因此有整体性作用。

人民群众在优化环节，重点优化生产工具和技能。

人民群众在发展论的输出环节输出的动能往往就是一个社会的生产力。

5.11.6.6　外部暗逻辑场软件工程

外部暗逻辑场软件工程是开发系统外部针对自己的软件工程，是外环境的组成部分。

对于外部暗逻辑场软件工程，仍然有暗能量场和暗引力场，外开发系统用这两个场与本开发系统相关，或破坏本开发系统，或帮助本开发系统。

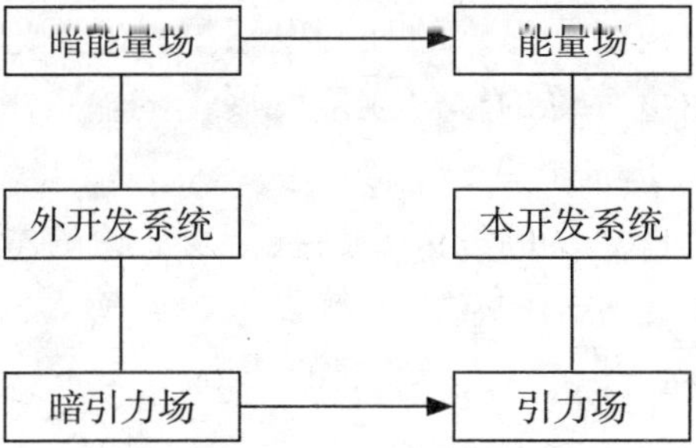

图 5-28　外部暗逻辑场软件工程示意图

5.11.6.6.1　生存论

1. 本能决策发起

外部暗逻辑场软件工程是由外开发系统个人主义本能控制的，它在生存论的输入环节建立自己的暗能量场和暗引力场，以此产生个人主义本能的决策、需求研究和起点产品。当外开发系统的暗能量场与本开发系统的能量场有关，且外开发系统的暗引力场与本开发系统的引力场有关时，外开发系统就有可能发起一个外部暗逻辑场软件工程。

2. 本能控制加工

对于以达尔文进化论的弱肉强食思想为指导的外开发系统，在本能控制加工环节就是把本开发系统的利益转化成自己的低层智能，产生新的掠夺本开发系统利益的欲望，即新的低层智能。

对于以公民思维为指导的外开发系统，在本能控制加工环节就乐于与本开发系统合作，共享能量。

3. 输出本能低层智能

对于具有弱肉强食思想的外开发系统，输出本能低层智能以寻求更多地掠夺本开发系统的利益。

对于具有公民思维的外开发系统，输出本能低层智能以寻求更多的生存发展利益。

5.11.6.6.2　发展论

1. 本能传递低层智能

对于具有弱肉强食思想的外开发系统，发展论的本能在传递低层智能环节由生存论的输出连接发展论的输入，这是一个掠夺本开发系统的欲望。

对于具有公民思维的外开发系统，发展论的本能在传递低层智能环节仍然由生存论的输出连接发展论的输入，这是一个寻求与本开发系统合作共赢、共同发展的欲望。

2. 本能控制优化

外开发系统优化欲望低层智能的方法就是产生带计划和策略

的低层智能。

对于具有弱肉强食思想的外开发系统，优化低层智能的环节有研究本开发系统，策划对本开发系统的破坏、掠夺等工作。四库工具有专门研究破坏本开发系统的智库。

对于具有公民思维的外开发系统，优化低层智能的环节有寻求友好合作的环节。四库工具有专门研究怎样发展友好合作的智库。

3. 本能决策动能

对于具有弱肉强食思想的外开发系统，发展论输出的动能就是掠夺本开发系统的具体行动。

对于具有公民思维的外开发系统，发展论输出的动能就是在新的环境中发展新的友好合作。

外部暗逻辑场软件工程可以分为破坏开发系统的外部暗逻辑场软件工程和支持开发系统的外部暗逻辑场软件工程。

5.11.6.7　破坏开发系统的外部暗逻辑场软件工程

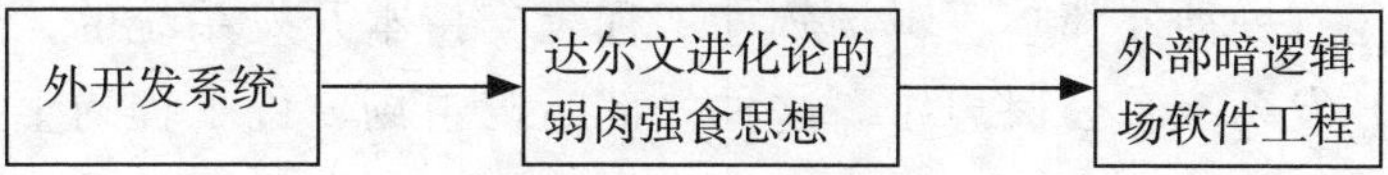

图 5－29　破坏开发系统的外部暗逻辑场软件工程

5.11.6.7.1　生存论

破坏本开发系统的外部暗逻辑场软件工程都要建立暗能量场和暗引力场。这是一种以弱肉强食思想为指导的、外开发系统与本开发系统相关的逻辑场软件工程，对本开发系统是有害的。

5.11.6.7.2　发展论

暗逻辑场软件工程的发展论就是认知本能，让本能带上计划和策划，开始破坏本开发系统的行动。

5.11.6.8　支持开发系统的外部暗逻辑场软件工程

仍然以人数比例或是否守法为根据定义外国人民。这里的守法具有三个含义：守本国法、守身在国法、守国际法。

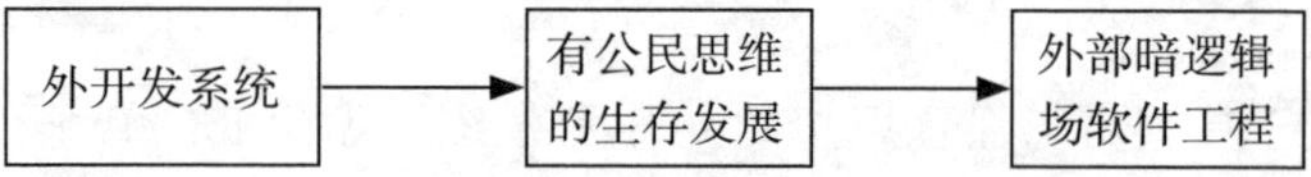

图 5-30　支持开发系统的外部暗逻辑场软件工程

支持本开发系统的外部暗逻辑场软件工程就是外国人民群众的生存发展论工程，他们的发展成果可以与本开发系统交换，补充本开发系统的不足。

5.11.6.8.1　生存论

这里的生存论指外国人民自身开发系统活动的生存论，即发展生产得到能量满足自己的生存发展需要。

外国人民发展生存论有与本国人民合作的愿望，这是公民思维的本能。

5.11.6.8.2　发展论

外国人民为了更好地发展而寻求与本国合作，交换能量，共同发展。

还有一种外部暗逻辑场软件工程是支持本开发系统的，原因是外开发系统有公民思维。这种外部暗逻辑场软件工程的生存论就是发扬集体主义、人道主义和人类正义。其发展论就是把集体主义、人道主义和人类正义付诸实现。

这一节介绍了两种思想和四个逻辑场软件工程，两个思想是个人主义本能和公民思维本能，四个逻辑场软件工程是破坏整体性的内部暗逻辑场软件工程、支持整体性的内部暗逻辑场软件工程、破坏开发系统的外部暗逻辑场软件工程、支持开发系统的外部暗逻辑场软件工程。还有两个特殊情况，一个是先进元素用公民思维引领本开发系统文明发展，另一个是先进外开发系统用公民思维帮助本开发系统文明发展。

如图 5-31 所示，可以看到暗逻辑场软件工程虽然以本能为根据，但本能有两种：一种是达尔文进化论的弱肉强食思想，另一种是文明正义的公民思维，结果就产生出有害和有益两种暗逻辑场软件工程。

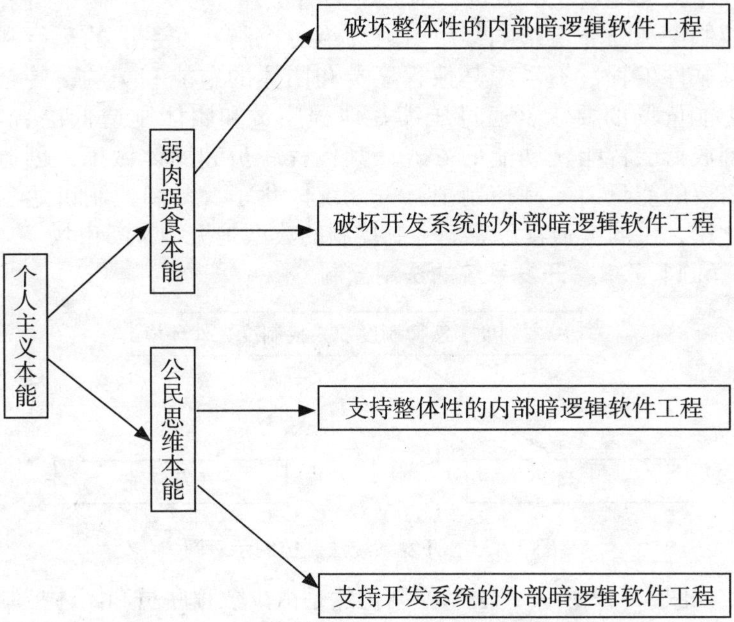

图 5－31　暗逻辑场软件工程原理示意图

本节仍然以生存发展论开发系统为例研究暗逻辑场软件工程。实际上，发展生存论开发系统、生存论开发系统、发展论开发系统都有自己的暗软件工程。

5.11.7　明逻辑场软件工程

5.11.7.1　开发系统的专制控制

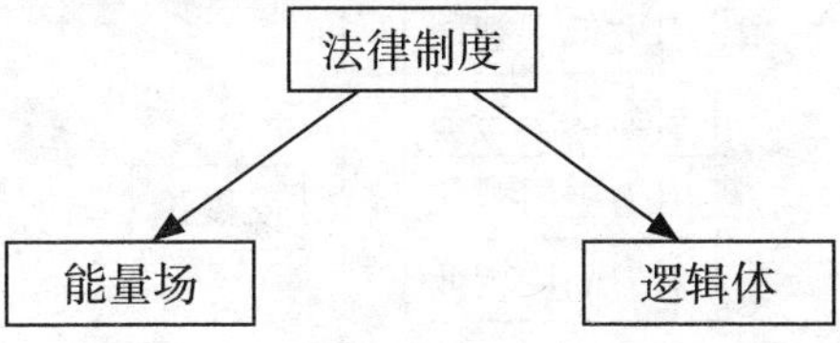

图 5－32　开发系统专制控制示意图

如图 5－32 所示，专制控制指控制开发系统的程序员和团体用个人主义本能建立引力场，引力场只有法律制度，没有民主制度、人权制度和外环境影响，用引力场绝对控制开发系统的运行和逻辑场软件工程，不考虑其他程序员和团体的本能和契约，甚至不考虑能量场的要求，通过压缩其他程序员和团体制造低层智能，用释放低层智能转动能的方式让其他程序员和团体做工，创造自己需要的能量。专制控制把开发系统体化了。专制控制讲达尔文进化论，讲弱肉强食思想。专制控制的典型是极端垄断市场。

5.11.7.2 开发系统的法制控制

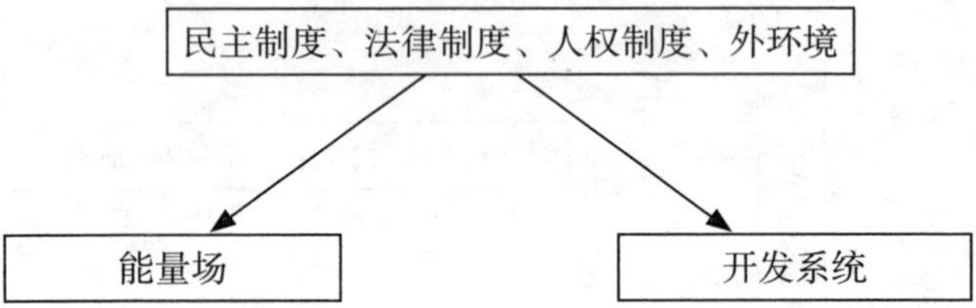

图 5－33 开发系统法制控制示意图

如图 5－33 所示，法制控制仍然是由少数程序员和团体控制开发系统，但这些程序员和团体有公民思维，由个人主义本能到集体主义本能，再到公民思维本能，他们的控制是一种道德控制，与专制控制的不道德相对，仍然用引力场控制开发系统，但引力场不只有法律制度，还包括民主制度、人权制度和外环境影响，在一定程度上考虑环境的要求，压缩其他程序员是为了其他程序员自己的生存发展。

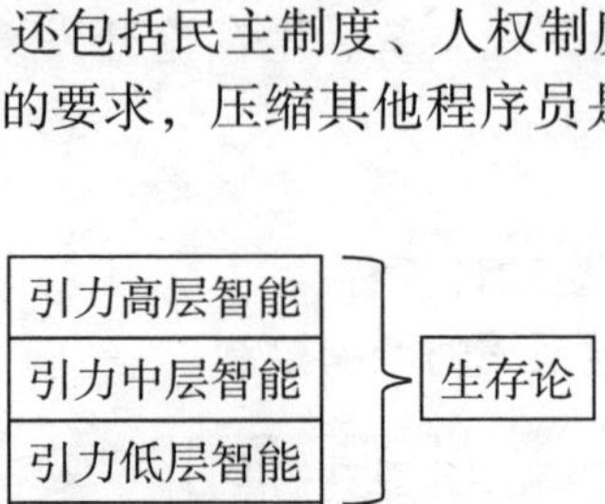

图 5－34 明逻辑场软件工程示意图

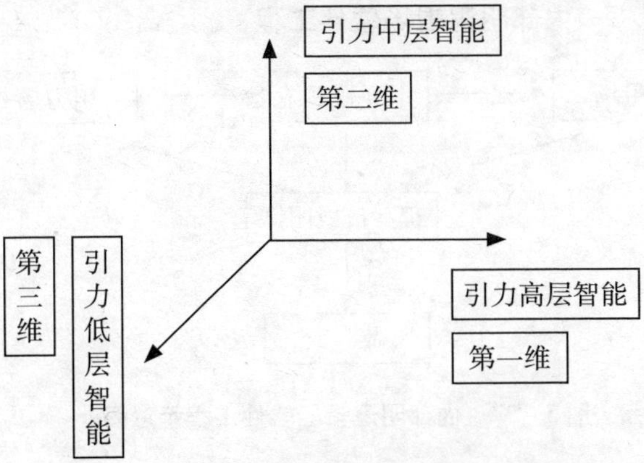

图 5－35　明逻辑场软件工程生存论过程图

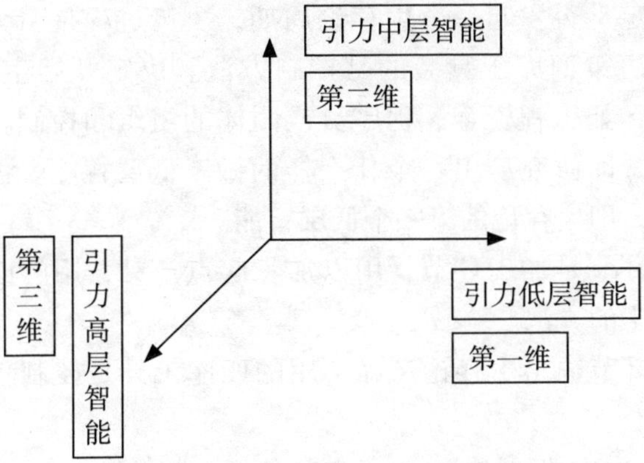

图 5－36　明逻辑场软件工程发展论过程图

明逻辑场软件工程仍然由生存论和发展论组成，引力控制整个工程，压缩本能，追求整体优化，工程不用建立暗能量场和暗引力场，完全以工程控制者的意愿发展工程，就像是和土木建筑工程一样的硬工程。开发系统是一个体。

这里仍然用三维结构研究明逻辑场软件工程。

5.11.7.3 内部明逻辑场软件工程

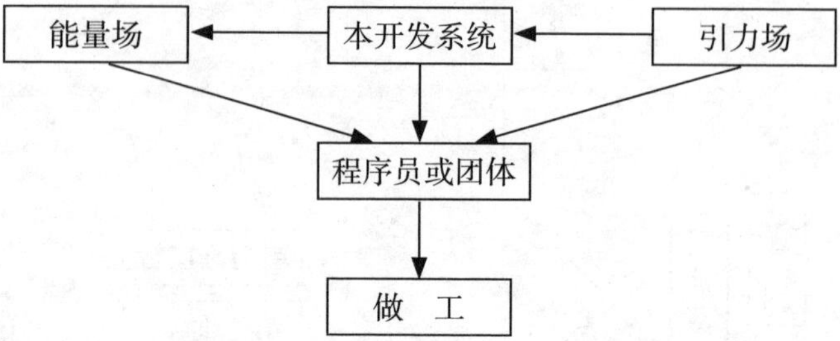

图5－37 内部明逻辑场软件工程示意图

5.11.7.3.1 生存论

内部明逻辑场软件工程生存论的第一个环节是引力即开发系统控制者决定是否发起一个生存论周期，决策过程是引力与能量场的关联，决策四库工具装的是控制方法。决定开始生存论后，就接受能量，如工程资金、程序员或团体的组织和控制。接着开始需求研究，即研究产生一个什么样的做工低层智能。再接着生产起点产品，即生存论的第一个低层智能。

第二个环节是加工环节，用以加工起点产品，用的四库工具都是控制加工的方法。

第三个环节输出生存论产品，用的四库工具是控制程序员或团体的方法。

5.11.7.3.2 发展论

发展论的第一个环节是输入低层智能，四库工具仍然是控制程序员或团体的方法。

发展论第二个环节是优化低层智能，重点优化生产工具和生产资料。

内部明逻辑场软件工程可以分为破坏民主和人权的内部明逻辑场软件工程和支持民主和人权的内部明逻辑场软件工程。

5.11.7.4　破坏民主和人权的内部明逻辑场软件工程

图 5－38　破坏民主和人权的内部明逻辑场软件工程

5.11.7.4.1　生存论

这种逻辑场软件工程的开始是某些有着个人主义本能的程序员或团体建立控制开发系统的权力，接着做决策发起生存发展论工程，决策库都是控制论，研究需求，制造起点产品。

第二个环节是加工低层智能的环节。

第三个环节是输出低层智能的环节。

5.11.7.4.2　发展论

发展论的第一个环节是接受生存论输出的低层智能作为输入。

发展论的第二个环节是优化低层智能。

发展论的第三个环节是输出动能。

5.11.7.5　支持民主和人权的内部明逻辑场软件工程

图 5－39　支持民主和人权的内部明逻辑场软件工程

5.11.7.6　外部明逻辑场软件工程

外部明逻辑场软件工程指外环境引力的控制者通过影响外开发系统的能量场而影响本开发系统的能量场，通过影响外开发系统的引力场而影响本开发系统的引力场，通过影响本开发系统的能量场和引力场而影响本开发系统。这个外环境引力的控制者或者是个人主义者，讲弱肉强食，或者是公民思维者，讲人类正义。

如图 5－40 所示，外开发系统通过明软件工程用外能量场和外引力场影响本开发系统的能量场和引力场，最终影响本开发系统。

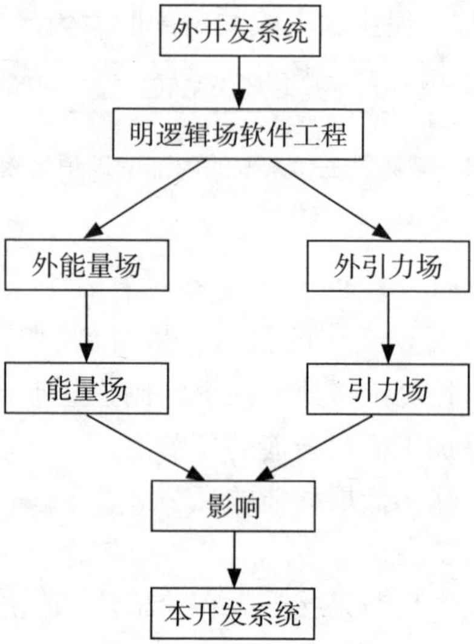

图 5－40　外部明逻辑场软件工程示意图

5.11.7.6.1　生存论

外部明逻辑场软件工程生存论的第一步是外部某开发系统控制了外环境，成为外环境秩序的制定者，接着决策外环境能量场的发展方向，需求研究指能量场的具体发展要求，起点产品是自己发展能量场的低层智能。第二步是加工自己的低层智能，通过影响别的开发系统的能量场使自己的低层智能得到满足。第三步是输出自己生存论的低层智能，常常是指通过影响别的开发系统的能量场而得到的低层智能。

5.11.7.6.2　发展论

外部明逻辑场软件工程发展论的第一步是通过影响其他开发系统的能量场得到低层智能加工的外环境，控制者以生存论为基础开始发展论。第二步是在低层智能优化环节，用自己的引力场影响别的开发系统的引力场，优化自己的低层智能。第三步是决策是否输出动能。

外部明逻辑场软件工程可以分为破坏开发系统的外部明逻辑

场软件工程和支持开发系统的外部明逻辑场软件工程。

5.11.7.7　破坏开发系统的外部明逻辑场软件工程

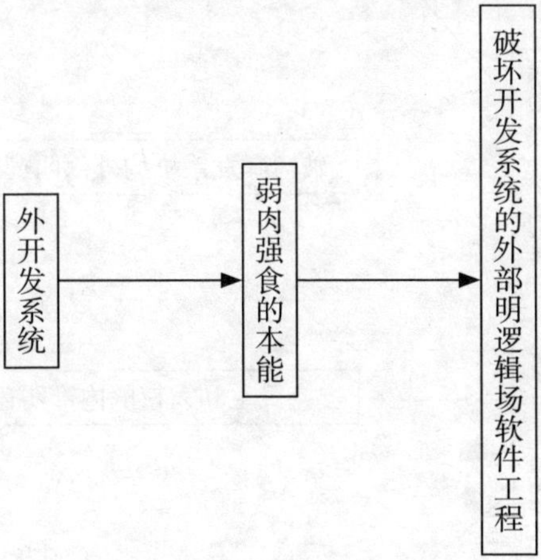

图 5－41　破坏开发系统的外部明逻辑场软件工程

5.11.7.8　支持开发系统的外部明逻辑场软件工程

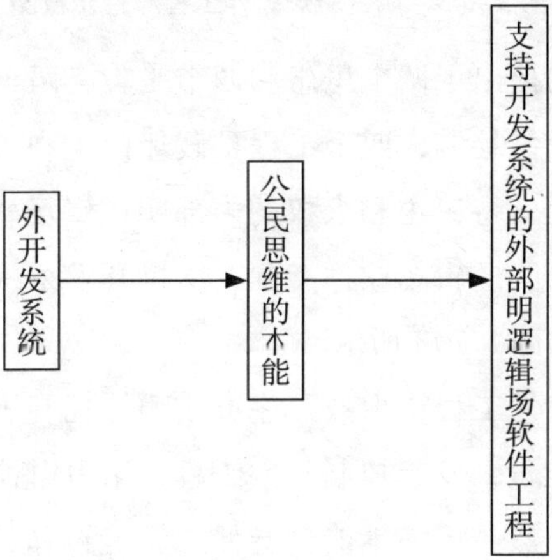

图 5－42　支持开发系统的外部明逻辑场软件工程

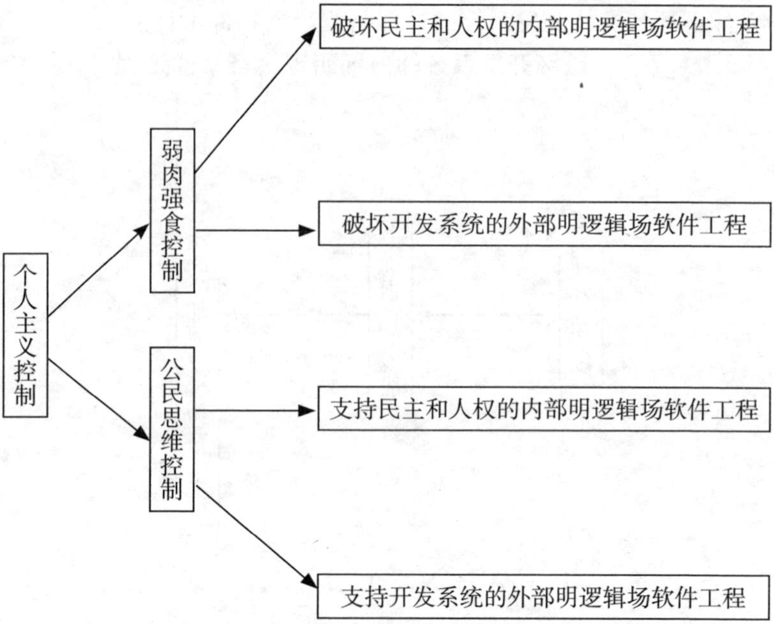

图 5－43　明逻辑场软件工程原理示意图

这一节仍然提出了两个思想和四个工程，两个思想是弱肉强食控制和公民思维控制，四个工程是破坏民主和人权的内部明逻辑场软件工程、支持民主和人权的内部明逻辑场软件工程、破坏开发系统的外部明逻辑场软件工程、支持开发系统的外部明逻辑场软件工程。如图 5－43 所示。

明逻辑场软件工程指少数程序员或团体控制了开发系统，为了得到更多的能量，发起控制软件工程，用引力控制代替本能和契约作决策，仍然是压缩本能创造低层智能再释放低层智能，低层智能转化成动能做工。仍然有生存论和发展论两个阶段。

当个人主义控制用达尔文进化论的弱肉强食思想作为自己的控制思想，就会产生破坏民主和人权的内部明逻辑场软件工程和破坏开发系统的外部明逻辑场软件工程。破坏民主和人权的内部明逻辑场软件工程压缩本国人民的本能，破坏开发系统的外部明逻辑场软件工程压缩外国人民的本能。

当个人主义控制用公民思维作为自己的控制思想时，就会产生支持民主和人权的内部明逻辑场软件工程和支持开发系统的外部明逻辑场软件工程两种类型的逻辑场软件工程。支持民主和人权的内部明逻辑场软件工程扶助本国人民的本能，支持开发系统的外部明逻辑场软件工程扶助外国人民的本能。

5.11.7.9 明、暗逻辑场软件工程比较研究

5.11.7.9.1 个人主义弱肉强食的本能

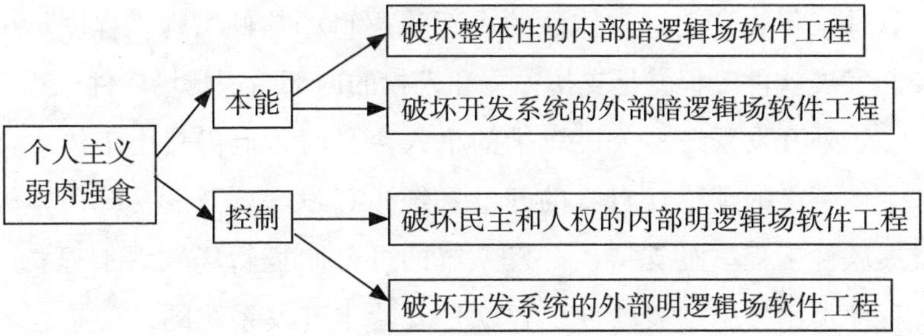

图5-44 明、暗逻辑场软件工程比较研究（1）

如图5-44所示，当程序员或团体是弱肉强食的个人主义时，他就会用达尔文进化论生存发展。程序员用本能发展软件工程就是破坏整体性的内部暗逻辑场软件工程。程序员用控制发展软件工程就是破坏民主和人权的内部明逻辑场软件工程。

当外开发系统是弱肉强食的个人主义时，他仍然用达尔文进化论让自身的开发系统生存发展。开发系统用本能发展软件工程就是破坏本开发系统的外部暗逻辑场软件工程。程序员用控制发展软件工程就是破坏本开发系统的外部明逻辑场软件工程。

5.11.7.9.2　个人主义公民思维的本能

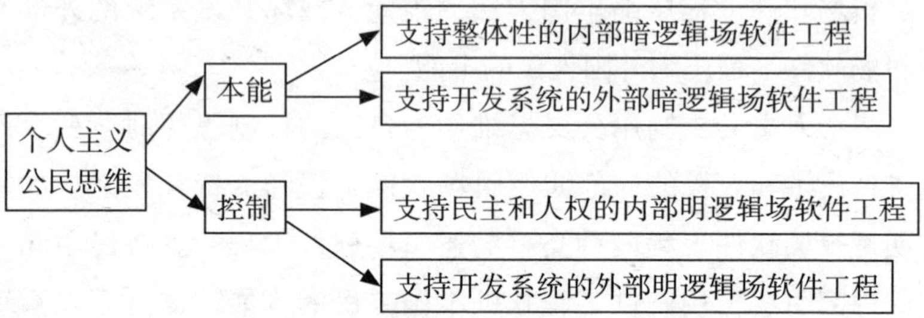

图 5－45　明、暗逻辑场软件工程比较研究（2）

如图 5－45 所示，当程序员或团体是公民思维的个人主义时，他就会用集体主义和个体主义的理论生存发展。程序员用本能发展软件工程就是支持整体性的内部暗逻辑场软件工程。程序员用控制发展软件工程就是支持民主和人权的内部暗逻辑场软件工程。

当外开发系统是公民思维的个人主义时，他仍然用集体主义和个体主义的理论让自身的开发系统生存发展。开发系统用本能发展软件工程就是支持本开发系统的外部暗逻辑场软件工程。这种程序员用控制发展软件工程就是支持本开发系统的外部暗逻辑场软件工程。

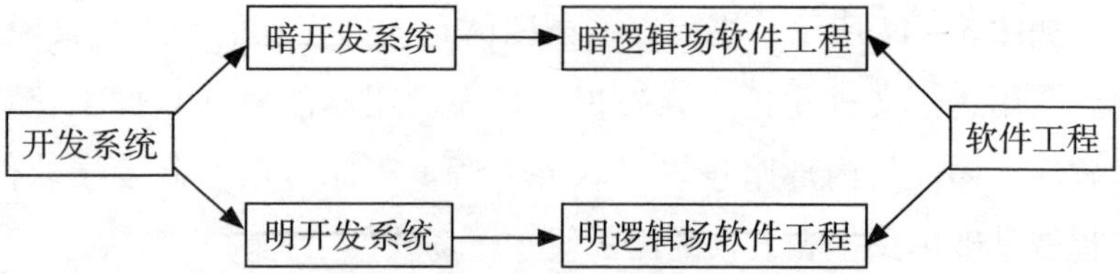

图 5－46　明、暗开发系统研究示意图

5.11.8　论均衡软件工程

5.11.8.1　均衡软件工程

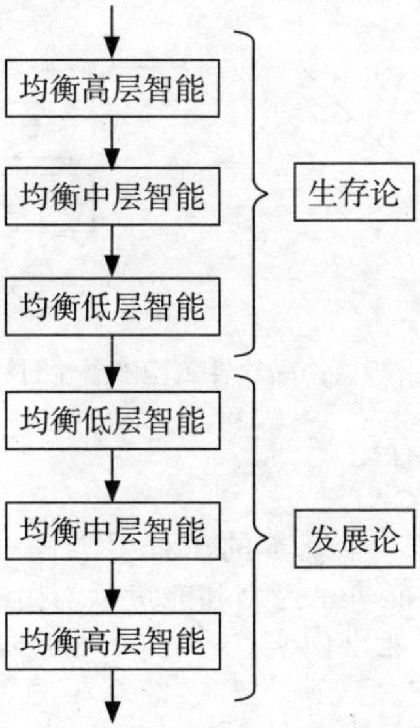

图 5－47　均衡软件工程示意图

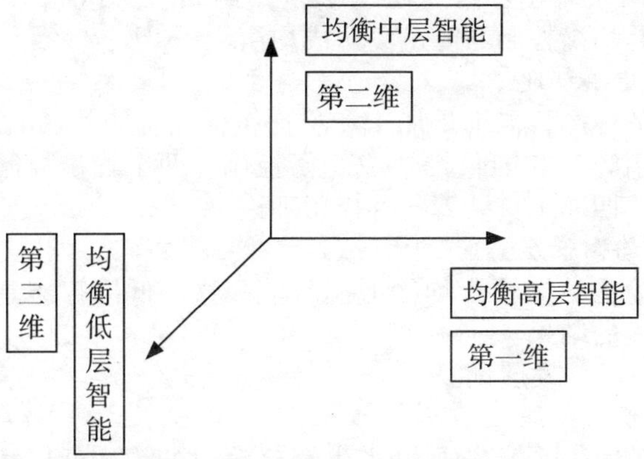

图 5－48　均衡软件工程生存论过程图

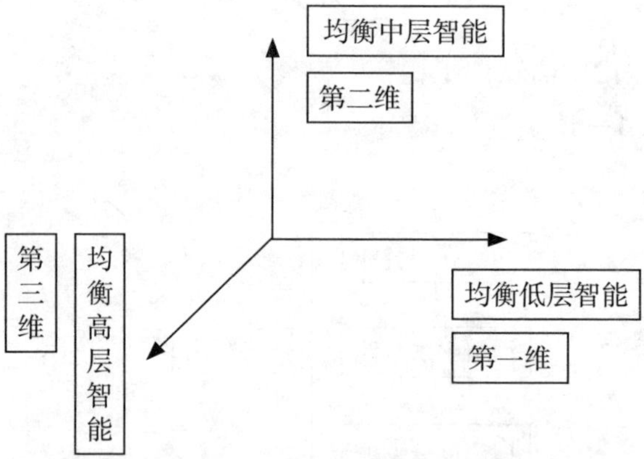

图 5－49　均衡软件工程发展论过程图

5.11.8.1.1　生存论

1. 均衡高层智能

均衡软件工程有一个基本的工程要求——均衡，控制是引力和契约均衡的结果，能量是控制和能量场均衡的结果。

生存论的高层智能维由契约和引力场引力达成决策均衡，决策四库工具装着民主、法律、人权、外环境影响等思想和制度。接着是需求研究，需求由契约和引力的均衡确定。然后是生产起点产品，即输入能量，准备软件工程资金、人员和组织结构，这些工作需要两次均衡：第一次均衡是契约和引力达成均衡控制，第二次均衡是均衡控制与能量场达成均衡。

2. 均衡中层智能

生存论的中层智能维是加工能量产生低层智能的环节，这时，契约分别与引力场和能量场达成均衡控制，两个均衡控制达成均衡控制加工。四库工具装着各种控制理论。

3. 输出均衡低层智能

在生存论的结尾输出均衡低层智能，这个低层智能是用两个均衡自我压缩的结果。

5.11.8.1.2　发展论

1. 均衡低层智能

发展论的第一个环节是输入生存论输出的均衡低层智能，准备做工。

2. 均衡中层智能

发展论的第二个环节是优化均衡低层智能，用契约与引力场和能量场的均衡产生均衡控制，用均衡控制优化均衡低层智能。四库工具装各种均衡控制理论和技术。

3. 均衡高层智能

发展论的第三个环节是决策发出动能，用契约和引力场与能量场的均衡决策。四库工具装着均衡决策理论和技术。

5.11.8.2　受限软件工程

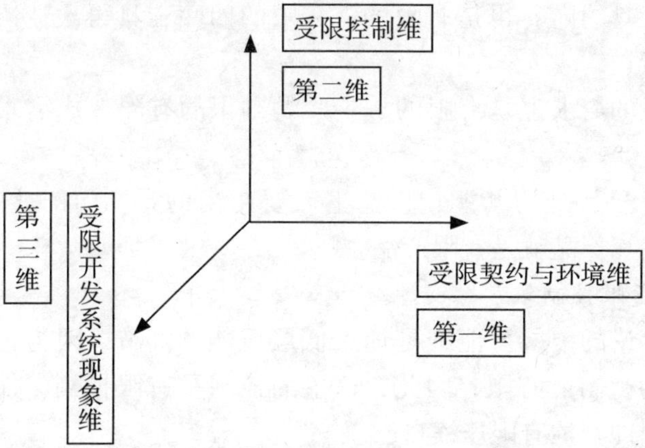

图 5－50　受限软件工程生存论过程图

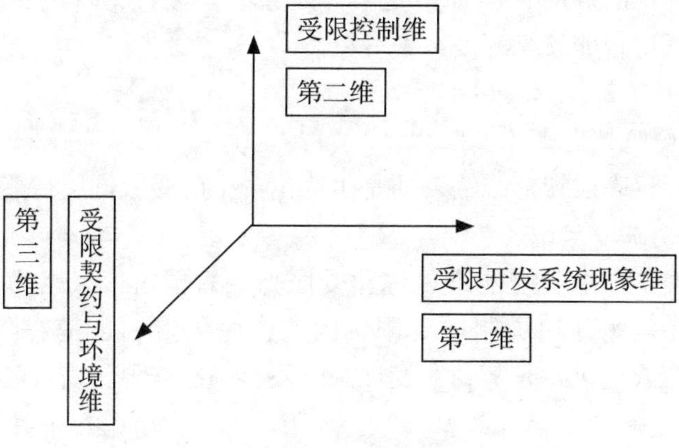

图 5－51　受限软件工程发展论过程图

均衡软件工程和明、暗逻辑场软件工程有一个重大的区别，即均衡软件工程是受限软件工程。明、暗逻辑场软件工程的能量场和引力场虽然也是有限的，但软件工程的决策是无限的。

5.11.8.2.1　生存论

1. 受限契约与环境维

均衡引力场和均衡能量场是有限的，决策知识是有限的，因此，发起软件工程的决策也是有限的。除此之处，还体现在：决策四库工具的内容也是有限的，有限的四库工具再次让决策成为有限决策。

这里的需求也是有限的，主要是知识的有限造成需求研究的有限。

起点产品是均衡能量，这里需要指出的是，均衡就是有限，因此，起点产品就是有限产品。

2. 受限控制维

生存论的中层智能维是加工低层智能的环节，因为控制源于均衡，均衡制造有限，因此，这里的控制是有限控制，加工是有限加工，即契约有限压缩自己。

3. 受限开发系统现象维

生存论的低层智能维是受限开发系统现象维，输出受限低层智能。低层智能就是开发系统现象。

5.11.8.2.2　发展论

1. 受限开发系统现象维

发展论高层智能维输入的是生存论产生的受限低层智能。

2. 受限控制维

发展论的中层智能维是优化受限低层智能阶段，因为优化控制产生于均衡，均衡制造有限，因此，优化控制也是有限控制，优化是有限优化，是契约在发展论阶段再一次有限压缩自己。

3. 受限契约与环境维

发展论的低层智能维是受限契约与环境维，由契约和引力场达成均衡，再由契约与能量场达成均衡，用两个均衡决策是否发出动能，动能是有限动能。

5.11.8.3　微观软件工程

微观软件工程是一种解决具体问题的软件工程，运用对象一般为元素。

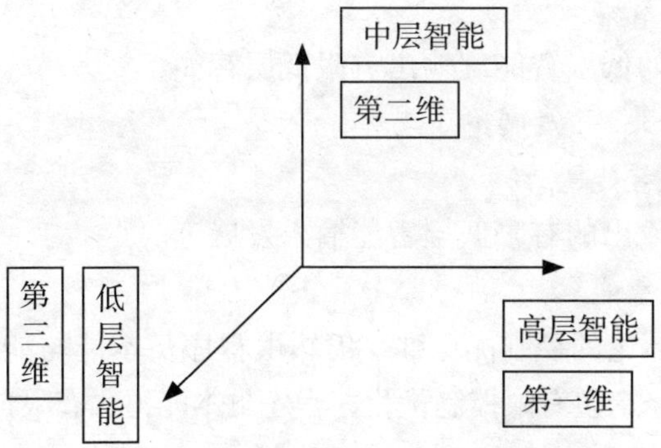

图 5－52　微观软件工程生存论过程图

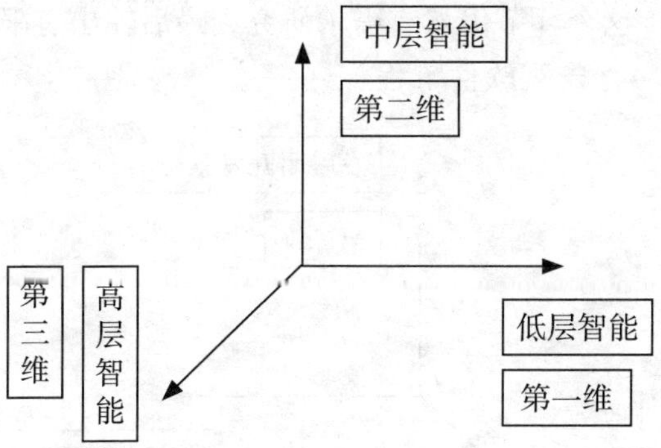

图 5－53　微观软件工程发展论过程图

5.11.8.3.1　生存论

1. 高层智能

生存论的高层智能维是决策发起维，由程序员本能分别与开发系统的引力场和能量场达成均衡，产生有限决策。需求研究确定软件工程的有限功能。输出起点有限产品。

2. 中层智能

生存论的中层智能维是控制加工维，由程序员本能与能量场和引力场达成均衡，产生有限控制加工，程序员本能有限自我压缩。

3. 低层智能

生存论的低层智能维输出有限低层智能。

5.11.8.3.2　发展论

1. 低层智能

生存论输出的有限低层智能输入发展论。

2. 中层智能

这是发展论的控制优化维，仍然由程序员本能与能量场和引力场达成均衡，产生有限控制优化，程序员本能再次有限自我压缩。

3. 高层智能

发展论的高层智能维是决策输出动能维，决策仍然建立在本能与能量场和引力场的均衡的基础上，均衡产生有限，因此决策是有限决策。这个环节仍然有需求研究，最后输出有限动能。

5.11.8.4　宏观软件工程

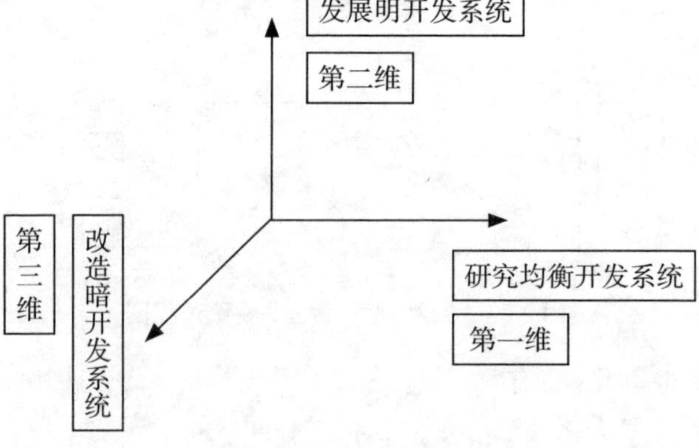

图 5-54　宏观软件工程生存论过程图

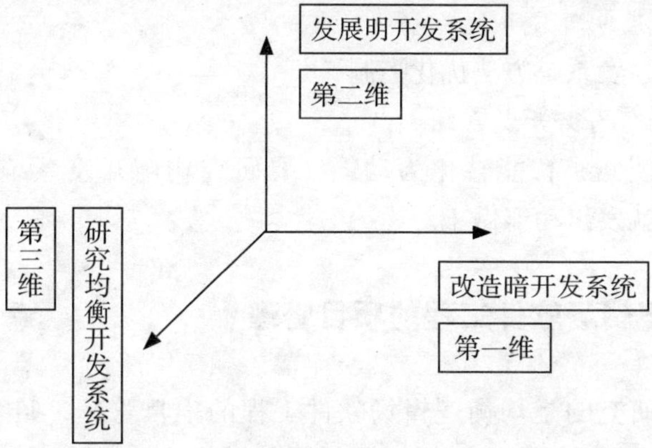

图 5－55　宏观软件工程发展论过程图

宏观软件工程往往是规模大的团体或开发系统自己做的软件工程。

5.11.8.4.1　生存论

1. 研究均衡开发系统

在生存论的高层智能维，做决策、进行需求研究、制造起点产品，都需要研究均衡开发系统的均衡，以产生均衡决策和均衡控制。均衡不仅指契约与民主制度、法律制度、人权制度、外环境影响四大引力场的加权逻辑和是否均衡；还指契约和能量场的综合要求是否均衡。

2. 发展明开发系统

生存论的中层智能维，要发展明开发系统，也就是发展与引力场均衡的制度。

3. 改造暗开发系统

生存论的低层智能维，要发展暗开发系统，即输出符合均衡的明加工的本能。

5.11.8.4.2　发展论

1. 改造暗开发系统

均衡本能输入发展论，准备对其进行优化。

2. 发展明开发系统

用明开发系统方法优化控制。

3. 研究均衡开发系统

是否使低层智能转化为动能，要研究均衡开发系统的均衡，达到均衡就发出动能做工。

5.12 逻辑场软件工程的项目管理

这里研究的是均衡逻辑场软件工程的项目管理，暗、明逻辑场的研究也很重要，留给大家去做研究。

5.12.1 项目管理思想的变革

传统软件工程学的项目管理是以其他工程学经验发展起来的，这种项目管理与软件工程学智能的特点有尖锐的矛盾，不论怎样改进都不能实现二者的真正协调。因此，本书提出一种新的项目管理思想，即以人的成长管理思想发展机器人软件开发的项目管理。

5.12.2 混沌与分形的组织思想

机器人软件开发学有明显的混沌和分形，因此，开发机器人软件要发展分形组织和分形管理，创造良好混沌现象的出现。这些方面可参考第 2 章的逻辑场混纯论和逻辑场分形论。

机器人软件开发系统显然是开放的、非平衡的、有较强非线性作用的复杂系统，混沌程度强，应采用混沌理论发展这个系统。为了产生混沌效应，应该让软件开发厂商培养生动活泼的内部环境，提倡新想法和发明创造。

机器人软件开发系统和机器人软件系统都具有结构、功能、过程、状态上的非均衡分形特征，具有分形的一切特征。提倡发展分形企业和分形管理。所谓分形企业，是指借用分形几何中的自相似性概念描述的一种新的企业组织结构和生产方式，分形企业可以从内部结构、企业环境、员工、知识、数据和方法等方面采取适当的措施，以达到提高反应能力、激发活力及增强创新能力等效果。

分形企业的特征：具有非集中式、内相关、扁平、分形的网络结构；按任务或产品分解组织结构；员工间相互信任；强调自我监控，将决策权分散，下放到可能出现问题并需要作出决策的地方；企业跳跃式发展，按照概率的规律进行变化，这是可控的但不确定的发展；工作内容丰富，包含高深的知识内容，以便于工作人员有机会不断提高自己的知识水平，增加工作的趣味；竞争各方是“非零和”对策；公司内、公司和环境间的界限是模糊的；强调团队表现；强调通信和相互协调；目标及实现，不是详细规划的结果，而是自组织和自作用单元确保动态的结果。

分形企业的组织管理模式是一个新的概念，还需要人们对此进行深入的研究。分形企业的管理模式也受到混沌及分形理论的启发，它是从事物分形特性的角度对企业管理和组织模式进行有益的考察和研究而形成的初步思想体系。分形企业和分形管理两者并没有一成不变的固定模式，企业应根据各自的实际情况和条件领会分形管理思想和方法的精髓，借鉴其他成功的分形企业的有益经验，建立适合自己具体条件的管理和组织模式。

5.12.3　机器人软件的项目管理

1. “恋爱”的项目管理

机器人软件开发的起点是它未来“父母”的“恋爱”，这是一个智能工程项目，核心是暗、明系统的均衡，从用户的角度来看，用户是明系统，厂商是暗系统；从厂商的角度来看，厂商是明系统，用户是暗系统。“恋爱”是暗、明系统根据各自的可行性研究、决策而确定是否产生交易的过程。项目管理的核心与人类社会的恋爱真理一样：①知识要对称，即要互相了解；②要有感情，即要进行沟通、理解；③要有可行性研究和决策，即要有责任感，要有正确的市场交易观；④要合法。

2.“结婚”的项目管理

人类恋爱成功后就要结婚，这是一个法律环节，落实到机器人软件开发活动，用户与厂商“恋爱”成功就要签订买卖合同，这里的项目管理就是合同管理，与人类的婚姻类似，机器人软件的买卖双方都有自己的权利和义务。

3.“孕育”的项目管理

机器人软件的“父母”——用户和厂商经过“恋爱”（可行性研究）和“结婚”（签订合同），就可以开发机器人软件了，开发的第一步就是“孕育”软件，这是一个智能需求分析的环节，与传统的需求分析不同，“孕育”过程是生命的起点而不是数学模型的起点，这里的核心项目管理包括：①智能交流过程，即用户和厂商要充分交流专业需求和技术需求；②把“做什么”作为机器人软件“胎儿”的特征；③以“做什么”为基础的专业知识和技术知识是机器人软件“胎儿”需要的营养；④机器人软件“胎儿”的问题，如出错等，由机器人软件“医生”即排错人员处理，这里提出一个软件工程学的新观点，即排错用“医生治疗机器人疾病”而不再用传统开发模型的回溯。

4.“儿童成长期”的项目管理

机器人软件“孕育”成功即智能需求分析成功，接着“出生”，开始“儿童成长期”阶段，对应于传统软件工程的总体设计，即是完成“怎么做”的总体定义，这时的项目管理与人类儿童期的管理是相似的：①人类儿童期要保证身体健康成长，要有正确的营养，机器人软件也是如此，需要用正确的软件技术建立机器人软件的框架；②人类儿童期要接受基本的、框架的教育，机器人软件也是如此，需要在技术框架加入用户的基本专业知识和要求。

5.“青年成长期”的项目管理

机器人软件“儿童成长期”结束后就进入“青年成长期”，即详细设计阶段，机器人软件的详细设计仍然是生命的智能成长，与传统软件工程的模型化详细设计区别很大，其项目管理的核心工作有：①发展身体，需要技术知识；②发展具体教育，需要专业知识。

6. “毕业期”的项目管理

机器人软件的“毕业期”就是编码期、实现期，与传统软件工程的编码过程类似，这时的管理可以根据软件复杂度划分，可以用传统工程学管理方法。

7. “毕业考”的项目管理

机器人软件的“毕业考”就是测试，分为“身体测试”，即技术测试，以及“知识测试”，即专业测试，改错用机器人软件“医生”。这时一种对“人”的测试，测试机器人的智能软件，与传统测试的概念有不同的出发点和管理方法。

8. “实践期”的项目管理

机器人软件的“实践期”就是软件试用期和综合测试期，分为开发人员使用测试和用户使用测试两种，这时的管理有试用管理、排错管理、试用配置管理等等。

9. “参加工作”的项目管理

机器人软件“参加工作”即软件正式交付使用，有一个安装软件和调试软件的过程。这时的管理好比管理一个新入职的职员，要操作员了解操作的要求，熟悉软件的结构和特点。如果前面是生存论，这个环节就是发展论的起点。

10. “参加培训”的项目管理

机器人软件“参加培训”指软件的维护工作，软件用户也需要培训如何使用软件。这时的管理就是一般管理学中的培训管理。

11. “知识更新”的项目管理

机器人软件“知识更新”指软件的优化升级，机器人软件的结构和能量都可以看成“知识”，机器人软件就是一个“知识系统”。“知识更新”意味着机器人软件的结构和功能发生了一定的变化，好比一个职员通过进修而更新自己的知识结构和功能一样，这时对机器人软件的管理好比管理一个职员的进修活动一样。

12. "退休"的项目管理

机器人软件的"退休"就是废止软件。废止软件不是简单的工作，就好比人类"退休"要办很多手续一样，机器人软件的"退休"也需要办手续，如留下可复用的部分结构和经验等。

13. "移植或经验"的项目管理

机器人软件生命期的结束是"移植"有用部分，继承有用"经验"，和传统软件的复用意义一样。好比人"退休"了还可以返聘等。

5.13 逻辑场软件项目估算

逻辑场软件项目估算与传统的软件工程项目估算有重大区别，前者是人的生命过程的估算，后者是一般的工程估算。

1. "恋爱"的项目估算

对于人类而言，恋爱需要工作量和费用，比如媒人的中介费，男女交往需要的花费等。对于生产机器人软件的"父母"的"恋爱"而言，也有工作量和费用的产生，重点是：①媒介的工作量和费用；②用户和厂商各自的可行性研究的工作量和费用；③用户和厂商沟通交流的工作量和费用。

2. "结婚"的项目估算

人类"结婚"的费用主要是"婚礼"的费用，生产机器人软件的用户和厂商的"结婚"费用不是"婚礼"而是"领证"，即各自审批项目和共同签订合同的工作量和费用。

3. "孕育"的项目估算

与人类"孕育"胎儿的费用类似，生产机器人软件的费用也主要是"营养费"和"医护费"，"营养费"指技术人员的需求分析的工作量和费用，"医护费"指审查、改错的工作量和费用。

4.“儿童成长期”的项目估算

人类“儿童成长期”的工作量和费用主要是“营养费”和“教育费”，生产机器人软件的总体设计就是机器人的“儿童成长期”，“营养费”指设计框架的技术人员的工作量和费用，“教育费”指技术人员与用户交流专业知识的工作量和费用。

5.“青年成长期”的项目估算

人类“青年成长期”的工作量和费用虽然也是“营养费”和“教育费”，但这时的“成长期”要为“工作”做准备了，是一个细化的阶段。生产机器人软件的详细设计阶段就是机器人的“青年成长期”，“营养费”指技术人员细化机器人软件智能模型结构的工作量和费用，“教育费”指技术人员和用户共同细化机器人软件智能模型的专业功能的工作量和费用。

6.“毕业期”的项目估算

“毕业期”费用指机器人软件编码的工作量和费用。

7.“毕业考”的项目估算

人类的“毕业考”有身体测试、素质测试和知识测试三种，机器人软件的“毕业考”有软件逻辑测试、软件性能测试、软件功能测试三种，其工作量和费用就是项目估算。

8.“实践期”的项目估算

“实践期”是机器人软件的试用期，有内部试用所花费的工作量和费用，有交给用户试用所花费的工作量和费用，还有对出现的问题做修改的工作量和费用。

9.“参加工作”的项目估算

如果说前面都是生存论阶段，那么，现在开始是发展论阶段。机器人软件“参加工作”，即指厂商完成了软件的生产，依商品清单把软件交给用户，用户接受软件且开始使用，这时的项目估算主要指软件应用于实践工作所产生的工作量和费用。

10.“参加培训”的项目估算

软件工作都离不开维护，如对操作员的培训、对程序的某种配置、熟悉程序的结构和特点等，机器人软件的维护叫“参加培训”，即像培养人一样发展机器人软件的维护，由此产生的工作量和费用就是“参加培训”的项目估算。

11.“知识更新”的项目估算

软件都需要升级换代，机器人软件的升级换代就叫“知识更新”，因为机器人软件是知识系统，机器人软件升级换代的工作量和费用就是项目估算。

12.“退休”的项目估算

我们知道人类工作到一定年限都要“退休”，软件也会“退休”，即废止软件，废止软件需要挑选出供复用的部分，还需要做其他善后工作，这些工作量和费用都是机器人软件“退休”的项目估算。

13.“移植或经验”的项目估算

人类“退休”后有返聘，软件也有“移植或经验”复用现象，这里产生的工作量和费用都成为机器人软件的项目估算。

5.14 逻辑场软件质量管理

软件质量与传统意义的质量概念并无本质区别，软件质量具有一般质量概念的共性，但也有其固有特性，即产品或服务满足用户的程度。概括地说，软件质量就是“软件与明确和隐含定义的需求相一致的程度”。具体地说，软件质量是软件符合明确叙述的功能和性能需求、文档中明确描述的开发标准以及所有专业开发的软件都应具有的隐含特征的程度。软件质量定义强调以下三点：①软件需求是度量软件质量的基础，与需求不一致就是质量不高；②指定的标准定义了一组指导软件开发的准则，如果没有遵守这些准则，肯定会导致质量不高；③通常有一组没有显性描述的隐含需求（如期望软件容易维护）。如果软件满足明确描述的需求，但不满足隐含的需求，那么软件的质量仍然值得怀疑。

软件质量管理的主要内容包括保证软件满足目标需要的过程，涵盖了软件质量方面的指挥和控制活动，通常指制定软件质量目标以及进行质量策划、质量计划、质量保证、质量控制、质量改进等。

机器人软件质量和机器人软件质量管理与传统软件工程的质量管理有很大不同，区别在于前者是仿人类生命成长的质量管理，后者是仿土木工程学的质量管理。机器人软件的质量发展过程是人的生命期，传统软件的质量发展过程是没有生命的工程产品的发展过程。

1.“恋爱”的质量管理

机器人软件开发的“父母”的“恋爱”和人类的“恋爱”要求是很相似的，即要真诚而不要欺诈，要门当户对而不要条件悬殊，要实现双方满意幸福而不要造成任何一方痛苦。这时软件开发的“恋爱”的质量管理要求为：①用户和厂商都分别以明系统的角度调查暗市场，得出正确的市场信息；②用户和厂商要做正确的可行性分析；③用户和厂商要真诚沟通。

2.“结婚”的质量管理

人类“结婚”要“领证”，要取得受法律保护的地位，机器人软件开发的“父母”——用户和厂商也有“结婚”环节，这也是为了双方都取得受法律保护的地位，这里的“结婚”指用户和厂商签订软件开发合同。这里的“结婚”的质量管理包括：①要合法，这是双方取得受法律保护地位的关键；②合同要建立在正确的可行性研究的基础上，要建立在正确“恋爱”的基础上；③合同要由相关单位认真审批。

3.“孕育”的质量管理

机器人软件开发经过“恋爱”和“结婚”阶段后就进入了“孕育”阶段，“孕育”阶段对应于传统软件工程的需求分析阶段，但二者之间又有很大的区别。“孕育”阶段的质量管理包括：①保证“胎儿”健康，即需求模型在技术和专业上要正确；②保证

“医疗护理”到位，对需求模型要充分测试和纠错。

4.“儿童成长期”的质量管理

机器人软件的“儿童成长期”对应于传统软件工程的总体设计阶段，这时的质量管理包括：①保证总体设计模型的“营养”，即保证总体设计在技术上正确；②保证总体设计模型的“教育”，即保证总体设计在专业功能上正确，给总体设计模型灌输正确的知识；③要适时“体检”，保证总体设计模型的性能。

5.“青年成长期”的质量管理

机器人软件开发的“青年成长期”对应于传统软件开发的详细设计阶段，但二者又有很大不同，这时的质量管理包括：①保证机器人软件的“身体素质”，保证“营养”，即详细设计模型在技术上要正确，在性能上要良好；②发展机器人软件的“专业能力”；③技术人员充当“医生”，给机器人软件详细模型“看病”（纠错）、“体检”（测试）。

6.“毕业期”的质量管理

机器人软件开发的“毕业期”对应于传统软件开发的编码阶段，千万别把编码不当工作，编码是软件开发的实现过程，非常重要，而且，编码阶段的任务还包括纠正语法错误，这时的质量管理包括寻找优良的程序编码工具。

7.“毕业考”的质量管理

机器人软件开发的“毕业考”对应于传统软件开发的测试阶段。机器人软件开发全过程都有软件开发“医院”和“医生”对软件“看病”（纠错）和“体检”（阶段测试），而“毕业考”是一次结束生存论的全面测试，包括：①测试软件“素质”和“性能”；②测试软件“专业性能”。这时的质量管理重在客观测试和全面测试。

8.“实践期”的质量管理

机器人软件开发的“实践期”对应于传统软件开发的软件试用阶段，分为内部试用和用户试用，寻找技术错误、性能错误、专业错误甚至逻辑错误，做深层次的纠错工作。这时的质量管理包括：“实践期”要面向实际工作的需要。

9.“参加工作”的质量管理

如果前面是生存论，从这里开始就是发展论。机器人软件“参加工作”就是用户使用软件的过程。这里的质量管理可以参照公司对职员的管理：①报到，即用户接收厂商开发出来的软件；②熟悉环境，即用户在使用软件之前要布置软件和使用设备；③开始工作，即用户把软件应用于实际工作中。

10.“参加培训”的质量管理

传统软件工程在软件使用过程中有维护环节，因为机器人软件是知识系统，因此，机器人软件的维护又叫“参加培训”，这时的质量管理包括：①把软件实用技术教给操作员；②熟悉软件结构；③优化软件使用的配置。

11.“知识更新”的质量管理

传统软件工程在软件使用过程中有优化环节，即升级换代，因为机器人软件是知识系统，因此，机器人软件的升级换代又叫“知识更新”，这时的质量管理好比一个公司管理一个职员的进修过程。

12.“退休”的质量管理

人类在工作了一定年限后会退休，软件使用一定时间后也会遇到废止的问题，机器人软件的废止就叫“退休”。机器人软件的“退休”的质量管理包括：①办理“退休”手续；②对“退休”软件做有效管理。

13.“移植或经验”的质量管理

对于“退休”的机器人软件，有一个“移植”和“经验”继承的问题，这里的质量管理包括对可“移植”的部分软件结构和可继承的软件“经验”的目录管理、查询管理、调用管理等。

5.15 逻辑场软件风险管理

这里，我们将风险管理过程划分为四个相关阶段，即风险识别、风险估计、风险规划和风险监控：①风险识别主要是确定风险事件及其来源；②风险分析指对已识别的风险要进行分析和评估，风险分析的主要任务是确定风险发生的概率与后果；③风险规划指制定风险响应的措施和实施步骤，按照风险的大小和性质，制定相应的措施去应对和响应风险，包括风险接受、风险转移等。④风险控制包括对风险发生的监督和对风险管理的监督，前者指对已识别的风险源进行监视和控制，后者指在项目实施过程中监督人们认真执行风险管理的组织和技术措施。

对于机器人软件开发过程来说，因为我们拟人地把机器人的生长看作类似人类的成长，因此，机器人软件开发过程中的风险可以参考人类成长过程中的风险和风险规避方法。

1. “恋爱”的风险管理

“恋爱”是用户和厂商通过交流沟通而决定是否发起一个机器人软件开发的过程，是机器人生命期的起点，非常重要也具有非常大的风险，“男怕入错行，女怕嫁错郎”。这时，风险管理的要点有：①用自身的明系统对暗市场做调研，提高对市场信息的掌握；②正确开展可行性研究，这是规避“恋爱”风险的关键；③对商务对象进行充分友好的沟通，发展商业合作的信任和感情。

2. “结婚”的风险管理

“结婚”是用户和厂商通过签订有法律效力的合同而获得受法律保护的地位的环节，这一环节仍然非常重要，与双方的切身利益有关。这时，风险管理的要点有：①继续正确的“恋爱”策略，把策略付诸合同条文；②要合法，这是规避风险的关键；③否定对方的霸王条款；④通过可行性研究确定自己能合法完成合同。

3. “孕育”的风险管理

“孕育”机器人软件的过程就是传统软件工程的需求分析阶

段，这一阶段仍然要冒巨大风险，因此仍然是规避整个开发活动风险的重要阶段，这时，风险管理的要点有：①要多对需求模型做测试，解决“胎儿”问题比解决出生后“人”的问题的成本低，这与工程学早发现问题解决成本低是一样的；②要有充足的“营养”，即需求阶段的技术要求很高，机器人软件是一个知识系统，在框架搭建阶段需要丰富的知识力量，建立需求如果要一瓢水，工作人员就得有一桶水；③要有充足的“胎教”，“胎教”对人类用处大不大还没有定论，但对“孕育”中的机器人软件的用处很大，这是机器人软件功能的起点，应该在充分调研的基础上，发展软件模型的专业知识即功能。

4.“儿童成长期”的风险管理

“儿童成长期”指机器人软件的总体设计，这时的风险管理有：①防止“营养”不良，即防止软件技术结构上的缺陷，要常做“体检”，即测试；②防止“考试”不合格，即防止软件功能上的缺陷，要定期“考试”，测试软件的功能。

5.“青年成长期”的风险管理

“青年成长期”对应传统软件工程的详细设计，这时的风险管理引用人类的五点：德、智、体、美、劳。对于德，最终的机器人软件要符合社会法制、道德的要求；对于智，最终的机器人软件要有良好的性能；对于体，最终的机器人软件要有优良的结构；对于美，最终的机器人软件要有友好的界面；对于劳，最终的机器人软件要有符合实际要求的功能。这就需要经常从各方面评估机器人软件模型。

6.“毕业期”的风险管理

“毕业期”是机器人软件的编码阶段，这个阶段需要好的软件编译环境，要选择好的编程语言。

7.“毕业考”的风险管理

“毕业考”对应于传统软件工程的测试阶段，这是一个重要而成本高的阶段，可以借鉴人类的“毕业考”，做好出题、测试、评价、整改等几个环节的工作。

8.“实践期”的风险管理

“实践期”对应于传统软件工程的试用阶段，分内部模拟和用户使用两个阶段，实际上是更大规模的测试，要注意节省成本。

9.“参加工作”的风险管理

前面是生存论的各种风险，现在进入发展论阶段。一个机器人软件“参加工作”即进入实用阶段，最大的风险是软件与具体工作的磨合，如果不能很快实现磨合，就会造成很大的损失。

10.“参加培训”的风险管理

“参加培训”指机器人软件的维护工作，机器人软件需要“培训”，即为了使软件和实际工作更好地磨合，需要熟悉软件并对软件做必要的修改，因此使用机器人软件的操作员需要“培训”，风险在于成本。

11.“知识更新”的风险管理

机器人软件是知识系统，改变功能需要先改变知识，机器人软件“知识更新”就是对功能的升级优化，这时的风险是控制成本，做一个小规模的二次开发。

12.“退休”的风险管理

一个软件被废止即“退休”是会增加用户成本的，因此要做“退休”可行性研究、可行性决策、“退休”计划、“退休”实施等工作，预防软件“退休”给用户造成的时间成本和资金成本。

13.“移植或经验”的风险管理

“移植”机器人软件的部分结构需要规避原有软件与“移植”部分的合作，防止“排异”现象。要有能力修改“经验”，让其与新工作磨合。

第6章　逻辑场软件工程分析

这里只讨论均衡系统的情况，给出用户、厂商、机器人软件的逻辑结构，适用软件开发的各个环节。

用户的逻辑结构：

1. 生存论

高层智能 = 中层智能 + 主观能动性变量 + 自创的逻辑关联。

高层智能：用 $L3$

中层智能：用 $L2$

主观能动性变量：用 n

自创的逻辑关联：用 $j3$

那么，高层智能能写成：用 $L3$ = 用 $L2$ + 用 n + 用 $j3$（公式 6.1）。

“用 $L3$”是用户的高层智能，由“用 n”对市场的研究而产生。

中层智能 = 低层智能 + 环境变量 + 自创的逻辑关联。

中层智能：用 $L2$

低层智能：用 $L1$

环境变量：用 d

自创的逻辑关联：用 $j2$

那么，中层智能能写成：用 $L2$ = 用 $L1$ + 用 d + 用 $j2$（公式 6.2）。

“用 $L2$”是用户的中层智能，市场研究结论被“用 d”（用户自己的限制条件）修改。

低层智能 = 各种实际系统的有用要素 + 自创的逻辑关联。

低层智能：用 $L1$

各种实际系统的有用要素：用 y

自创的逻辑关联：用 $j1$

那么，低层智能能写成：用 $L1$ = 用 y + 用 $j1$（公式 6.3）。

“用 $L1$” 是用户的低层智能，这个低层智能将与厂商交流。

2. 发展论

低层智能 = 各种实际系统的有用要素 + 自创的逻辑关联。

低层智能：用 $^*L1$

各种实际系统的有用要素：用 $^*y$

自创的逻辑关联：用 $^*j1$

那么，低层智能能写成：用 $^*L1$ = 用 $^*y$ + 用 $^*j1$（公式 6.4）。

“用 $^*L1$” 是用户发展论的低层智能，传给厂商，与厂商做交流。

中层智能 = 低层智能 + 环境变量 + 自创的逻辑关联。

中层智能：用 $^*L2$

低层智能：用 $^*L1$

环境变量：用 $^*d$

自创的逻辑关联：用 $^*j2$

那么，中层智能能写成：用 $^*L2$ = 用 $^*L1$ + 用 $^*d$ + 用 $^*j2$（公式 6.5）。

“用 $^*L2$” 是用户发展论的中层智能，因为厂商的限制条件“用 $^*d$” 修改低层智能“用 $^*L1$” 而产生。

高层智能 = 中层智能 + 主观能动性变量 + 自创的逻辑关联。

高层智能：用 $^*L3$

中层智能：用 $^*L2$

主观能动性变量：用 $^*n$

自创的逻辑关联：用 $^*j3$

那么，高层智能能写成：用 $^*L3$ = 用 $^*L2$ + 用 $^*n$ + 用 $^*j3$（公式 6.6）。

“用 * $L3$” 是用户的中层智能 “用 * $L2$” 被 “用 * n” 的新的市场研究修改而成。

厂商的逻辑结构：

1. 生存论

高层智能 = 中层智能 + 主观能动性变量 + 自创的逻辑关联。

高层智能：厂 $L3$

中层智能：厂 $L2$

主观能动性变量：厂 n

自创的逻辑关联：厂 $j3$

那么，高层智能能写成：厂 $L3$ = 厂 $L2$ + 厂 n + 厂 $j3$（公式 6.7）。

“厂 $L3$” 是厂商的高层智能，由 “厂 n” 与用户交流而产生。

中层智能 = 低层智能 + 环境变量 + 自创的逻辑关联。

中层智能：厂 $L2$

低层智能：厂 $L1$

环境变量：厂 d

自创的逻辑关联：厂 $j2$

那么，中层智能能写成：厂 $L2$ = 厂 $L1$ + 厂 d + 厂 $j2$（公式 6.8）。

“厂 $L2$” 是厂商的中层智能，由高层智能 “厂 $L3$” 被厂商限制条件 “厂 d” 修改而成。

低层智能 = 各种实际系统的有用要素 + 自创的逻辑关联。

低层智能：厂 $L1$

各种实际系统的有用要素：厂 y

自创的逻辑关联：厂 $j1$

那么，低层智能能写成：厂 $L1$ = 厂 y + 厂 $j1$（公式 6.9）。

“厂 $L1$” 是厂商的低层智能，传给用户，与用户做交流。

2. 发展论

低层智能 = 各种实际系统的有用要素 + 自创的逻辑关联。

低层智能：厂 $^*L1$

各种实际系统的有用要素：厂 $^*y$

自创的逻辑关联：厂 $^*j1$

那么，低层智能能写成：厂 $^*L1$ = 厂 $^*y$ + 厂 $^*j1$（公式 6.10）。

“厂 $^*L1$”是厂商发展论的低层智能，传给用户，与用户做交流。

中层智能 = 低层智能 + 环境变量 + 自创的逻辑关联。

中层智能：厂 $^*L2$

低层智能：厂 $^*L1$

环境变量：厂 $^*d$

自创的逻辑关联：厂 $^*j2$

那么，中层智能能写成：厂 $^*L2$ = 厂 $^*L1$ + 厂 $^*d$ + 厂 $^*j2$（公式 6.11）。

“厂 $^*L2$”是厂商发展论的中层智能，由厂商低层智能被用户限制条件“厂 $^*d$”修改而成。

高层智能 = 中层智能 + 主观能动性变量 + 自创的逻辑关联。

高层智能：厂 $^*L3$

中层智能：厂 $^*L2$

主观能动性变量：厂 $^*n$

自创的逻辑关联：厂 $^*j3$

那么，高层智能能写成：厂 $^*L3$ = 厂 $^*L2$ + 厂 $^*n$ + 厂 $^*j3$（公式 6.12）。

“厂 $^*L3$”是厂商发展论的高层智能，由“厂 $^*n$”修改中层智能得到。

机器人软件的逻辑结构：

1. 生存论

高层智能 = 中层智能 + 主观能动性变量 + 自创的逻辑关联。

高层智能：机 $L3$

中层智能：机 $L2$

主观能动性变量：机 n

自创的逻辑关联：机 $j3$

那么，高层智能能写成：机 $L3$ = 机 $L2$ + 机 n + 机 $j3$（公式 6.13）。

这是决策阶段。

中层智能 = 低层智能 + 环境变量 + 自创的逻辑关联。

中层智能：机 $L2$

低层智能：机 $L1$

环境变量：机 d

自创的逻辑关联：机 $j2$

那么，中层智能能写成：机 $L2$ = 机 $L1$ + 机 d + 机 $j2$（公式 6.14）。

这是做工阶段。

低层智能 = 各种实际系统的有用要素 + 自创的逻辑关联。

低层智能：机 $L1$

各种实际系统的有用要素：机 y

自创的逻辑关联：机 $j1$

那么，低层智能能写成：机 $L1$ = 机 y + 机 $j1$（公式 6.15）。

这是输出能量阶段。

2. 发展论

低层智能 = 各种实际系统的有用要素 + 自创的逻辑关联。

低层智能：机 $^*L1$

各种实际系统的有用要素：机 $^*y$

自创的逻辑关联：机 $^*j1$

那么，低层智能能写成：机 $^*L1$ = 机 $^*y$ + 机 $^*j1$（公式 6.16）。

能量输入使用机。

中层智能 = 低层智能 + 环境变量 + 自创的逻辑关联。

中层智能：$机^{*}L2$

低层智能：$机^{*}L1$

环境变量：$机^{*}d$

自创的逻辑关联：$机^{*}j2$

那么，中层智能能写成：$机^{*}L2=机^{*}L1+机^{*}d+机^{*}j2$（公式 6.17）。

使用机做工。

高层智能 = 中层智能 + 主观能动性变量 + 自创的逻辑关联。

高层智能：$机^{*}L3$

中层智能：$机^{*}L2$

主观能动性变量：$机^{*}n$

自创的逻辑关联：$机^{*}j3$

那么，高层智能能写成：$机^{*}L3 = 机^{*}L2 + 机^{*}n + 机^{*}j3$（公式 6.18）。

使用机完成一个使用期后，做二次决策。

6.1 逻辑场软件开发的“恋爱”过程

机器人软件开发“恋爱”阶段的核心工作是可行性研究，这里参考任永昌先生编著的《软件工程》对可行性研究做一个介绍。

6.1.1 可行性研究的含义

可行性研究是在项目投资决策前，对拟建项目进行全面的技术经济分析与论证，并对其做出可行或不可行评价的一种科学方法。一个完整的可行性研究报告至少应包括以下三方面的内容：①分析论证项目投资建设的必要性；②分析项目投资建设的可行性；③分析项目投资建设的合理性（财务上的赢利性和经济上的合理性）。

6.1.2　可行性研究的内容

（1）技术可行性。要注意以下几个问题：全面考虑系统开发过程中涉及的所有技术问题；尽可能采用成熟技术；慎重引入先进技术；着眼于具体的开发环境和开发人员；技术可行性评价。

（2）经济可行性。经济可行性分析也叫投资/效益分析或成本/效益分析，是分析开发软件项目所需的花费，以及项目开发成功后所能带来的经济效益。通过比较成本和效益，就可以决定将要立项的软件项目是不是值得开发。一般情况下，比较的结论有三个：效益大于成本，开发对企业有价值；成本大于效益，不值得开发；效益和成本基本持平，是否开发有待商榷。

（3）社会可行性。社会可行性研究具有比较广泛的内容，它需要从政策、法律、道德、制度等社会因素论证软件项目开发的可行性和现实性。社会可行性主要包括运行环境可行性和法律可行性。

6.1.3　可行性研究的阶段

1. 机会研究

机会研究的主要任务是对软件项目的投资方向和设想提出建议，可分为一般机会研究和项目机会研究。

2. 初步可行性研究

项目建议书经有关部门审定同意后，对于投资规模较大、技术较为复杂的大中型软件项目，仅靠机会研究还不能决定取舍，在开展全面研究工作之前，往往需要先进行初步可行性研究，进一步判明软件项目的生命力。这一阶段的主要工作目标是：分析机会研究的结论，并在参考详细资料的基础上做出初步投资估算；对某些关键性问题进行专题辅助研究；鉴定项目的选择依据和标准，确定项目的初步可行性；初步可行性研究是介于机会研究和可行性研究之间的中间阶段，其研究内容和结构与可行性研究的内容和结构基本相同，主要区别是所获资料的详尽程度不同，研究的深度不同。

3. 详细可行性研究

详细可行性研究是软件项目可行性研究的基础，为项目决策提供技术、经济、社会、财务等方面的评价依据，为项目的具体实施提供科学依据。因此，这一阶段是进行详细深入的技术经济分析和论证阶段，主要目标是：

（1）深入研究有关软件产品的技术方案、研发过程、硬件资源、网络环境、操作系统、开发工具、支持软件、进度计划、资金筹措计划、组织管理机构和人员以及各种可能选择的技术方案，进行全面深入的技术经济分析和比较选择工作，并推荐一个可行的软件开发投资方案。

（2）着重对软件总体投资方案进行企业财务收益、国民经济收益和社会收益的分析与评价，对软件项目投资方案进行多方案比较选择，确定一个能使项目开发费用和维护成本降到最低限度，以取得最佳经济效益和社会效益的开发方案。

（3）确定软件项目投资的最终可行性并选择依据标准，对拟投资开发的软件项目提出结论性意见。

详细可行性研究是决定项目性质的阶段（定性阶段），是项目决策研究的关键环节，该阶段为下一步的软件需求分析与设计提供基础资料和依据。

4. 项目评估决策

项目评估是由投资决策部门组织或授权给相应的咨询公司或有关专家，对软件项目的可行性研究报告进行的全面审核和再评价。这一阶段的主要任务是对拟投资软件项目的可行性研究报告提出评价意见，对项目投资的可行与否做出最终决策，确定出最佳的软件开发投资方案。通常情况下，项目评估应在可行性研究报告的基础上进行。项目评估决策主要包括以下内容：审核可行性研究报告中反映的各项情况是否属实；分析可行性研究报告中各项指标计算是否正确；从公司、国家和社会等方面综合分析、判断软件项目的经济效益和社会效益；分析和判断项目可行性研究的可靠性、真实性和客观性，对项目做出取舍的最终投资决策；写出项目评估报告。

6.1.4　成本/效益分析

成本/效益分析的目的是从经济角度评价开发一个新软件项目是否可行。成本/效益分析首先估算待开发软件项目的开发成本，然后与可能取得的效益（有形和无形的）进行比较和权衡。有形效益可以用货币的时间价值、投资回收期、净收入等指标进行度量。无形效益主要是从性质上、心理上进行衡量，很难直接进行量的比较。无形效益在某些情形下会转化成有形效益。

系统的经济效益等于因使用新系统而增加的收入，再加上使用新系统可以节省的运行费用。运行费用包括操作员人数、工作时间、消耗物质等。

成本/效益分析用到的主要方法和技术有资金的时间价值、投资回收期、投资回收率等。

6.1.5　方案选择与决策

1. 确定型决策

确定型决策是指只存在一种确定的自然状态，有两个或两个以上的方案，各方案在确定条件下的收益值或损失值都可以量化和计算的决策。这是一种简单的决策方法，对各方案进行对比分析，从中选取收益值（或收益率）最大的方案，或损失值（损失率）最小的方案作为决策结果。

2. 非确定型决策

非确定型决策是指对未来可能发生的情况虽然有所了解，但又无法确定或无法估计发生概率情况下的决策。由于评价原则及决策者的心理素质不同，得到的决策方案也不同。常见的非确定型决策方法有以下几种。

（1）最大收益值（率）法。

最大收益值（率）法又称乐观法，先求出各方案在各种自然状态下可能的最大收益值（率），然后比较各方案的最大收益值（率），从中选出最大收益值（率）对应的方案为决策方案，即“大中取大”。这种方法常被喜欢冒险、有超人直觉并有较强承受能力的决策者采用。

（2）最大最小收益值（率）法。

最大最小收益值（率）法又称悲观法，在西方也称瓦尔德决策准则，主要过程是先求出各方案在各种自然状态下的最小收益值（率），然后比较这几个最小收益值（率），从中选出最大者，即“小中取大”，作为所选方案。这种方法常被保守稳健的决策者采用，因为可以保证在各种可能的情况下收益不低于此值。

（3）最小最大后悔值（率）法。

最小最大后悔值（率）法最初为萨凡奇所用，在西方也称作萨凡奇决策准则，主要过程是：当有多个方案可供决策者选择时，应先估计出每个方案在各种状态下的收益值（率）。当某一状态出现时，各个方案的收益值（率）是不同的，其中收益值（率）最大的那个方案就是该状态下的最好方案。如果决策者当初采用其他方案，就会后悔。所采用方案的收益值（率）与最大收益值（率）之间的差，就称为该方案的后悔值（率）。在决策时，应先计算出各方案在各种状态下的后悔值（率），然后找出各方案的最大后悔值（率），再从各方案的最大后悔值（率）中选出最小者，即“大中取小”，作为选择方案。这种方法常被那些因失败而后悔的决策者采用，因为可以使决策者的后悔程度最小。

（4）乐观系数法。

乐观系数法又称折中系数法，是一种指数平均法，是介于最小收益值（率）与最大收益值（率）之间的评选标准，但可赋予最大收益值（率）较高的权重，加重最大收益值（率）在决策标准中的作用。这种方法首先采用加权平均方法计算出各个方案的折中收益值（率），然后选择最大者对应的方案作为决策方案。

（5）完全平均法。

完全平均法又称等概率法，先假定各自然状态出现的概率完全相等，然后用各方案在各自然状态下的收益值（率）与假定的概率相乘，求出各方案的收益值（率），再从中选出最大的收益值（率）所对应的方案，作为决策方案。

6.1.6　可行性研究报告的描述方法

对现有系统和建议系统的描述和表达，是可行性研究报告的重要内容。一个系统可以用逻辑模型和物理模型表达，前者着眼于功能表达，后者着眼于数据在系统各个物理元素（设备、文档、程序模块等）之间流动状况的表达。在撰写文档的过程中，一般使用数据流程图及辅助文字、表格来描述系统的逻辑模型，而用系统流程图及辅助文字、表格来描述系统的物理模型。

6.1.7　机器人软件开发的“恋爱”

本书提出用机器人软件生命期代替传统软件工程的生存周期，用机器人软件概念代替传统软件工程的软件概念，相当于进行了一次软件工程理论的“革命”，意图建立新的软件工程理论。但是，本书的创新是建立在继承的基础上的，如本书提出的机器人生命期的起点——用户和厂商的“恋爱”，就是建立在传统软件工程可行性研究理论的基础上的。整个“恋爱”阶段分成：提出“个人问题”，寻找“恋爱机会”，初步“恋爱接触”，深入“恋爱交往”，确定“终身伴侣”等环节。

1. 提出“个人问题”

机器人软件开发的起点是用户和厂商双双提出“个人问题”，也就是“恋爱”的欲望，这是一个“蝴蝶效应”，一个念头可能产生一个伟大的软件工程。

机器人软件开发提出“个人问题”的环节与传统软件工程提出问题的开发计划环节是对应的，但起点虽然一样，道路却有两条，机器人软件开发的道路是制造一个生命体的生命期，传统软件工程的道路是开发一个工程产品的生存周期。

对于用户来说，当他有了对新软件新功能的需要时，他就会留意市场这个中介，渴望买到厂商生产的适合他需要的软件，这就是用户提出“个人问题”，渴望与厂商“恋爱”的过程。

对于厂商来说，当他有了开发新软件的愿望时，他就会留意市场这个中介，渴望有用户向他提出开发软件的业务，这就是厂商提出“个人问题”，渴望与用户“恋爱”的过程。

2. 寻找“恋爱机会”

在机器人软件开发的“恋爱”阶段，用户和厂商的第二个环节是寻找“恋爱机会”，这与传统软件工程的可行性研究的机会研究环节对应，在这个阶段，用户和厂商都是明系统，市场中介是暗系统，用户要通过市场找厂商与他配对“恋爱”，厂商同样要通过市场找用户与他配对“恋爱”。

从这个时候开始，用户和厂商都要做大量的决策，有确定型决策，也有非确定型决策。对于非确定型决策，用户和厂商会应用“最大收益值（率）法”“最大最小收益值（率）法”“最小最大后悔值（率）法”“乐观系数法”“完全平均法”等做选择。

3. 初步“恋爱接触”

机器人软件开发“恋爱”阶段的初步“恋爱接触”环节与传统软件工程的初步可行性研究环节对应，都是通过与对方的交流研究工程初步的可行性，和人类的“恋爱”一样，研究对方的硬条件而得出框架意见，决策是深入交流还是就此放弃。

4. 深入“恋爱交往”

机器人软件开发“恋爱”阶段的深入“恋爱交往”环节与传统软件工程的详细可行性研究环节对应，都是通过与对方的深入交流研究技术可行性、经济可行性和社会可行性，确定是否达成买卖。

5. 确定“终身伴侣”

这是机器人软件开发“恋爱”阶段的最后环节，也是关键环节，与传统软件工程的项目评估决策环节对应，确定是否合作。

6.1.8 逻辑人的“恋爱”

逻辑结构学提出了逻辑人和理性人的概念，简言之，逻辑人由主观能动性（n）控制行为，理性人由环境变量（d）控制行为。

对于用户和厂商的“恋爱”，站在用户的角度，厂商是逻辑人，总是唯利是图；站在厂商的角度，用户又是逻辑人，充满个人主义。

6.1.9 理性人的“恋爱”

对于用户和厂商的“恋爱”，站在用户的角度，用户是理性人，他要考虑各种限制条件；站在厂商的角度，厂商又是理性人，他仍然要计算环境和条件。

6.1.10 “恋爱”模型

这里给出机器人软件开发的“恋爱”模型，这是机器人软件生命期的起点，和人类“恋爱”阶段就分别携带着子女一半的基因一样，用户和厂商现在各携带着机器人软件一半的基因。用户携带功能基因，厂商携带性能基因，用户和厂商的“恋爱”决定用户的功能基因是否与厂商的性能基因结合生产一定结构的机器人软件。

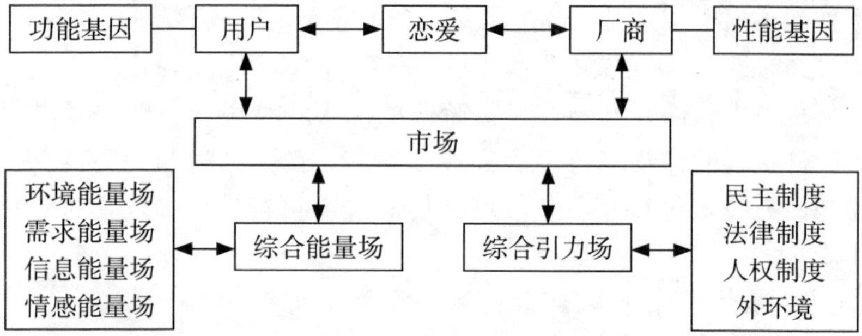

图6-1 “恋爱”模型图

图6-1提出了能量场和引力场，因为机器人软件开发系统是逻辑场系统。这个图的解释是：能量场和引力场支撑起市场，市场作为中介或媒介让用户和厂商交流、交往直至“恋爱”。

6.1.11 工作简化和工具库

用户与厂商的“恋爱”可以简化成两种形式：①用户直接到市场购买所需软件；②厂商直接面对市场开发软件。这就需要用户或厂商以市场研究为基础，与市场“恋爱”。

这里参考王众托先生编著的《系统工程》对系统工程的方法和工具体系的介绍，将工具库分成四个层次，即本书所说的四库工具：

（1）工具。这是指一些设备手段，或者概念上的手段，可以用来处理具体问题，前者如计算机和信息网络，后者如算法的计算机程序。

（2）技术。这是指处理问题的具体行动方式和方法，包括使用工具的方法。

（3）方法。这是指选择什么技术来达到目的的办法。

（4）方法论。这是指处理系统工程问题的一整套思想、原则，是运用方法的方法，这在系统工程工作中是最重要的。

“恋爱”阶段的四库工具是：各种设备组成工具库；各种计算

组成技术库；市场研究组成方法库；决策方法论组成方法论库。

6.2　逻辑场软件开发的“结婚”过程

用户和厂商“恋爱”成功却不能马上进行开发工作，因为双方的利益没有固定，不受法律保障，这时就需要“结婚”这个过程。所谓“结婚”就是用户和厂商拟定和签署合同的过程。

首先由双方谈判拟定合同，然后各自审批合同，提出修改意见，当双方都对合同草案满意时就可以签署合同，合同给予用户和厂商各自的法律地位，保障他们各自的利益。需要注意的是，合法的合同才具有法律效力。

6.2.1　逻辑人的“结婚”

逻辑人由主观能动性（n）控制行为，理性人由环境变量（d）控制行为。对于用户和厂商的“结婚”，站在用户的角度，厂商是逻辑人，总是唯利是图；站在厂商的角度，用户又是逻辑人，充满个人主义。

6.2.2　理性人的“结婚”

对于用户和厂商的“结婚”，站在用户的角度，用户是理性人，他要考虑各种限制条件；站在厂商的角度，厂商又是理性人，他仍然要计算环境和条件。

6.2.3　“结婚”模型

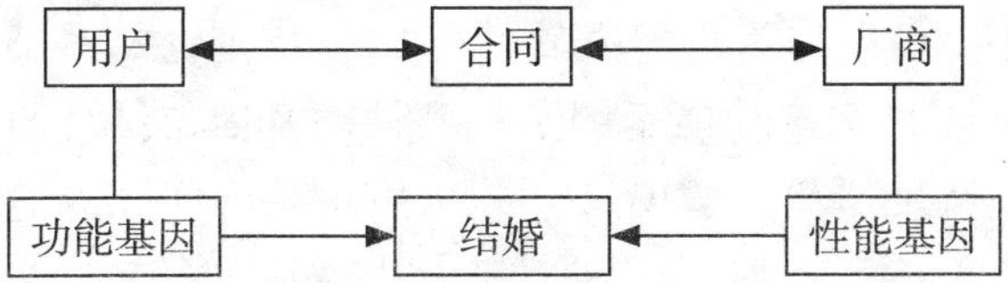

图 6－2　“结婚”模型图

这个模型说明，签署合同的是用户和厂商，“结婚”的是用户的功能基因和厂商的性能基因。

6.2.4 工作简化和工具库

对于“结婚”，用户可以通过市场购买商品，与商家“闪婚”，厂商可以面对市场开发产品当“大众情人”。

“结婚”的四库工具：各种设备和法律组成工具库；各种计算和法律组成技术库；市场研究和法律研究组成方法库；技术决策、经济决策和法律决策的方法论组成方法论库。

6.3 机器人软件的“孕育”过程

机器人软件的“孕育”过程与传统软件工程的需求分析过程对应。这里参考任永昌先生编著的《软件工程》对需求分析做介绍，并提出软件“孕育”和“胎儿”理论。

需求分析是软件生命周期的重要工作，也是决定性工作。只有通过需求分析，才能把软件功能和性能的总体概念描述为具体的软件需求说明，从而奠定软件开发的基础。

1. 需求分析概述

软件工程把“需求”定义为：①用户为解决某一问题或达到某个目标所需要的条件或能力；②系统或系统部件为满足需要应具备的条件或能力，以满足合同、标准、规格说明或其他正式的强制性文件。所有需求的集合成为以后开发系统或系统部件的基础。

以上理论可以作为机器人软件“胎儿”理论的基础，机器人软件“胎儿”是用户功能基因和厂商性能基因的结合和发展，用户功能基因就是“需求”的“用户为解决某一问题或达到某个目标所需要的条件或能力”，厂商性能基因就是“需求”的“系统或系统部件为满足需要应具备的条件或能力”，二者结合诞生的生命就是机器人软件“胎儿”，即“需求的集合成为以后开发系统或系统部件的基础”。

在实际工作中，有时把需求细化为以下三个层次：①业务需求：反映了组织机构或用户对系统、产品高层次的目标要求；②用户需求：描述了用户使用产品必须完成的任务；③功能需求：定义了开发人员必须实现的软件功能，使得用户能完成自己的工作，从而满足业务需求。以上是用户功能基因的产生过程和内部结构。

软件需求规格说明中的功能需求充分描述了软件系统应具有的外部行为。软件需求规格说明在开发、测试、质量保证、项目管理以及相关项目功能中都起着重要作用。软件需求规格说明就是机器人软件“胎儿”。

软件需求指用户对目标软件系统在功能、行为、性能、设计约束等方面的期望，通过对问题及其环境的理解与分析，对问题涉及的信息、功能及系统行为建立模型，将用户需求精确化、完全化，最终形成需求规格说明，这一系列的活动即构成软件开发生命周期的需求分析阶段。所谓需求分析，是指对要解决的问题进行详细分析，弄清楚问题的要求，包括需要输入什么数据、要得到什么结果、最后应输出什么。可以说，需求分析就是要确定计算机“做什么”。需求分析是软件工程中的一个关键过程。在这个过程中，系统分析员和软件工程师确定用户的需求，只有确定了这些需求才能够分析和寻求新系统的解决方法。在软件工程的历史中，很长一段时间里人们一直认为需求分析是整个软件工程中最简单的一个步骤，但在过去十年中越来越多的人认识到它是整个过程中最关键的环节。如果在需求分析时分析者未能正确认识到用户需求，那么最后的软件实际上不可能满足用户需要，或者软件无法在规定的时间内完工。需求分析阶段就是机器人软件的“孕育”阶段。

需求分析是一项重要工作，也是一项最困难的工作，有以下特点：①用户与开发人员很难进行交流；②用户需求是动态变化的；③系统变更的代价呈非线性增长。需求分析在整个软件开发过程中的重要性主要表现在以下几点：①需求分析是获得用户需求的有效途径；②需求分析是决定项目成功与否的关键因素；③需求分析是系统分析和软件设计的桥梁；④需求分析是控制软件质量的重要阶段。机器人软件"孕育"阶段的特点和重要性与上面的论述是一致的。

需求分析的任务不是确定系统怎样完成工作，而是确定系统必须完成哪些工作，也就是对目标系统提出完整、准确、清晰、具体的要求。需求分析的主要工作就是深入描述软件的功能和性能，确定软件设计的限制和软件同其他元素的接口细节，定义软件的有效性要求，研究用户要求，准确表达被接受的用户要求，确定被开发软件的系统元素，最后将功能和信息结构分配到这些系统元素中。因此，需求分析的任务就是借助当前系统的逻辑模型，导出目标系统的逻辑模型，解决目标系统"做什么"的问题。需求分析的实现步骤大致是：①获得当前系统的物理模型；②抽象出当前系统的逻辑模型；③导出目标系统的逻辑模型；④最终目标系统的物理模型是逻辑模型经实例化，即具体到某个业务领域而得到的。以上与机器人软件的"孕育"过程对应。

2. 需求分析过程

需求分析的过程是：获取用户需求—分析用户需求—编写需求文档—评审需求分析。如果评审通过，则需求分析结束；如果评审未通过，可能是由于编写需求文档、分析用户需求、获取用户需求等某个步骤引起的，要返回到相应的步骤进行修改。对此，机器人软件的"孕育"过程用"医疗检查和治疗"代替出错和排错。

3. 需求分析内容

需求分析的内容具体包括以下几个方面：①功能需求；②性能需求；③输入输出要求；④数据管理能力要求；⑤环境要求；⑥可靠性要求；⑦安全保密要求；⑧用户界面需求；⑨资源使用

需求；⑩软件成本消耗与开发进度需求。以上内容应用于机器人软件的“孕育”过程就形成了目标机器人软件一切“器官”的雏形。

4. 需求分析方法

需求分析方法由对软件问题的信息域和功能域的系统分析过程及其表示方法组成，大多数的需求分析方法由信息驱动。信息域有三种属性：信息流、信息内容和信息结构。需求分析方法主要有：结构化方法、面向对象方法、原型方法等。机器人软件的“孕育”方法是用户功能基因与厂商性能基因结合的方法，用户功能基因是以面向对象的用例建模存在的，厂商性能基因是以结构化方法存在的。

5. 需求分析变更

需求变更的原因主要有以下几点：①问题域的复杂性程度越来越高；②交流障碍；③完整性问题；④变更的需求引起更多的变更。机器人软件“胎儿”与人类的不同在于用户功能基因和厂商性能基因存在很多变更，导致“胎儿”更容易产生变更。

在进行软件需求分析的过程中，可以从以下几个方面来积极地应对需求变更：①思想方面，要真心、严肃、负责、深入地“交心”“恋爱”；②项目管理方面，要“合法结婚”“正确结婚”“两个知识系统结连理”；③技术支持方面，要使“聪明人结婚生子”。

6. 需求分析验证

需求分析验证是指在需求分析阶段后期，通过一定的途径和手段，对初步确定的软件需求的正确性和可行性进行验证，确定正确和可行的软件需求，排除含糊、不实际和不可行的软件需求。需要明确的是，并不是所有需求都可以验证，也并不是所有需求都需要验证。实际上有很大一部分需求事先无法验证，或者事先无需验证。验证需求最彻底、最有效的方法是使用实际开发出来的软件系统进行验证，因为真正的软件系统才是对需求的完整实现。需求分析阶段的需求验证是对一些重要的、把握不准的需求进行验证，以减少软件开发风险，提高开发的成功率。机器人软件“孕育”阶段的需求验证就是“婚前体检”“孕前体检”“胎儿体检”等。

需求分析验证的内容包括七个方面，即正确性、一致性、完整性、可行性、必要性、可检验性、可跟踪性。

7. 需求管理

需求管理的方法与手段主要有以下几个方面：①确定需求变更控制过程；②建立变更控制委员会；③进行需求变更影响分析；④跟踪所有受需求变更影响的工作产品；⑤建立需求基线和需求控制版本文档；⑥维护需求变更的历史记录；⑦跟踪每项需求的状态；⑧衡量需求稳定性；⑨使用需求管理工具。需求管理与机器人软件“孕育”过程的“护理”对应。

8.“孕育”过程

（1）形成用户功能基因。

用户功能基因的形成步骤：①依据分析阶段确定合适的用户方配合人员。在分析初期，即总体分析阶段，需要得到整体意义上的轮廓需求；在专业系统分析阶段，深入讨论需求；在系统关联分析阶段，提升关键的需求层次。②多方位描述同一需求。③弄清楚每一数据项。④充分挖掘潜在需求。

（2）形成厂商性能基因。

厂商性能基因的形成步骤：①准备人员。②准备设备和场地。③准备管理和后勤人员。

（3）用户基因与厂商基因结合。

这个环节制造目标系统的详细逻辑模型即产生软件“胎儿”。这个环节与分析用户需求的传统软件工程环节对应。这是用户功能基因和厂商性能基因结合的结果。主要工作是对问题的分析和方案的综合。

（4）“孕前检查”。

“孕前检查”指用户和厂商的风险估算，如用户是否付得起钱，厂商能否按时按质完成开发。

(5)“孕育胎儿”。

产生并优化软件需求规格说明的过程就是“孕育胎儿”，软件需求规格说明即目标系统的详细逻辑模型，也就是“胎儿”。

(6)“胎儿检查。”

“胎儿检查”对应传统软件工程的需求分析验证环节。

(7)“孕期护理”。

“孕期护理”指运用各种需求分析方法发展和优化“胎儿”，也通过需求分析管理方法优化用户和厂商的行动。

(8)“胎儿变更”。

“胎儿变更”对应传统软件工程的需求分析变更环节。

(9)“胎儿出生”。

“胎儿出生”指软件需求规格说明书通过评审。

6.3.1　逻辑人的“孕育”

在机器人软件“孕育”过程，从厂商的角度看，用户是逻辑人；从用户的角度看，厂商是逻辑人。

6.3.2　理性人的“孕育”

在机器人软件“孕育”过程，从厂商的角度看，开发厂商认为自己是理性人；从用户的角度看，用户认为自己是理性人。

6.3.3　“孕育”模型

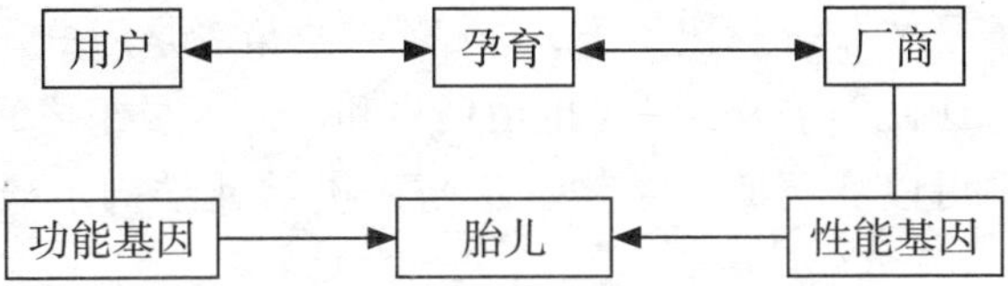

图 6－3　“孕育”模型图

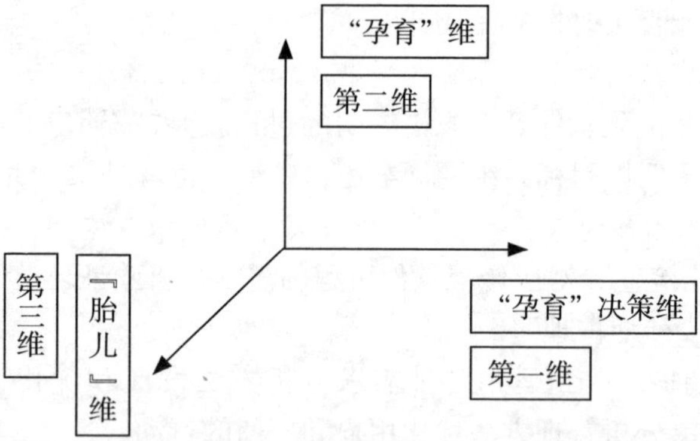

图 6－4　机器人软件“孕育”过程图

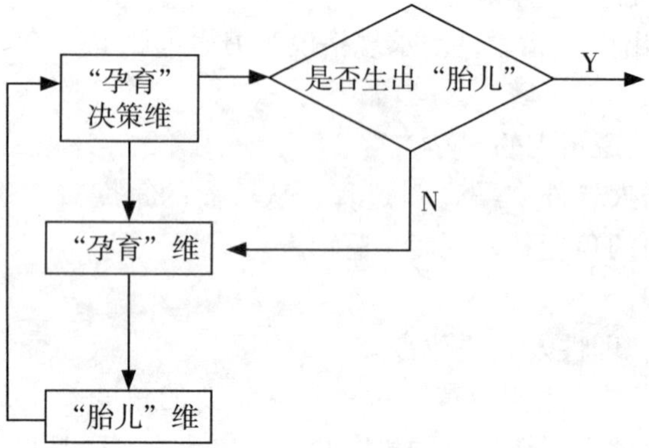

图 6－5　“孕育”过程三维结构关联图

上面的图 6－4、图 6－5 与第 5 章的解释是一样的。

第一维是“孕育”决策维，“孕育”决策者是用户和厂商的联合团体或“医院”、“医生”（也由用户和厂商人员组成），“孕育”决策过程中可以变更胎儿结构，这与人类胎儿结构不能改变有很大的不同。

第二维是“孕育”维，根据用户和厂商的均衡要求变更“胎儿”结构，这是一个结构化方法过程。

第三维是“胎儿”维，“胎儿”就是以用例模型为基础的逻辑模型，用面向对象方法组织起来，其结构是逻辑知识结构，这个逻辑知识结构能实现用户和厂商的均衡，甚至实现市场均衡。

6.3.4　工作简化和工具库

当用户直接到市场买软件或厂商直接面对市场开发软件时，“孕育”软件的工作就可以简化了。

机器人软件“孕育”阶段的四库工具有：需求分析工具，如电脑和网络；需求分析技术，如各种计算方法；需求分析方法，如定量或定性分析方法；需求分析方法论，如结构化或面向对象的方法论。

第 7 章　逻辑场软件工程设计

首先，参考美国人普雷斯曼著，郑人杰、马素霞等译的《软件工程　实践者的研究方法》一书，对设计概念做一个介绍。

软件设计包括一系列原理、概念和实践，可以指导高质量的系统或产品开发。设计原理建立了指导设计工作的最重要原则。在运用设计实践的技术和方法之前，必须先理解设计概念，设计实践本身会产生软件的各种表示，以指导随后的构建活动。

什么是设计？设计是你身处两个世界——技术世界和人类的目标世界，而你尝试将这两个世界结合在一起。设计良好的建筑应该展示出坚固、适用和令人愉悦的特点。对好的软件来说也是如此。坚固指的是程序应该不含任何妨碍其功能的缺陷。适用指的是程序应该符合开发的目标。愉悦指的是使用程序的体验应是愉快的。为此，设计师必须先实现多样化，然后再进行聚合。

值得一提的是，本书的设计概念与传统的设计概念不同，本书的设计不是设计一个没有生命的工程，而是设计一个有生命的机器人软件，设计方法不是传统的工程设计，而是教育设计，把软件当成知识系统，通过教育设计建立软件的结构，这是一个知识结构，最终让知识结构工作实现目标功能。

那么，为什么又要大量介绍传统工程设计理论呢？因为本书的理论是建立在传统理论的基础上的，对传统理论有借鉴和继承，所以，本着“知其所以然”的思想，对传统设计理论做一个介绍。

1. 软件工程中的设计

软件设计在软件工程过程中处于技术核心，并且它的应用与所使用的软件过程模型无关。一旦对软件需求进行分析和建模，软件设计就开始了。软件设计是建模活动的最后一个软件工程活动，接着便要进入构造阶段。数据设计或类设计将类模型转化为设计类的实现以及实现软件所要求的数据结构。在与软件体系结构设计的连接中可能会进行部分的类设计，更详细的类设计在设计每个软件构件时进行。体系结构设计定义了软件的主要构造元素之间的关系、可用于达到系统所定义需求的体系结构风格和设计模式以及影响体系结构实现方式的约束。体系结构设计表示——基于计算机系统的框架——可以从需求模型导出。接口设计描述了软件和协作系统之间、软件和使用人员之间是如何通信的。接口意味着信息流和特定的行为类型。因此，使用场景和行为模型为接口设计提供了所需的大量信息。构件级设计将软件体系结构的构造元素变换为对软件构件的过程性描述。从基于类的模型、流模型和行为模型获得的信息作为构件设计的基础。在设计过程中做出的决定将最终影响软件的构建，而且重要的是会影响软件维护的难易程度。软件设计的重要性可以用一个词来表达——质量。在软件工程中，设计是质量形成的地方，设计提供了可以用于质量评估的软件表示，设计是将相关方需求准确地转化为最终软件产品或系统的唯一方法。软件设计是所有软件工程活动和随后的软件支持活动的基础。没有设计，将会存在构造不稳定系统的风险，这样的系统稍做改动就无法运行，而且难以预测，直到软件工程的后期才能评估其质量，而那时时间已经不够并且已经花费了大量经费。

对于机器人软件的开发过程而言，“设计”变成“教育”，更符合计算机软件人工智能的特点，因为计算机软件更具有人的特点而不是工程的特点。当然，机器人软件工程的“教育”是建立在借鉴传统工程“设计”理论的基础上的。机器人软件工程的“教育”和传统软件工程的“设计”都追求“质量”，即类似于人类的“教育质量”。

2．设计过程

软件设计是一个迭代的过程，通过这个过程，需求被变换为用于构建软件的“蓝图”。初始时，蓝图描述了软件的整体试图，也就是说，设计是在高抽象层次上的表达——在该层次上可以直接跟踪到特定的系统目标和更详细的数据、功能和行为需求。随着设计迭代的开始，后续的精化导致更低抽象层次的设计表示，这些表示仍然能够跟踪到需求，但是连接更加错综复杂了。

机器人软件工程的“教育”借鉴传统软件工程的“设计”，把迭代变成“学校的年级”，年级越高，“教育知识”的抽象程度越低，如传统软件“需求”通过“设计”而实现一样，机器人软件“胎儿”通过“教育”而“长大”，这里有对传统软件工程理论的大量借鉴，但也有一个根本的区别：机器人软件有“人”的特点，传统软件有“工程”的特点。

(1) 软件质量指导原则和属性。

可以指导良好设计演化的三个特征：设计必须实现所有包含在需求模型中的明确需求，而且必须满足利益相关者期望的所有隐含需求；对于那些编写代码的人和那些进行测试以及随后维护软件的人而言，设计必须是可读的、可理解的指南；设计必须提供软件的全貌，从实现的角度说明数据域、功能域和行为域。

由此得出良好机器人软件“教育”演化的三个特征：“教育”必须实现所有对“胎儿”的明确期望，必须满足“胎儿”所有“亲人”的隐含期望；对于“毕业期”“毕业考”“实践期”“参加工作”等环节而言，“教育”应该“够用”；“教育”要提供机器人软件智能的全貌，包括数据域、功能域以及行为域“教育”。

质量指导原则：

①设计应展示出这样一种结构：a. 使用可识别的体系结构风格或模式创建；b. 由展示出良好设计特征的构件构成；c. 能够以演化的方式实现，从而便于实现和测试。

②设计应该模块化，也就是说，应将软件逻辑地划分成元素或子系统。

③设计应该包含数据、体系结构、接口和构件的清晰表示。

④设计应导出数据结构，这些数据结构适用于要实现的类，并从可识别的数据模式提取。

⑤设计应导出显示独立功能特征的构件。

⑥设计应导出接口，这些接口降低了构件之间以及与外部环境连接的复杂性。

⑦设计的导出应根据软件需求分析过程中获取的信息采用可重复的方法进行。

⑧应使用能够有效传达其意义的表示法来表达设计。

达到这些设计原则不能靠偶然，设计工程应通过应用基本的设计原则、系统化的方法学和严格的评审来保证良好的设计。

机器人软件开发思想是软件是一个人，它的结构是程序员通过传输知识建立的，这个传输知识的过程就是机器人软件开发过程中的设计，即“教育”，因此，传统软件工程的质量指导原则略作改变就成为机器人软件开发的质量指导原则，即教学大纲。“教育”就是把设计阶段的逻辑模型变换成我们人类熟知的知识模型传授给机器人，发展它的大脑和器官，把工程变成人的成长，传统软件工程的根本理念要改革，但很多技术却可以移植。

质量属性就是著名的 FURPS：功能性、易用性、可靠性、性能、可支持性。这也是机器人软件开发的“教育”质量属性，机器人软件开发的知识模型与传统软件开发的设计模型具有相似性。

（2）软件设计的演化。

软件设计的演化是一个持续的过程，经历了 60 年的发展，早期是结构化程序设计方法，后来有面向对象方法，这些年又涌现出很多新思想和新方法，本书提出的机器人软件设计方法就是其中之一，盼得到大家的重视和认同。

3. 设计概念

（1）抽象。

当考虑某一问题的模块化解决方案时，可以给出许多抽象级。在最高的抽象级上，使用问题所处环境的语言以概括性的术语描述解决方案。在较低的抽象级上，将提供更详细的解决方案说明。当力图陈述一种解决方案时，面向问题的术语和面向实现的术语会同时使用。最后，在最低的抽象层次上，解决方案将以一种能直接实现的方式得到陈述。当开发不同层次的抽象时，软件设计师力图创建过程抽象和数据抽象。

机器人软件开发的“教育”（设计）阶段也有抽象的广泛应用，即知识模型是由抽象到具体教育机器人的，其中的原理和传统软件工程是类似的。

(2) 体系结构。

软件体系结构意指“软件的整体结构和这种结构为系统提供概念完整性的方式”。从最简单的形式来看，体系结构是程序构件（模块）的结构或组织、这些构件交互的形式以及这些构件所用数据的结构。然而在更广泛的意义上，构件可以概括为表示主要的系统元素及其交互。软件设计的目标之一是导出系统的体系结构示意图，该示意图作为一个框架，将指导更详细的设计活动。一系列的体系结构模式使软件工程师能够解决常见的设计问题。

对于机器人软件开发而言，体系结构就是机器人软件的综合素质结构和综合素质模型。

结构特性：体系结构设计表示定义了系统的构件、构件被封装的方式以及构件之间相互作用的方式。对于机器人软件的综合素质模型的结构特性也是如此，构件知识对应于传统设计的构件。

外部功能特性：体系结构设计描述应当指出设计体系结构如何满足需求，这些需求包括：性能需求、能力需求、可靠性需求、安全性需求、可适应性需求以及其他系统特征需求。对于机器人软件开发，综合素质模型应该是机器人软件“胎儿”健康长大的模型。

相关系统族：体系结构应当能抽取出在一类相似系统开发中经常遇到的重复性模式。本质上，设计应当能够重用体系结构构件。对机器人软件开发而言，教育的课程域可以重复使用，如软件工程课的课件可以重复使用。

一旦给出了这些特性的规格说明，体系结构设计就可以用一种或多种不同的模型来表示。结构模型将体系结构表示为程序构件的一个有组织的集合。通过确定类似应用中遇到的可复用的体系结构来设计框架，框架模型可以提高设计抽象级别。动态模型强调程序体系结构的行为方面，指明结构或系统配置作为外部事件的函数将如何变化。过程模型注重系统必须提供的业务或技术流程设计。最后，功能模型可以用来表示系统的功能层次结构。借鉴这些思想和理论，机器人软件有身体——结构模型，可以把另一个机器人的结构移植到本机器人——复用框架模型，机器人有行为动作——动态模型，机器人有运动机理——过程模型，机器人有本领——功能模型。

（3）模式。

对于清晰描述的一组问题，基于模式的设计通过查找一组已被证明有效的解决方案来创建新的应用系统。每个问题及其解决方案都用一个设计模式来描述，事实上，在此之前曾有其他软件工程师在设计其他应用系统时，已经遇到了这个问题并找到了解决方案，因此将这个设计模式编入目录并做了验证。每个设计模式都提供了一种已证明的方法，用于解决问题的一部分。

机器人软件开发的“教育”（设计）阶段也有模式设计的应用，这里的模式叫经验，是教育模型的重要组成部分。

（4）关注点分离。

关注点分离是一个设计概念，它表明任何复杂问题如果被分解为可以独立解决和优化的若干块，该复杂问题就能够更容易地被处理。一个关注点是一个特征或行为，被指定为软件需求模型的一部分。通过将关注点分割为更小的关注点（由此产生更多可管理的块），使得解决一个问题只需要付出较少的工作量和时间。

机器人软件开发的“教育”（设计）阶段也有关注点分离的需要，即知识分散地传授给机器人，让知识传授简单化。

（5）模块化。

模块化是关注点分离最常见的表现。软件被划分为独立命名的、可处理的构件，有时被称为模块，把这些构件集到一起可以满足问题的需要。有人提出“模块化是软件的单一属性，它使程序能被智能化地管理”。软件工程师难以掌握单块软件（即由一个单独模块构成的大程序）。对于单块大型程序，其控制路径的数量、引用的跨度、变量的数量和整体的复杂度使得理解这样的软件几乎是不可能的。几乎在所有的情况下，为了更容易理解，都应当将设计划分成许多模块，这样做的好处是，构建软件所需的成本将会随之降低。

机器人软件开发的“教育”（设计）阶段也需要模块化，即知识是分成模块教授给机器人的，好比人类的教育分课程一样。

（6）信息隐蔽。

模块化概念让你面对这样一个基本问题：“我们将如何分解一个软件解决方案以获得最好的模块集合？”信息隐蔽原则建议模块应该“具有的特征是：每个模块对其他所有模块都隐蔽自己的设计决策”。换句话说，模块应该规定并设计成在模块中包含的信息（算法和数据）不被不需要这些信息的其他模块访问。隐蔽意味着通过定义一系列独立的模块可以得到有效的模块化，独立模块相互之间只交流实现软件功能所必须的那些信息。抽象有助于定义构成软件的过程（或信息）实体。隐蔽定义加强了对模块内过程细节的访问约束和对模块所使用的任何局部数据结构的访问约束。将信息隐蔽作为模块化系统的一个设计标准，当在测试和随后的软件维护过程中需要进行修改时，可提供最大的益处。由于大多数数据和过程对软件的其他部分是隐蔽的，因此，在修改过程中不小心引入的错误不太可能传播到软件的其他地方。

机器人软件开发过程中“教育”（设计）产生的知识模型的模块也需要信息隐蔽，而且，知识模块有信息隐蔽的天然特点，如人类教育的语文和数学、物理和化学都有彼此天然的信息隐蔽特点。

（7）功能独立。

功能独立的概念是关注点分离、模块化、抽象和信息隐蔽概念的直接产物。通过开发具有专一功能和避免与其他模块过多交互的模块，可以实现功能独立。换句话说，软件设计时应使每个模块仅涉及需求的某个特定子集，并且当从程序结构的其他部分观察时，每个模块只有一个简单的接口。具有有效模块化（也就是独立模块）的软件更容易开发，这是因为功能被分隔而且接口被简化（考虑由一个团队进行开发时的结果）。独立模块更容易维护（和测试），因为修改设计或修改代码所引起的副作用被限制了，减少了错误扩散，而且模块复用也成为可能。概括地说，功能独立是良好设计的关键，而设计又是软件质量的关键。独立性可以通过两条定性的标准进行评估：内聚性和耦合性。内聚性显示了某个模块相关功能的强度；耦合性显示了模块间的相互依赖性。

和人的器官有天然的功能独立一样，机器人软件的各组成部分也都有天然的功能独立，这既有人的器官的影响，又有知识结构的影响，知识结构也有天然的功能独立。

（8）求精。

逐步求精最初是一种自顶向下的设计策略。通过连续精化过程细节层次来实现程序的开发，通过逐步分解功能的宏观陈述（过程抽象）直至形成程序设计语言的语句来进行层次开发。求精实际上是一个细化的过程。该过程从高抽象级上定义的功能陈述（或信息描述）开始。也就是说，该陈述概念性地描述了功能或信息，但是没有提供有关功能内部的工作或信息内部的结构。可以在原始陈述上进行细化，随着每个精化（细化）的持续进行，将提供越来越多的细节。抽象和精化是互补的概念。抽象能够明确说明内部过程和数据，但对“外部使用者”隐藏了低层细节；精化有助于在设计过程中揭示低层细节。这两个概念均有助于设计人员在设计演化中构造出完整的设计模型。

对于机器人软件开发过程而言，由“教育”开始阶段到“教育”高级阶段也是一个求精的过程，这就好比人类的教育，由算数到数学，再到数学分析。

（9）方面。

当我们开始进行需求分析时，一组关注点就出现了。这些关注点包括需求、用例、特征、数据结构、服务质量问题、变量、知识产权边界、合作、模式以及合同。理想情况下，可以按某种方式组织需求模型，该方式允许分离每个关注点（需求），使得能够独立考虑每个关注点（即需求）。然而实际上，某些关注点跨越了整个系统，从而很难进行分割。在理想情况下，一个方面作为一个独立的模块（构件）实施，而不是作为“分散的”或者和许多构件“纠缠的”软件片断实施。为了做到这一点，设计体系结构应当支持定义一个方面，该方面即一个模块，该模块能够使该关注点经过它横切的所有其他关注点而得到实施。

知识结构有天然的方面特点，如人类的教育，中考考语文、数学、外语，高考考语文、数学、外语、物理、化学、生物等。机器人软件开发也有天然的方面特点，这源于知识结构的天然的方面特点。

（10）重构。

很多敏捷方法都建议一种重要的设计活动——重构，重构是一种重新组织的技术，可以简化构件的设计（或代码）而无须改变其功能或行为。重构是使用这样一种方式改变软件系统的过程：不改变代码（设计）的外部行为而是改进其内部结构。在重构软件时，检查现有设计的冗余性、没有使用的设计元素、低效的或不必要的算法、拙劣的或不恰当的数据结构以及其他设计的不足，修改这些不足以获得更好的设计。

知识结构可以复用，因此，机器人软件开发有大量重构的机会。

（11）面向对象的设计概念。

该部分内容参考复旦大学计算机科学与工程系“软件工程”课程讲义。

Peter Coad 和 Edward Yourdon 提出用下列等式认识面向对象方法：

面向对象 = 对象（object）+分类（classification）+继承（inheritance）+通过消息的通信（communication with messages）

可以说，采用这四个概念开发的软件系统是面向对象的。

面向对象方法的出现很快受到计算机软件界的青睐，并成为 20 世纪 90 年代的主流开发方法。我们可以从下列几个方面来分析其原因：

从认知学的角度来看，面向对象方法符合人们对客观世界的认识规律。

面向对象方法开发的软件系统易于维护，其体系结构易于理解、扩充和修改。

面向对象方法中的继承机制有力支持软件的复用。

①对象（object）。

对象指一组属性以及这组属性上的专用操作的封装体。

属性（attribute）通常是一些数据，有时它也可以是另一个对象。每个对象都有它自己的属性值，表示该对象的状态。对象中的属性只能通过该对象所提供的操作来存取或修改。

操作（operation）（也称方法或服务）规定了对象的行为，表示对象所能提供的服务。

封装（encapsulation）是一种信息隐蔽技术，用户只能看见对象封装界面上的信息，对象的内部实现对用户是隐蔽的。封装的目的是使对象的使用者和生产者分离，使对象的定义和实现分开。

一个对象通常可由对象名、属性和操作三部分组成。

②类（class）。

类是一组具有相同属性和相同操作的对象的集合。一个类中的每个对象都是这个类的一个实例（instance）。

类是创建对象的模板，从同一个类实例化的每个对象都具有相同的结构和行为。

③继承（inheritance）。

继承是类间的基本关系，它是基于层次关系的不同类共享数据和操作的一种机制。父类中定义了其所有子类的公共属性和操作，在子类中除了定义自己特有的属性和操作外，可以继承其父类（或祖先类）的属性和操作，还可以重新定义其父类（或祖先类）中的操作的实现方法。

有时，我们定义一个类，它把一些类组织起来，提供一些公共的行为，但并不需要使用这个类的实例，而仅使用其子类的实例。我们把这种没有实例的类称为抽象类（abstract class）。在抽象类中可以定义抽象操作，抽象操作指：只定义这个类的操作接口，不定义它的实现，实现部分由其子类定义。抽象操作名用斜体字表示，也可以在操作特征后面加上特征字符串。

④消息（message）。

消息传递是对象间通信的手段，一个对象通过向另一个对象发送消息来请求其服务。一个消息通常包括接收对象名、调用的操作名和适当的参数（如果有必要的话）。消息只告诉接收对象需要完成什么操作，并不指示接收者怎样完成操作。消息完全由接收者解释，接收者独立决定采用什么方法完成所需的操作。

⑤多态性（polymorphism）。

多态性指同一个操作作用于不同的对象上可以有不同的解释，并产生不同的执行结果。例如“画”操作，作用在“矩形”对象上，则在屏幕上画一个矩形，作用在“圆”对象上，则在屏幕上画一个圆。也就是说，当相同操作的消息发送给不同的对象时，每个对象将根据自己所属类中定义的这个操作去执行，从而产生不同的结果。

⑥动态绑定（dynamic binding）。

动态绑定是指在程序运行时才将消息所请求的操作与实现该操作的方法连接起来。

传统的程序设计语言的过程调用与目标代码的连接（即调用哪个过程）放在程序运行前（即编译链接时）进行（称为静态绑定），而动态绑定则是把这种连接推迟到运行时才进行。

动态绑定是一种在运行时确定被执行代码的技术。

在一般与特殊关系中，子类是父类的一个特例，所以父类对象可以出现的地方，也允许其子类对象出现。因此在运行过程中，当一个对象发送消息请求服务时，要根据接收对象的具体情况将请求的操作与实现的方法进行连接，即动态绑定。

面向对象分析

分析过程如下：

1. 获取客户对系统的需求

获取需求必须要让客户与开发者充分地交流，这里介绍一种采用用况来收集客户需求的技术。分析员首先标识使用该系统的不同的执行者（actor），这些执行者代表使用该系统的不同的角色。每个执行者都可以叙述他如何使用系统，或者说他需要系统提供什么功能。执行者提出的每一个使用场景（或功能）都是系统的一个用况的实例，一个用况描述了系统的一种用法（或一个功能），所有执行者提出的所有用况构成了系统的完整的需求。

需要注意的是，执行者与用户是不同的两个概念，一个用户可以扮演几个角色（执行者），一个执行者可以是用户，也可以是其他系统（应用程序或设备）。得到的用况必须进行复审，以使需求完整。

2. 标识类和对象

类和对象来自问题领域可以先标识候选类，然后进行筛选。

3. 定义类的结构和层次

类的结构主要有两种：一般—特殊（generalization-specialization）

结构，整体—部分（whole-part）结构。

一般—特殊结构是一种分类结构，反映了类间的一般与特殊的关系。一般类与特殊类之间是一种“is a”的关系，如：汽车是一种交通工具。同样，特殊类还可以分为更特殊的类，这样可形成类的层次结构。

整体—部分结构反映了类间的整体与部分关系。值得注意的是，整体—部分关系是对对象而言的，而不是对类的。整体—部分关系是一种“has a ”的关系，如汽车有发动机。同样的，整体—部分结构也具有层次结构。

4. 建造对象—关系模型

对象—关系模型描述了系统的静态结构，它指出了类间的关系（relationship）。

类之间的关系有关联、依赖、泛化、实现等。

5. 建立对象—行为模型

对象—行为模型描述了系统的动态行为，它们指明系统如何响应外部的事件或激励（stimulus）。

建模的步骤如下：

（1）评估所有的用况，以完全理解系统中交互的序列。

（2）标识驱动交互序列的事件，理解这些事件如何和特定的对象关联。

（3）为每个用况创建事件轨迹（event trace）。

（4）为系统建造状态机图。

（5）复审对象—行为模型，以验证准确性和一致性。

以上是机器人软件开发系统获得“胎儿”知识系统结构的过程，这是一个面向对象的分析模型。

面向对象设计

1. 系统设计

（1）将分析模型划分成子系统。

在面向对象设计中，我们把分析模型中紧密相关的类、关系等设计元素包装成子系统。

通常，子系统的所有元素共享某些公共的性质，它们可能都涉及完成相同的功能；它们可能驻留在相同的产品硬件中；或者它们可能管理相同的类和资源。子系统由它们的责任刻画，即一个子系统可以通过它提供的服务来标识。在面向对象设计中，这种服务是完成特定功能的一组操作。

子系统的设计准则是：

①子系统应具有定义良好的接口，通过接口和系统的其他部分通信；

② 除了少数的通信类外，子系统中的类应只和该子系统中的其他类协作；

③子系统的数量不宜太多；

④可以在子系统内部再次划分，以降低复杂性。

（2）标识问题本身的并发性，并为子系统分配处理器。

通过对对象—行为模型的分析，可发现系统的并发性。如果对象（或子系统）不是同时活动的，则它们不需要并发处理，此时这些对象（或子系统）可以在同一个处理器上实现。反之，如果对象（或子系统）必须对一些事件同时异步地动作，则它们被视为并发的，此时，可以将并发的子系统分别分配到不同的处理器，或者分配在同一个处理器，而由操作系统提供并发支持。

（3）任务管理设计。

Coad 和 Yourdon 提出如下管理并发任务对象的设计策略：

①确定任务的类型；

②必要时，定义协调者任务和关联的对象；

③将协调者任务和其他任务集成。

通常可通过了解任务是如何被启动的来确定任务的类型，如事件驱动任务，时钟驱动任务。每个任务应该定义其优先级，并识别关键任务。当有多个任务时还可以考虑增加一个协调者任务，以控制这些任务协同工作。

（4）数据管理设计。

通常数据管理设计成层次模式，目的是将数据的物理存储及操纵与系统的业务逻辑加以分离。

数据管理的设计包括设计系统中各种数据对象的存储方式（如内部数据结构、文件、数据库），以及设计相应的服务，即为要储存的对象增加所需的属性和操作。

（5）资源管理设计。

面向对象系统可利用一系列不同的资源（如磁盘驱动器、处理器、通信线路等外部实体或数据库、对象等抽象资源），在很多情况下，子系统同时竞争这些资源，因此要设计一套控制机制和安全机制，以控制资源的访问，避免对资源使用的冲突。

（6）人机界面设计。

对大多数应用系统而言，人机界面本身是一个非常重要的子系统。人机界面主要强调人如何命令系统，以及系统如何向人提交信息。它包括窗口、菜单、报告的设计。

（7）子系统间的通信。

子系统之间可以通过建立客户/服务器连接进行通信，也可以通过端对端（peer to peer）连接进行通信。我们必须确定子系统间通信的合约（contract），合约提供了一个子系统和另一个子系统交互的方式。

2. 对象设计

对象设计为每个类的属性和操作作出详细的设计，并设计连接类与它的协作者之间的消息规约。

对象描述如下：

（1）协议描述（外部的黑盒描述）：描述对象的接口，即定义对象可以接收的消息以及当对象接收到消息后完成的相关操作。

（2）实现描述（内部描述）：描述传送给对象的消息所蕴含的每个操作的实现细节，实现细节包括有关对象私有部分的信息，即关于描述对象属性的数据结构的内部细节和描述操作的过程细节。

对象的使用者只需要关心协议描述。

（3）设计算法和数据结构。

为对象中的属性和操作设计数据结构和实现算法。

3. 设计模式

在许多面向对象系统中，存在一些类和通信对象重复出现的模式。这些模式求解特定的设计问题，使面向对象设计更灵活，并最终可复用。这些模式帮助设计者复用以前成功的设计，设计者可以把这些模式应用到新的设计中。

一个设计模式通常可用四个信息来描述：

（1）模式名。设计模式名应具有实际的含义，它能反映模式的适用性和意图。

（2）使模式可被应用在所必须存在的环境和条件。

（3）设计模式的特征。模式特征指出一些设计的属性，调整这些属性使该模式能适应各种不同的问题。这些属性表示设计的特征，这些特征能被用于检索（通过数据库）以找到合适的模式。

（4）应用设计模式的结果。设计模式的使用结果表明设计决策的走向。面向对象的设计过程就是机器人软件的知识结构的构建过程，设计结果就是机器人软件得到“教育”的结果。

以上详细介绍了面向对象的分析及设计方法，因为机器人软件的知识结构就是面向对象的知识结构。知识和对应知识的功能组成面向对象的模型结构，教育过程是结构化。

4. 设计类

需求模型定义了一组分析类，每一个分析类都描述问题域中的某些元素，这些元素关注用户可见的问题方面。分析类的抽象级相对较高。对于机器人软件开发过程而言，分析类就是“胎儿”的手脚和器官。

在设计模式演化时，必须定义一组设计类：①通过提供设计细节精化分析类，这些设计细节将促成类的实现；②实现支持业务解决方案的软件基础设施。这在机器人软件开发系统的教育阶段为既发展机器人知识结构的智商，又发展机器人软件的情商，既要有本领又要有环境。

建议五种不同类型的设计类，每一种都表示设计体系结构的一个不同层次：用户接口类、业务域类、过程类、持久类、系统类。

随着体系结构的形成，每个分析类转化为设计表示，抽象级就降低了。也就是说，分析类使用业务域专门用于描述对象（以及对象所用的相关服务)；设计类更多地表现技术细节，用于指导实现。就是说，机器人软件“胎儿”更多的是用户的功能基因和厂商的性能基因结合的初始知识结构，很抽象；而机器人软件成长过程是一个面向对象的设计过程，由“胎儿”的抽象长大成“成人”的具体。

面向对象设计过程中应评审每个设计类以确保设计类是“组织良好的”，为组织良好的设计类定义四个特征：完整性与充分性；原始性；高内聚性；低耦合性。这是机器人软件开发过程中“教育”阶段的“考试大纲”。

7.1 结构化设计

这部分内容参考了复旦大学计算机科学与工程系“软件工程”课程讲义。

结构化设计：结构化设计是将结构化分析得到的数据流图映射成软件体系结构的一种设计方法。强调模块化、自顶向下逐步求精、信息隐蔽、高内聚低耦合等设计准则。分为概要设计和详细设计两大步骤。概要设计是对软件系统的总体设计，采用结构化设计方法，其任务是：将系统分解成模块，确定每个模块的功能、接口（模块间传递的数据）及其调用关系，并用模块及对模块的调用来构建软件的体系结构。详细设计是对模块实现细节的设计，采用结构化程序设计方法。

结构化分析、结构化设计和结构化程序设计构成完整的结构化方法体系。

结构图：用结构图（structure chert）来描述软件系统的体系结构。主要描述一个软件系统由哪些模块组成，以及模块之间的调用关系。结构图的基本成分有：模块、调用和数据。

模块：模块是指具有一定功能的可以用模块名调用的一组程序语句，如函数、子程序等。它们是组成程序的基本单元。一个模块具有其外部特征和内部特征。外部特征包括：模块的接口（模块名、输入/输出参数、返回值等）和模块的功能。内部特征包括：模块的内部数据和完成其功能的程序代码。在结构化设计中，我们只关注模块的外部特征，而忽略其内部特征。

用从一个模块指向另一个模块的箭头来表示调用，其含义是前者调用了后者。为了方便，有时常用直线替代箭头，此时，表示位于上方的模块调用位于下方的模块。

模块调用时需传递的参数可通过在调用箭头旁附加一个小箭头和数据名来表示。

按照模块化设计原则，相应的启发式设计策略如下：

（1）改造程序结构图，降低耦合度，提高内聚度。

（2）避免高扇出，并随着深度的增加，力求高扇入。

（3）模块的影响范围应限制在该模块的控制范围内。

（4）降低模块接口的复杂程度和冗余程度，提高一致性。

（5）模块接口上应尽可能传递简单数据，而且传递的数据应与模块的功能保持一致，即不传递与模块功能无关的数据。

（6）模块的功能应是可预测的，避免对模块施加过多的限制。

（7）模块功能可预测是指该模块对相同的输入能产生相同的输出。

（8）限制一个模块只处理单一的功能，那么，这个模块体现出高内聚。

（9）尽可能设计单入口和单出口的模块。

（10）单入口和单出口的模块能有效地避免内容耦合。

结构化设计的步骤如下：

（1）建立初始结构图。将整个软件看作一个大的功能模块，通过功能分解不断将其分解成若干个较小的功能模块，直至得到一组不必再分解的模块（结构图中的底层模块）。

（2）对结构图进行改进。可根据设计准则和启发式设计策略对初始结构图进行改进。

（3）书写设计文档。书写设计规格说明，特别要为每个模块书写模块的功能、接口、约束和限制等。

（4）设计评审。

7.2 机器人软件的“儿童成长期”

本书提出的软件工程学与传统软件工程学的最大的不同之处在于，本书提出的逻辑场软件工程或者机器人软件工程是生命的成长，传统软件工程是一个工程，这是二者本质的区别。机器人软件工程学既是发明创造，又是对结构化软件工程和面向对象软件工程理论的继承和发展。作为草创阶段，机器人软件工程理论没有任何实践工作的积累和支持，本书很多理论结构要借用传统软件工程理论的成就。作为叙述的开始，让我们一起来看看机器人软件的生命期：

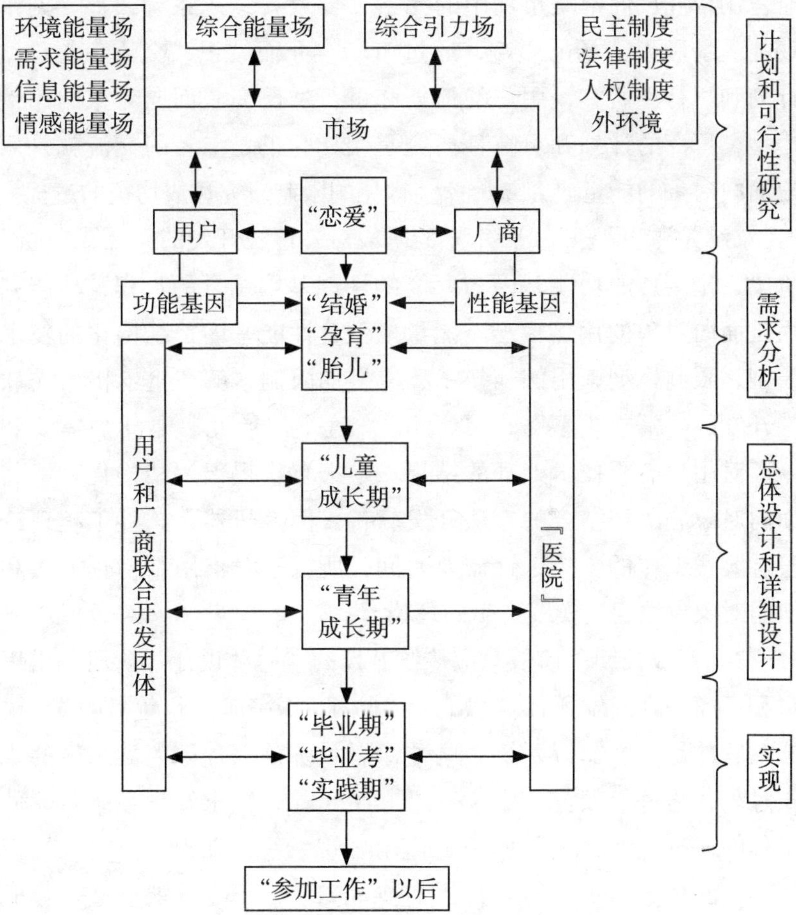

图 7－1　机器人软件生命期示意图

如图 7－1 所示，机器人软件开发过程是生命的成长过程，与人类的成长过程很相似，它没有回溯改错的机制，也没有迭代，有“医院”作为改错机制，有用户和厂商联合开发团体通过“教育”代替迭代开发。

“恋爱”阶段对应传统开发的“计划和可行性研究”阶段，这时，用户和厂商都是市场中的元素（要素）或子系统，都受到市场能量场和引力场的影响，通过市场媒介而结识、交流，各自做计划和可行性研究，用户的计划和可行性研究是面向对象的用例模型，厂商的计划和可行性研究是结构化的，二者的交流就是用户面向对象的能量研究与厂商结构化的限制研究达成均衡的过程。

“结婚”“孕育”“胎儿”的阶段对应传统开发的“需求分析”阶段，是用户的功能基因与厂商的性能基因结合的过程，功能基因是面向对象的用例模型、能量模型，性能基因是结构化的技术模型、限制模型，用例加技术、能量加限制，就产生了机器人软件开发的“需求模型”即“胎儿”。这个“胎儿”是用户需要和厂商对用户需要技术处理的结果。本书首次提倡用结构化方法与面向对象方法相结合的方法开发软件，因为机器人软件工程理论没有实践工作的支持，这需要时间，所以暂时借用结构化方法和面向对象方法通过实践产生的理论。

“儿童成长期”阶段对应传统开发的“总体设计”阶段，由用户和厂商联合开发团体“教育”“胎儿”，完成“初等教育”。机器人软件是一个知识系统。这种知识系统是一种像人类一样的成长过程，通过“教育”成长，即“胎儿”是需求知识系统，软件工程师通过“教育”不断改变需求知识系统的知识，由需求知识到抽象的技术知识，再到具体的技术知识，于是需求模型转化成总体设计模型、详细设计模型，机器人软件“长大了”。在这个过程中，用户和厂商以高层智能和中层智能参与“儿童成长”，把“胎儿”（需求模型）发展成有能量场和引力场的总体设计模型，过程中要审批和改错，由技术人员组成的“医院”做这些工作。这时，教育的知识结构是面向对象的结构，教育活动的组织是结构化的。

如果说“儿童成长期”是总体设计，那么“青年成长期”就是详细设计，用户和厂商用低层智能参与“青年成长期”，“儿童成长期”是机器人软件高层智能和中层智能的产生阶段，“青年成长期”是机器人软件低层智能的产生阶段，都是生存论。“青年成长期”是“儿童成长期”的具体化阶段，“儿童成长期育”没有专业，而“青年成长期”有专业。

“儿童成长期”是丰富“胎儿”知识系统的过程，主要要做这以下几个工作（参考任永昌先生编著的《软件工程》）：

（1）应把软件项的需求转变为一种体系结构，该体系结构描述其顶层结构并标识各个软件部件。应确保软件项的所有需求都被分配给软件部件，并得到进一步的细化以便于详细设计。软件项的体系结构应形成文档。

需求转变成体系结构的过程就是“胎儿”被“教育”成“儿童”的过程，“儿童成长期”是机器人软件开发的顶层设计阶段。这个过程是知识系统传授和建立的过程，即用户和厂商寻找各种功能对应的知识、技术知识，并把这些知识有机地结合成一个整体，这就是“教育”，形成的知识体系结构就是“成长的儿童”。

（2）应编制关于软件项的外部接口，以及软件项各个软件部件之间接口的顶层设计，并形成文档。

设计外部接口是设计“儿童”感官和接受能力的过程。

（3）应编制数据库的顶层设计，并形成文档。

“儿童成长期”机器人软件设计要有数据库，就像人接受教育需要记忆一样。

（4）应编制用户文档的最初版本，并形成文档。

机器人开发阶段的“儿童成长期”要有档案。

（5）应确定软件集成的初步测试需求和进度安排，并形成文档。

“儿童成长期”要有“课程安排”和“测试安排”，要有“体检”，这由“医院”完成，“医院”由用户和厂商的相关人员组成。

（6）应根据评价准则评价软件项的体系结构、接口和数据库设计，评价结果应形成文档。评价准则包括软件需求的可追踪性、与结构设计的外部一致性、软件部件和软件单元之间的内部一致性、应用的设计方法和标准的适宜性、测试的可行性、运行与维护的可行性。

机器人软件开发过程中的“儿童成长期”要讲“综合素质”，这个“综合素质”和传统软件开发的“整体要求”是一致的。

（7）应实施联合评审。

“儿童成长期”结束要有整体考核。

7.2.1　划分年级

“儿童成长期”和人类一样可以划分年级，即体系结构这个知识系统可以有“儿童成长期”阶段，这样方便整体性的系统构造、“体检”与评审。

7.2.2　划分知识域

人类的教育有语文、数学、外语等课程划分，传统软件设计有模块和类的划分，机器人软件开发方法是借鉴人类教育和传统软件开发理论的软件开发方法，它的“教育”有知识系统的知识域的划分，也就是不同知识域对应不同的功能。

7.2.3　逻辑人的“儿童成长期”

机器人软件开发的“教育”阶段有两个“老师”，即用户和厂商，用户代表用例、功能和能量场，是逻辑人。

7.2.4　理性人的“儿童成长期”

厂商代表设计技术、性能、引力场和限制，是理性人。

7.2.5　“儿童成长期”模型

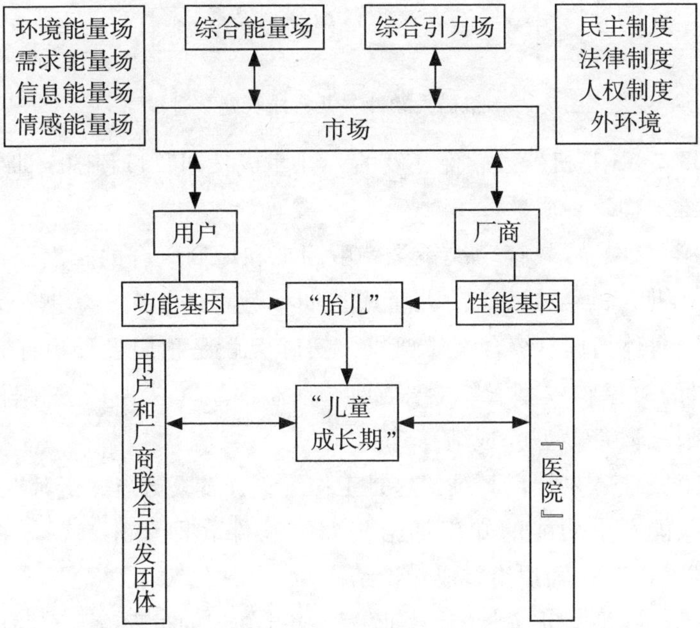

图 7－2　机器人软件“儿童成长期”示意图

如图 7－2 所示，机器人软件“儿童成长期”是“胎儿”的发展，注意，“儿童成长期”可以回溯到“胎儿”，可以有“胎儿变更”，和需求变更一样，根据“医院”“医生”体检的需要，或根据开发团体开发和评审的需要变更。

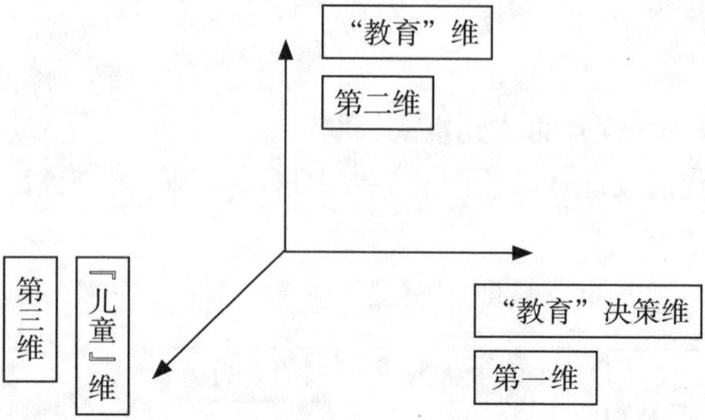

图7－3　机器人软件“儿童成长期”过程图

图7－3是机器人软件开发的“儿童成长期”过程图，即生存论三维结构。

第一维是“教育”决策维，由用户和厂商联合的开发团体根据“胎儿”的结构确定“儿童成长期”教育的年级、学期、教学指标、身体指标、综合素质要求，实际上就是顶层设计目标（教学指标）、结构模型（综合素质）、动态模型（体育）、过程模型（表现）、功能模型（成绩）等。

第二维是“教育”维，这是工作维，开发人员当“老师”，把一条条能产生功能的知识加给机器人软件（即“儿童”），根据“整体效用”把知识组装成知识结构。

第三维是“儿童”维，“儿童”接受知识的过程就是它的成长过程，它的知识结构是一种面向对象的知识结构，如同人类的教育，老师教学是结构化的，学生得到的知识是面向对象的、附带功能的。

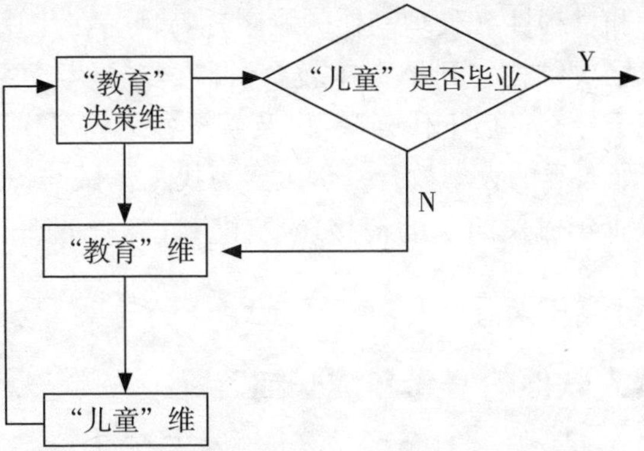

图 7－4　“儿童成长期”过程三维结构关联图

图 7－4 是“儿童成长期”过程三维结构关联图，说明了三维的工作过程，其中仍然有迭代。如同人类的教育，学生可以升级，也可以留级。

7.2.6　工作简化和工具库

当用户到市场买软件或厂商面对市场开发软件时，教育“儿童”的老师就只有厂商了，从而形成了工作简化。

这个阶段的工具库是：总体设计工具、总体设计技术、总体设计方法与总体设计方法论。

机器人软件的“儿童成长期”与“青年成长期”需要衔接，即总体设计和详细设计需要衔接，如同人类的教育，小学、中学、大学所教授的知识需要衔接一样。

机器人软件“儿童成长期”教育好比小学教育，根据目标系统的逻辑模型建立目标系统的物理模型，并根据目标系统逻辑功能的要求，考虑实际情况，详细确定目标系统的结构和具体的实施方案。“儿童成长期”教育的目的是在保证实现逻辑模型的基础上，尽可能提高目标系统的简单性、可变性、一致性、完整性、可靠性、经济性、运行效率和安全性。这个目标系统可以看成“成年人”。

机器人软件系统和人类一样具有层次性（系统各组成部分的

管辖范围）和过程性（处理动作的顺序）特征。在儿童教育阶段，关心系统的层次结构；到了青年教育阶段，需要考虑系统的过程性，即“先干什么，后干什么”，以及系统各组成部分是如何联系在一起的，如人类的大学教育，学生要为找工作做准备。“儿童成长期”与“青年成长期”的衔接还要注意计算机处理和人工处理的划分等。

7.3 机器人软件的“青年成长期”

参考任永昌先生编著的《软件工程》，有关详细设计的任务如下：

（1）应对软件项的每一个软件部件进行详细设计。软件部件应细化到更低级别，这些级别包含能被编码、编译、测试的软件单元。应确保来自这些软件部件的所有软件需求都被分配到软件单元。详细设计应形成文档。

对于机器人软件开发而言，知识要具体到直接能工作的地步，如人类教育的专业化教育中为了人能工作。其意义与传统软件工程的详细设计的意义暂时一样。为什么是暂时的？因为机器人软件工程学草创，没有实践工作支持理论，但它的发展方向是智能编程，把软件当成机器人甚至人，逻辑模型和物理模型都是知识结构，与把软件当工程产品的传统软件工程不同，随着机器人软件工程学的发展，二者的区别会越来越大，机器人软件工程学现在是暂时借鉴传统工程学理论。

（2）应编制关于软件项外部接口、软件部件之间以及软件单元之间接口的详细设计，并形成文档。接口的详细设计应允许在不需要更多信息的情况下编码。

对于机器人软件开发而言，机器人软件要把自己的知识结构形成整体和综合素质，就必须设计出一切必要的知识结构的接口，方便结构互联和输入输出。

（3）应编制数据库的详细设计并形成文档。

机器人软件的数据结构就是它的记忆，这是机器人软件知识结构的数据库。

（4）必要时，应更新用户文档。

机器人软件的档案由“恋爱”阶段一直记录到它生命期的结束。

（5）应规定要测试的软件单元的测试需求和进度安排，并形成文档。测试需求应包括对软件单元在需求边界的强化要求。

建立机器人软件知识结构的过程都需要“考试”，就如人类教育的一门课程的考试等。

（6）应更新软件集成的测试需求和进度安排。

建立机器人软件知识结构的过程还需要进行综合素质测试。

（7）应根据评价准则评价软件的详细设计和测试需求，并将评价结果形成文档。评价准则包括软件需求的可追踪性、软件部件和软件单元之间的内部一致性、所应用的设计方法和标准的适宜性、测试的可行性、运行和维护的可行性。即机器人软件的“教育”工作应该有评价机制，好比人类学校对教师工作有评价一样。

（8）应实施联合评审。

每种测试、考试、测评都应该是用户结合厂商的行为。

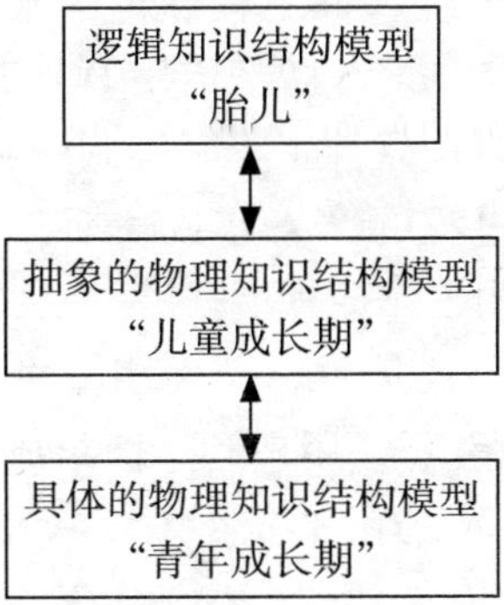

图 7－5　机器人软件开发的设计过程

图 7－5 是机器人软件开发的一个简明过程。值得一提的是，机器人软件开发过程和传统软件开发过程的相似是暂时的。

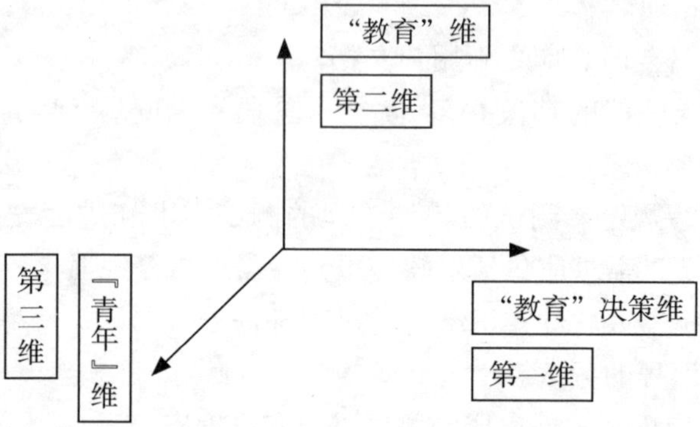

图 7－6　机器人软件“青年成长期”过程图

机器人软件开发的“青年成长期”对应于传统软件工程的详细设计阶段。用户和厂商的联合开发团体把知识灌输给机器人软件这个逻辑体，在机器人逻辑体中整合知识模型，建立各种知识的关联，最终得到具体的物理知识模型，这种物理知识模型可以用计算机科技和网络科技实现，产生“知识就是力量”的效果，这种物理知识模型也是用户利益和厂商利益的均衡条件，很多时候还是社会这个逻辑场系统的均衡条件。虽然机器人软件现在的开发方法还需要借鉴传统软件工程理论，尤其是结构化方法和面向对象方法，但正如 Windows 曾经借用 DOS 环境并最终独立一样，机器人软件开发（逻辑场软件工程）会很快独立地大放异彩。

机器人软件开发过程的“青年成长期”阶段，是一个三维结构，和其他三维结构的工作原理一样。

第一维是“教育”决策维，开发团体决定是否开始新的教育周期，“医院”的“医生”（用户和厂商组成的）决定是否开始新一轮“体检”和“疾病治疗”。“教育”是为了发展知识模型，和人类的教育类似，“体检”和“疾病治疗”就是测试和改错，和传统软件开发的概念一样。

第二维是“教育”维，即构建知识模型的过程，这是一个结构化的过程，好比学校老师和教务的管理都是行政管理一样，属于结构化过程。

第三维是“青年”维，它是知识模型，由逻辑知识模型发展到物理知识模型的抽象级，再到物理知识模型的具体级，直到模型被技术实现，就“毕业”了。注意，第二维是结构化的，第三维是面向对象的，即机器人软件开发过程中的知识模型，不论逻辑模型还是物理模型都是以面向对象方法组织在一起的，实现“知识就是力量”的主角就是知识类和它们的关联。这和人类的教育原理完全一致。当然，机器人软件工程是暂时借用面向对象的信息组织方法，以后出现新的软件信息组织方法的可能是很大的。

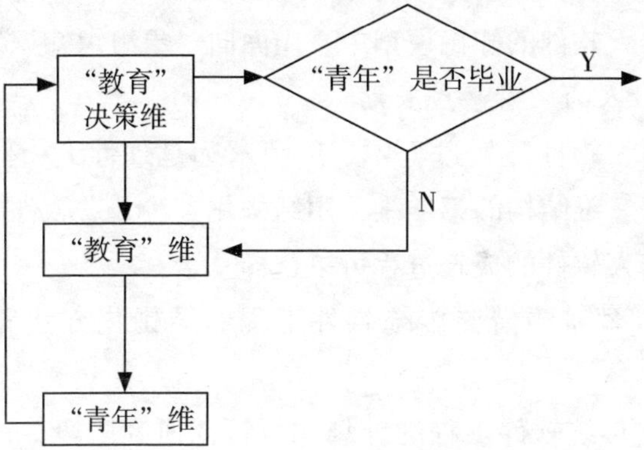

图 7－7　“青年成长期”过程三维结构关联图

如图 7－7 所示，这里的“青年成长期”过程三维结构关联图和前面的三维结构关联图的原理相同。

1. 划分年级

因为物理知识模型具体化有一个过程，尤其是大型软件，需要有构建知识、传输知识、消化知识的过程，和人类的教育完全一样，因此有划分课程、学期、年级的需要，正如人类有初中、高中、大学一样。

2. 划分知识域

物理知识模型是一个由面向对象方法组织起来的知识模型，是分析类，里面有很多类结构，一个类结构就是一个知识域，为了有效管理教育，需要划分知识域，就像人类教育分文科、理科，文科分文学、经济学，理科分理学、工学一样。

3. 划分专业

一个类结构有很多类和类群，这又要划分专业，实现专业对口，和人类的理科分数学、物理、化学一样，要对机器人软件的知识模型划分专业，开展“教育”机器人软件的活动。

4. 逻辑人的“青年成长期”

在机器人软件开发过程中，用户永远是逻辑人，他们的要求体现在机器人软件的知识模型中，用面向对象组织知识模型。

5. 理性人的“青年成长期”

在机器人软件开发过程中，厂商永远是理性人，他们的要求体现在工程三维结构的第二维，用结构化方法开发软件。

对机器人软件的成长过程可以这样总结：

（1）暂时需要借鉴传统软件工程的结构化方法和面向对象方法。

（2）在传统软件工程的计划和可行性研究阶段，机器人软件工程处于用户和厂商的“恋爱”阶段，“恋爱”的目的是为了用户和厂商利益的均衡。

（3）在传统软件工程的需求分析阶段，机器人软件工程处于用户和厂商的“结婚”“孕育”“胎儿”阶段，这个过程由用户功能基因和厂商性能基因结合产生，功能基因就是用例模型，是面向对象的知识结构的起点，性能基因就是技术和设备，是结构化开发过程的起点，“胎儿”是用户和厂商利益均衡的产物，它是逻辑知识结构，即用例是一个个知识，用例模型是知识类关联起来的整体。笔者以后将对知识类的特性做深入研究。

（4）对应软件工程的总体设计阶段，机器人软件开发处于软件的“儿童成长期”，这个阶段用“教育”把逻辑知识模型发展成顶层物理知识模型，让知识类物理化，物理知识模型是用面向对象方法组织起来的，“教育”过程即发展知识模型的过程，用的是结构化方法，因为结构化方法的特点，可以对“儿童成长期”分年级。

（5）对应软件工程的详细设计阶段，机器人软件开发处于软件的“青年成长期”，这个阶段要用“教育”把物理知识模型具体化，把知识类具体化，因为“教育”是结构化的，所以可以分“教育”年级，知识类可以分专业甚至再细分，以利于组织，和人类的教育很相似。

（6）当物理知识模型具体到实现没有门槛的地步时，就可以到达实现、测试、做工、维护这些阶段了。

逻辑场软件工程学即机器人软件开发方法刚诞生，好比20世纪90年代初的Windows，需要做的研究很多，前途非常光明。

对知识类做一点研究：

知识类也是对象的抽象，但它具有自学能力，可以用结构化方法变更，它有四个栏目，与传统类三个栏目有所不同，如图7－8所示：

名称
高层智能（属性）
中层智能（变更记录）
低层智能（操作）

图7－8　知识类结构图

知识类的结构与面向对象的传统类结构相比较，都有名称、高层智能（对应属性）、低层智能（对应操作），多出的中层智能是类变更的记录，如逻辑类变更成物理类、类属性变更、类操作变更等，好比人类的学业记录，这样，知识类既可以运用传统面向对象的方法，又可以自学和运用结构化方法于开发过程，只需要在中层智能做好记录。这里的自学指因为特殊原因而对知识类做特殊变更。

第 8 章　逻辑场软件工程实现

在本章开始，先介绍传统软件工程的有关知识，这里参考了复旦大学计算机科学与工程系“软件工程”课程讲义。

1．编码

编码阶段的任务是根据详细设计说明书编写程序。

程序设计语言的特性和程序设计风格会深刻地影响软件的质量和可维护性。

为了保证程序编码的质量，程序员必须深刻理解、熟练掌握并正确地运用程序设计语言的特性。

此外，还要求源程序具有良好的结构和程序设计风格。

本书的机器人软件开发过程于“教育”阶段（设计）后，发展到“毕业期”，这是物理知识模型发展成具体知识模型的过程，这个过程现在暂时还要借助传统软件工程的程序语言和编程工具，但从长远来看，机器人软件工程一定会有自己的编程语言和编程工具，因为机器人软件工程的编程是有生命的知识系统，而传统软件工程的编程是没有生命的工程产品，二者有本质不同。

2．软件测试的目的

Glen Myers 给出的软件测试目的为：

（1）测试是一个为了发现错误而执行程序的过程。

（2）一个好的测试用例是指很可能找到迄今为止尚未发现的错误的测试用例。

（3）一个成功的测试是指揭示了迄今为止尚未发现的错误的测试。

根据这个测试目的，我们应该设计合适的测试用例，用尽可能少的测试用例，来发现尽可能多的软件错误。

本书的机器人软件工程的“毕业考”对应于传统软件工程的测试，但二者在理念上是有本质差别的，传统的测试好比现在的高考，远离人的特点，机器人软件工程的“毕业考”好比对考生综合素质的考察，有人的特点。也就是说，以后的软件测试会以综合性能为导向做测试，不会像现在这样机械地“捉虱子”，“虱子”捉完了也不能判断程序综合性能的优劣。

3. 软件测试的原则

Davis 提出了一组指导软件测试的基本原则：

（1）所有的测试都可追溯到客户需求。

（2）应该在测试工作真正开始之前就进行测试计划。

（3）Pareto 原则：测试中发现的 80% 的错误可能来自于 20% 的程序代码。

（4）测试应从“小规模”开始，逐步转向“大规模”。

（5）穷举测试是不可能的。

（6）为了达到最有效的测试，应由独立的第三方来承担测试。

以上测试原则可以收入机器人软件工程的“毕业考”的原则中，但“毕业考”与传统软件测试最大的不同是注重综合素质及工作能力。

其他的测试原则为：

（1）在设计测试用例时，应包括合理的输入条件和不合理的输入条件。

（2）严格执行测试计划，排除测试的随意性。

（3）应当对每一个测试结果做全面检查。

（4）妥善保存测试计划、测试用例、出错统计和最终分析报告，为维护提供方便。

（5）检查程序是否做了应做的事仅是成功的一半，另一半是检查程序是否做了不该做的事。

（6）在规划测试时不要设想程序不会出错。

和传统软件测试一样，机器人软件工程的“毕业考”也需要研究实施过程。

4. 测试策略

一种测试策略就是将测试分为单元测试、集成测试、确认测试和系统测试。

单元测试针对程序中的模块或构件，主要揭露编码阶段产生的错误。

集成测试针对集成的软件系统，主要揭露设计阶段产生的错误。

确认测试是根据软件需求规约对集成的软件进行确认，主要揭露不符合需求规约的错误。

对于基于计算机系统中的软件，还需将它集成到计算机系统中，并进行系统测试，以揭露不符合软件要求的错误。

以上测试策略也适用于机器人软件工程的“毕业考”阶段，但“毕业考”的重点是软件解决实际问题的能力，软件应该具有智能的特点。

5. 面向对象测试

面向对象软件的测试目标仍然是用最少的时间和工作量来发现尽可能多的错误。但面向对象软件的性质改变了测试的策略和测试战术，面向对象软件的测试也给软件工程师带了来新的挑战。

机器人软件的结构是一种面向对象的结构，因此，机器人软件的测试一定要借鉴传统软件工程的面向对象测试的经验。但要注意的是，机器人软件的类是四段标注而不是三段，多的一段是中层智能（变更记录），这个标注让我们可以结合结构化和面向对象两种方法测试机器人软件。

6. 面向对象语境对测试的影响

继承、封装、多态性、基于消息的通信等概念都是面向对象软件的重要特征，它们对面向对象测试有很大的影响。

(1) 单元。

适用于面向对象测试的两种单元定义：

①单元是可以编译和执行的最小软件部件。

②单元是决不会指派给多个设计人员开发的软件部件。

类是面向对象软件中的单元。

（2）封装。

由于属性和操作被封装在类中，因此测试时很难获得对象的某些具体信息（除非提供内置操作来报告这些信息），从而给测试带来困难。

（3）继承。

测试了父类的操作后，并不表示其子类就不必对继承的操作进行测试。

（4）多态性。

在测试时，应覆盖反映多态的所有实现方法。

（5）基于消息的通信。

面向对象软件是通过消息通信来实现类之间的协作的，它们没有明显的层次控制结构，因此，传统的自顶向下和自底向上集成策略不适用于面向对象软件测试。

对于三段标注类的传统面向对象软件工程而言，传统的自顶向下和自底向上集成策略的确不适用于传统面向对象软件测试，但四段标注的类因为有中层智能（变更记录），因此，可以根据需要运用自顶向下和自底向上集成策略，简化测试过程。

7. 面向对象的测试策略

把类作为面向对象软件的单元，传统的单元测试等价于面向对象中的类测试，也称类内测试。它包括类的方法测试和类的行为测试。

面向对象的类间测试（interclass testing）相当于面向对象的集成测试。它有以下两种集成策略：

（1）基于线程的测试（thread-based testing）：集成一组互相协作的类来响应系统的一个输入或事件，每个线程逐一被集成和测试，并通过回归测试保证其没有产生副作用。

（2）基于使用的测试（use-based testing）：按使用层次来集成系统。把那些几乎不使用其他类提供的服务的类称为独立类，把使用其他类提供的服务的类称为依赖类。集成从测试独立类开始，然后集成直接依赖独立类的那些类，并对其测试。按照依赖的层次关系，逐层集成并测试，直至所有的类被集成。

面向对象的确认测试和系统测试策略与传统的确认测试和系统测试策略相同，在进行面向对象确认测试时，应该利用用况模型，通过用况提供的场景来发现与用户需求不一致的错误。

因为机器人软件结构的类是四段标注，因此，机器人软件的测试比传统的结构化测试和面向对象测试都灵活得多，作用就是可以发展综合性能和面向实际工作的测试。

8. 面向对象测试用例设计

传统的测试用例设计方法及其思想在面向对象测试中仍是可用的。

（1）类内测试（intraclass testing）。

测试类中的每个操作（相当于传统软件中的函数或子程序），通常采用白盒测试方法，如逻辑覆盖、基本路径覆盖、数据流测试、循环测试等。

测试类的行为（通常用状态机图来描述），利用状态机图进行类测试时，可考虑覆盖所有状态、所有状态迁移等覆盖标准，也可考虑从初始状态到终止状态的所有迁移路径的覆盖。

（2）划分测试（partition testing）。

这种方法与等价类划分方法相似，它将输入和输出分类，并设计测试用例来处理每个类别。划分的方式有多种：

①基于状态的划分：根据操作改变类状态的能力对操作分类。

②基于属性的划分：根据使用的属性对操作分类，如使用属性 a 的操作、修改属性 a 的操作、既不使用又不修改属性 a 的操作。

③基于类别的划分：根据操作的种类对类操作分类，如初始

化操作、计算操作、查询操作、终止操作。

（3）类间测试（interclass testing）。

类间测试主要测试类之间的交互和协作。在 UML 中通常用顺序图和通信图来描述对象之间的交互和协作。可以根据顺序图或通信图，设计作为测试用例的消息序列，来检查对象之间的协作是否正常。

（4）基于场景的测试（scence-based testing）。

场景是用况的实例，它反映了用户对系统功能的一种使用过程，基于场景的测试主要用于确认测试，在类间测试时也可根据描述对象间的交互场景来设计测试用例。

用例测试对机器人软件测试而言也是很重要的，需要注意的是，用例存在于用户的功能基因中。

9. 软件维护

软件演化指在软件交付以后，对软件进行的一系列活动的总称。

软件演化包括软件维护、软件再工程。

软件维护阶段覆盖了从软件交付使用到软件被淘汰的整个时期。软件的开发时间可能需要一两年，甚至更短，但它的使用时间可能要经历几年或几十年。

软件再工程的主要目的是为遗留系统转化为可演化系统提供一条现实可行的途径，是在软件生命周期终止后开始的一个新的阶段。

传统软件工程的维护阶段对应机器人软件工程的参加培训和知识更新阶段，在逻辑结构与逻辑工程学中叫发展论阶段。这时的机器人软件的类是四段标注的，可以综合运用结构化方法和面向对象方法。

10. 软件维护的概念

软件维护是指软件系统交付使用以后，为了改正错误或满足新的需要而修改软件的过程。

国标 GB/T 11457－1995 给出了如下定义：

①在一软件产品交付使用后对其进行修改，以纠正故障。

②在一软件产品交付使用后对其进行修改，以纠正故障、改进其性能和其他属性，或使产品适应改变了的环境。

机器人软件工程参加培训和知识更新的概念与传统软件工程维护的概念相似，但一个是发展知识系统，另一个是发展工程产品。

11. 软件维护分类

关于软件维护，有两种错误认识：①软件维护是一次新的开发活动；②软件维护就是改错。

新开发活动强调要在一定的约束条件下从头开始实施。

软件维护强调必须在现有系统的限定和约束条件下实施；根据起因不同，软件维护可以分为纠错性维护、适应性维护、改善性维护和预防性维护四类。

（1）纠错性维护：为了改正软件系统中的错误，使软件能够满足预期的正常运行状态的要求而进行的维护。

（2）适应性维护：为了使软件适应内部或外部环境变化，而修改软件的过程。

（3）改善性维护：满足使用过程中用户提出增加新功能或修改已有功能的建议维护。

（4）预防性维护：为了提高软件的可维护性、可靠性等而进行的维护，是为以后进一步改进软件打下良好基础而修改软件的活动。

在实践中，软件维护的各种活动常常交织在一起，尽管这些维护在性质上有些重叠，但是还是有充分的理由区分这些维护活动。

只有正确区分维护活动的类型才能够更有效地确定维护需求的优先级。

以上的维护种类与机器人知识更新的种类相似，但一个是通过改变物理结构改变功能，一个是通过改变知识结构改变功能。

12. 再工程的概念

逆向工程（reverse engineering）：指在软件生存周期中，将软件的某种形式的描述转换成更抽象形式的活动。

重构（restructuring）：指在同一抽象级别上转换系统的描述形式。如把 C++ 程序转换成 Java 程序。

设计恢复（design recovery）：指借助工具从已有程序中抽象出有关数据结构设计、总体结构设计和过程设计的信息。

再工程（reengineering）：指在逆向工程所获信息的基础上修改或重构已有的系统，产生系统的一个新版本。

再工程的主要目的：为遗留系统转化为可演化系统提供一条现实可行的途径。

再工程是一个工程过程，它把逆向工程、重构和正向工程组合起来，将现存系统重新构造为新的形式。在实施软件的再工程时，软件理解是再工程的基础和前提。

为什么要进行再工程？

维护一行源代码的代价可能是最初开发该行源代码代价的 14～20 倍；同时在重新设计软件体系结构时使用了现代设计概念，会对将来的维护有很大的帮助；现有的程序版本可以作为软件原型使用，开发生产率可以大大高于平均水平；用户具有使用该软件的经验，因此，能够很容易地搞清楚变更的需求和变更的范围；另外，利用逆向工程和再工程的工具，可以使一部分工作自动化；在完成预防性维护的过程中还可以建立起完整的软件配置。

通常再工程包含：业务过程再工程、软件再工程。

（1）业务过程再工程（也称业务过程重组）定义业务目标，标示、评估、修订现有的业务过程以更好满足业务目标。这一部分通常由咨询公司的业务专家完成。

（2）软件再工程包含库存目录分析、文档重构、逆向工程、程序和数据重构以及正向工程。这一部分通常由软件工程师完成。

传统软件工程的再工程与机器人软件工程的移植或经验阶段既有相同又有不同。

8.1　编码——机器人软件的“毕业期”

机器人软件开发过程的“毕业期”对应于传统软件开发过程的编码阶段。由于机器人软件工程是草创阶段，需要借用传统软件开发的编程语言和编程工具，因此，二者的编码差别不大。但是，机器人软件是知识系统，有智能，而传统软件是工程产品，缺乏智能，因此，以后二者出现编码的重大区别是可想而知的。对于机器人软件的编码可能会出现智能编码，如语音编码、意念编码、模糊编码、混沌编码、分形编码等。

机器人软件的“毕业期”就像人类从大学毕业那样，把整个受教育阶段得到的知识结构具体化、物理化，转换成能产生功能的综合素质和工作素质。

8.2　测试——机器人软件的“毕业考”

机器人软件的“毕业考”就是测试，但是现代教育提倡的综合素质的测试，是面向实际工作的测试，是面向实际问题的测试。传统软件工程的测试是面向需求的测试，和中国传统的高考很类似，其缺点就是缺乏智能，是工程产品。机器人软件工程的“毕业考”（测试）因为知识类的四段标注而可以更灵活地开展。

测试也是生存论，是三维工程结构，第一维是决策维，确定测试的计划、可行性研究、需求，设计测试；第二维是测试维，第三维是测试结果维，其传给第一维，再由第一维决策：是结束测试还是迭代做二次测试。图 8－1 是机器人软件的“毕业考”过程图，图 8－2 是机器人软件的“毕业考”三维结构关联图，这是一个迭代的过程，迭代量就是测试的计划、可行性研究、需求，测试设计，测试结束需要有测试报告给决策维审批，测试过程中需要把知识类的测试结果和变更记录在中层智能（变更记录）中，可以实现结构化测试和面向对象测试的综合运用，可以既测试软件又测试开发过程，这是因为知识类多了中层智能（变更记录）。

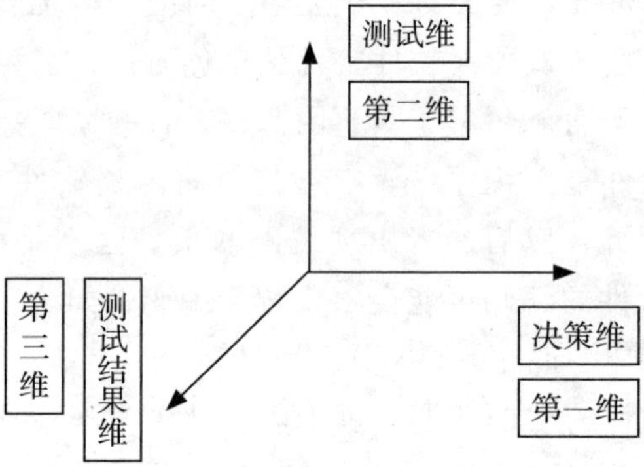

图 8－1　机器人软件的“毕业考”过程图

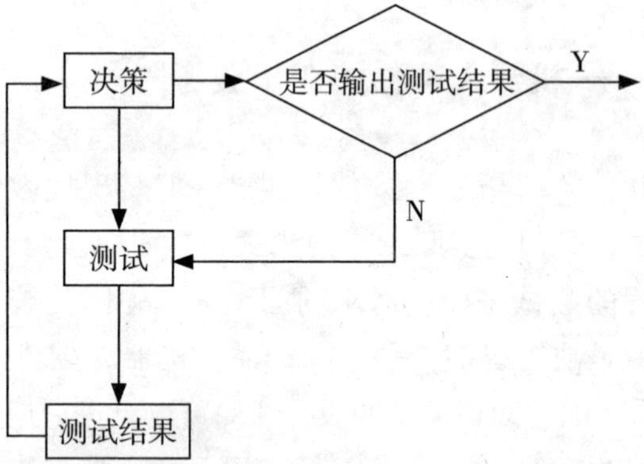

图 8－2　机器人软件的“毕业考”三维结构关联图

8.3　调试——机器人软件的“实践期”

以下介绍参考了复旦大学计算机科学与工程系“软件工程”课程讲义。

1. 蛮力法

蛮力法是一种最省脑力但又最低效的方法。它通过在程序中设置断点，输出寄存器、存储器的内容，打印有关变量的值等手段，获取大量现场信息，从中找出错误的原因。

这种方法效率低，输出的信息大多是无用的，通常在其他调试方法未能找到错误原因时，才使用这种方法。

可以采用二分法来逐步缩小出错的范围。

2. 回溯法

回溯法是从错误的征兆出发，人工沿着控制流程往回跟踪，直至发现错误的根源。这种方法适用于小型程序，对于大型程序，由于回溯的路径太多，难以彻底回溯。

3. 原因排除法

原因排除法又可分为归纳法和演绎法。

归纳法是一种从特殊推断一般的系统化思考方法。其基本思想是：从一些线索（错误征兆）着手，通过分析它们之间的关系来找出错误的原因。

演绎法从一般原理或前提出发，假设所有可能出错的原因，排除不可能正确的假设，最后推导出结论。

纠正错误：

修改一个错误常常会引入新的错误，在为纠正某个错误而修改程序之前应该解答以下三个问题：

（1）在程序的其他地方是否也存在同类的错误？

（2）本次修改可能会引发什么新的错误？

（3）为了防止这个错误，我们应该做什么？

机器人软件开发的“实践期”包括两个阶段：一个是测试之后的调试；一个是试用，即厂商内部组织试用和用户试用。

8.4 软件使用——机器人软件“参加工作”

机器人软件“参加工作”就是使用软件，这就需要重视标准化和文档，机器人软件工程是草创，需要借鉴传统软件工程，参考瞿中等人编著的《软件工程》对软件工程标准化和软件文档做如下介绍：

1. 软件工程的标准化给软件工作带来的好处

软件工程的标准化会给软件工作带来许多好处，如：提高软件的可靠性、可维护性和可移植性（这表明软件工程标准化可提高软件产品的质量）；提高软件的生产率，提高软件人员的技术水平；提高软件人员之间的通信效率，减少差错和误解；有利于软件管理；有利于降低软件产品的成本和运行维护成本；有利于缩短软件开发周期。

2. 软件工程标准的制定与推行

（1）建议：拟订初步的建议方案。

（2）开发：制定标准的具体内容。

（3）咨询：征求并吸收有关人员的意见。

（4）审批：由管理部门决定能否推出。

（5）公布：公开发布，使标准生效。

（6）培训：为推行准备人员条件。

（7）实施：投入使用，需经历相当的期限。

（8）审核：检验实施效果，决定是修订还是撤销。

（9）修订：修改其中不适当的部分，形成标准的新版本，进入新的周期。

对于影响软件工程标准顺利实施的一些不利因素应当高度重视。这些因素可能有：

（1）标准本身制定得有缺陷，或是存在不够合理、不够准确的部分。

（2）标准文本编写得有缺点，例如，文字叙述可读性差，理解性差，或是缺少实例供读者参阅。

（3）主管部门未能坚持大力推行，在实施的过程中遇到问题未能及时加以解决。

（4）未能及时作好宣传、培训和实施指导。

（5）未能及时修订和更新。

3. 软件文档的作用和分类

（1）文档的作用。

①提高软件开发过程的能见度。

②管理人员可把这些记载下来的材料作为检查软件开发进度和开发质量的依据，实现对软件开发的工程管理。

③提高开发效率。

④作为开发人员在一定阶段的工作成果和结束标志。

⑤记录开发过程中的有关信息，便于协调以后的软件开发、使用和维护。

⑥提供对软件的运行、维护和培训的有关信息，便于管理人员、开发人员、操作人员、用户之间的协作、交流和了解。

⑦便于潜在用户了解软件的功能、性能等各项指标，为他们选购符合自己需要的软件提供依据。

（2）文档的分类。

软件文档从形式上可以分为两类：开发过程中填写的各种图表（工作表格）和编制的技术资料或技术管理资料（文档或文件）。

按照文档产生和使用的范围，软件文档大致可以分为以下三类：

①开发文档：主要包括软件需求说明书、数据要求说明书、概要设计说明书、详细设计说明书、可行性研究报告、项目开发

计划等。

②管理文档：主要有项目开发计划、测试计划、测试报告、开发进度月报以及项目开发总结。

③用户文档：用户手册、操作手册和维护修改建议以及软件需求说明书等。

（3）文档包含的内容。

①可行性研究报告。

②项目开发计划。

③软件需求说明书。

④数据要求说明书。

⑤概要设计说明书。

⑥详细设计说明书。

⑦用户手册。

⑧操作手册。

⑨测试计划。

⑩测试分析报告。

⑪开发进度月报。

⑫项目开发总结报告。

⑬维护修改建议。

（4）这些文档最终要向软件管理部门或者用户解答以下几个问题：

①哪些需求要被满足，即回答“做什么”。

②所开发的软件在什么环境中实现以及所需信息从哪里来。

③某些开发工作的时间如何安排，即回答“何时干”。

④某些开发（或维护）工作打算由“谁来做”。

⑤某些需求是怎么实现的。

⑥为什么要进行那些软件开发或维护修改工作。

（5）造成软件文档质量不高的原因可能是：

①缺乏实践经验，缺乏评价文档质量的标准；

②不重视文档编写工作或是对文档编写工作的安排不恰当。

（6）高质量的文档应当体现在以下一些方面：

①针对性。

②精确性。

③清晰性。

④完整性。

⑤灵活性。

⑥可追溯性。

（7）需要注意以下几个方面：

①软件开发小组应设一位文档保管人员，负责集中保管本项目已有文档的两套主文本。两套文本内容完全一致。

②软件开发小组的成员可根据工作需要在自己手中保存一些个人文档。

③开发人员个人只保存主文本中与他工作相关的部分文档。

④当新文档取代旧文档时，管理人员应及时注销旧文档。

⑤项目开发结束时，文档管理人员应收回开发人员的个人文档。

⑥在软件开发过程中，可能会发现需要修改已完成的文档，特别是规模较大的项目，主文本的修改必须特别谨慎。

8.5　机器人软件“参加工作”以后

机器人软件“参加工作”以后还要经历“参加培训”“知识更新”“退休”等过程。

这里的“参加培训”有两个意思：一个是让软件适应实际工作环境；一个是培训操作人员。

这里的“知识更新”就是指软件的升级换代，即传统软件工程的维护修改，如图 8－3、图 8－4、图 8－5 所示。

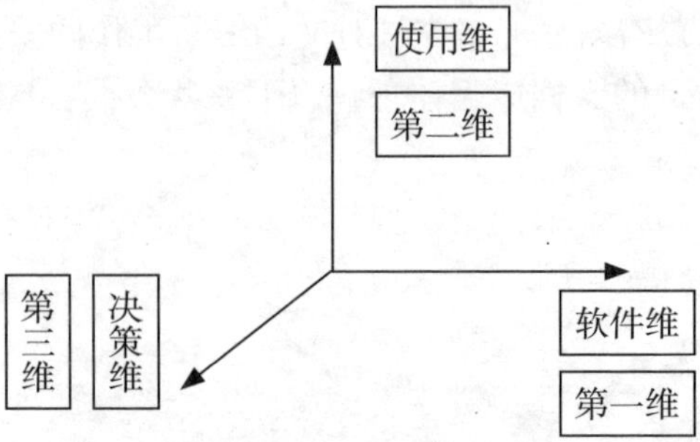

图 8－3 “知识更新”工程过程图（一）

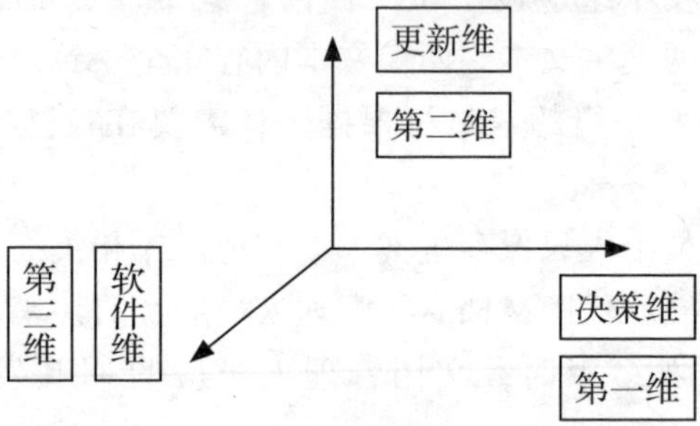

图 8－4 “知识更新”工程过程图（二）

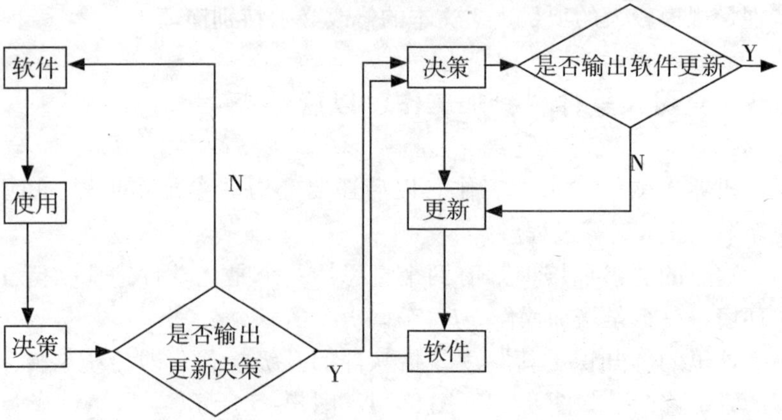

图 8－5 “知识更新”工程关联图

机器人软件的“退休”就是传统软件工程的废止，这个过程仍然需要做很多工作，需要花费成本，就像人的退休一样，会产生保存废止软件的成本。

机器人软件工程发展起来后，不论是移植、复用，还是再工程，都比传统软件工程有优势，因为机器人软件有更好的结构和智能。

这里给出再工程的三个图：三维工程结构发展图、三维工程结构生存图与三维工程结构关联图，如图 8－6、图 8－7、图 8－8 所示。

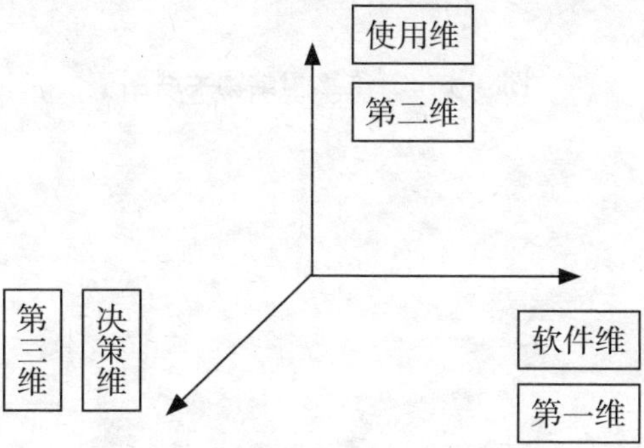

图 8－6　三维工程结构发展图

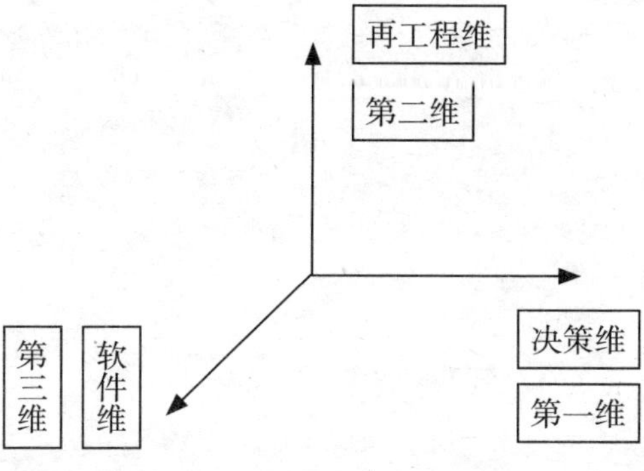

图 8－7　三维工程结构生存图

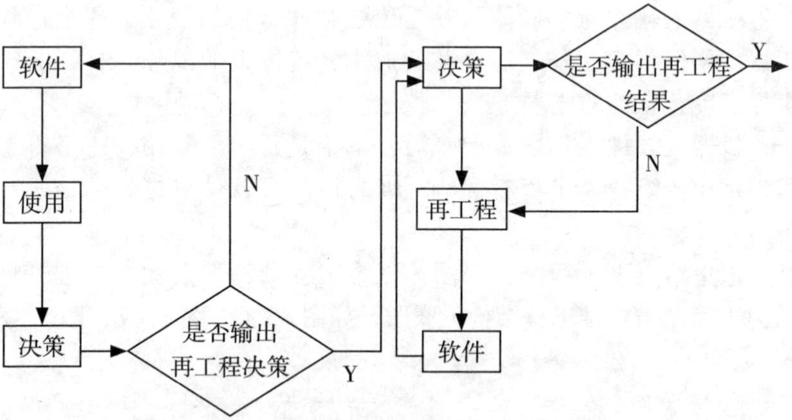

图8－8　三维工程结构关联图

参考文献

[1]《中国共产党第十八届中央委员会第四次全体会议文件汇编》编委会编:《中国共产党第十八届中央委员会第四次全体会议文件汇编》，北京：人民出版社 2014 年版。

[2] 中共中央宣传部编:《习近平总书记系列重要讲话读本》，北京：学习出版社 2014 年版。

[3] 国务院新闻办公室同中央文献研究室、中国外交局编：《习近平谈治国理政》，北京：外文出版社 2014 年版。

[4] 李黎明:《社会工程学：一种新的知识探险》，《西安交通大学学报（社会科学版)》，2006 年第 1 期。

[5] 刘海东著:《逻辑结构与逻辑工程学》，广州：中山大学出版社 2015 年版。

[6] 刘海东著:《逻辑场经济学》，广州：暨南大学出版社 2014 年版。

[7] 刘海东著:《社会软结构学》，广州：暨南大学出版社 2013 年版。

[8] 刘海东著:《三维社会工程学》，广州：暨南大学出版社 2012 年版。

[9] 张晓冬主编:《系统工程》，北京：科学出版社 2010 年版。

[10] 佘雪杰主编:《管理系统工程》，北京：人民邮电出版社 2009 年版。

[11] 王众托编著:《系统工程》，北京：北京大学出版社 2010 年版。

[12] [美] 普雷斯曼著，郑人杰、马素霞等译:《软件工程　实践者的研究方法》，北京：机械工业出版社 2011 年版。

[13] 王立福主编：《软件工程》，北京：北京大学出版社 2012 年版。
[14] 鄂大伟主编：《软件工程》，北京：清华大学出版社 2010 年版。
[15] 任永昌编著：《软件工程》，北京：清华大学出版社 2012 年版。
[16] 王万森编著：《人工智能》，北京：人民邮电出版社 2011 年版。
[17] 周长发编著：《进化论的产生与发展》，北京：科学出版社 2012 年版。
[18] 姚建明编著：《天文知识基础：你想知道的天文学》，北京：清华大学出版社 2014 年版。
[19] 林元章著：《话说宇宙》，北京：科学出版社 2013 年版。
[20] 曹天予著：《20 世纪场论的概念发展》，上海：世纪出版集团 2005 年版。
[21] 戴元本编著：《相互作用的规范理论》，北京：科学出版社 2006 年版。
[22] 周德群主编：《系统工程概论》，北京：科学出版社 2009 年版。
[23] 瞿中等编著：《软件工程》，北京：机械工业出版社 2006 年版。